中国电子教育学会高教分会推荐图书
信息技术重点图书·雷达

时频差无源定位理论与实践

胡德秀　刘智鑫　赵勇胜　著

U0378976

西安电子科技大学出版社

内 容 简 介

本书结合国内外的最新研究与发展现状，针对连续通信、猝发脉冲辐射源，分别从集中式、分布式两种体制深入介绍了时频差这一重要的无源定位技术。全书分为7章，主要内容包括绪论、时频差定位系统、连续信号的时频差估计、猝发信号定位参数估计、时频差精确估计、多平台集中式无源定位、多平台分布式时频差无源定位等。

本书可供高等院校信号分析与处理、雷达信号处理、电子信息工程等专业的高年级本科生或研究生阅读，也可供电子侦察、雷达工程、无源定位、信号处理等领域的广大专业技术人员参考。

图书在版编目(CIP)数据

时频差无源定位理论与实践 / 胡德秀，刘智鑫，赵勇胜著. — 西安：西安电子科技大学出版社，2018.12

ISBN 978-7-5606-5107-1

Ⅰ. ①时… Ⅱ. ①胡… ②刘… ③赵… Ⅲ. ①无源定位 Ⅳ. ①TN971

中国版本图书馆 CIP 数据核字(2018)第 236306 号

策划编辑 李惠萍
责任编辑 唐小玉 雷鸿俊
出版发行 西安电子科技大学出版社(西安市太白南路2号)
电　　话 (029)88242885 88201467　　邮　　编 710071
网　　址 www.xduph.com　　电子邮箱 xdupfxb001@163.com
经　　销 新华书店
印刷单位 陕西利达印务有限责任公司
版　　次 2019年1月第1版　　2019年1月第1次印刷
开　　本 787毫米×1092毫米 1/16　　印张 11.5
字　　数 263千字
印　　数 2,000册
定　　价 27.00元
ISBN 978-7-5606-5107-1/TN

XDUP540900 1-1

＊＊＊＊＊**如有印装问题可调换**＊＊＊＊＊

前言

Foreword

无源定位是现代军事情报保障和态势感知的重要手段，通过截获测量目标自身的辐射源信号并测量相应的参数，可以完成对目标的定位。相比于雷达系统，无源定位具有隐蔽性强、作用距离远、建设成本低的优点。根据所用观测量的不同，无源定位技术包括测向交叉、测时差、时频差等专门的定位技术。其中，基于时频差的定位是其中重要的一个分支，常见于各类天基、地基、机动侦察定位系统中，具有重要的研究与应用价值。

本书内容针对时频差无源定位领域的理论与实践，专门介绍了该领域的一些基本的信号处理概念与方法。其基本特点是，聚焦时频差无源定位，既包含该领域的基本概念与理论，又较为全面地反映了近几年来时频差无源定位的最新研究结果，力求做到使时频差定位技术知识系统化、条理化。在内容组织上，既包含基本的定位参数估计，也包含定位解算算法；既包含传统的集中式时频差估计，也包含最新的分布式时频差定位。本书是作者所在团队近年来在无源定位领域中研究工作的总结和梳理，主要从时频差定位的角度，总结了针对时频差定位的一些基本原理和最新的研究结果，供读者参考使用。

全书共分为7章。第1章为绪论，主要介绍了时频差无源定位的相关背景知识，是时频差无源定位的先导；第2章主要介绍了时频差定位系统的主要配置，是进行时频差无源定位的基础；第3章至第7章是本书的主体部分，主要从连续信号、脉冲信号的参数估计，集中式定位、分布式定位等方面，介绍了作者所在团队的研究结果，是时频差无源定位技术的主体内容。

本书由胡德秀、刘智鑫、赵勇胜共同编著，其中，胡德秀主要负责第1、3、4、6章的写作，刘智鑫主要负责第5、第7章的写作，赵勇胜主要完成第2章的写作。赵拥军教授、黄洁教授对全书进行了审阅和指导，并提出了宝贵的意见与建议，在此表示诚挚的感谢。清华大学黄振老师也对本书内容的研究过程进行了耐心指导，在此同样表示诚挚的感谢。本书在编写过程中也得到了战略支援部队信息工程大学五院各级领导与同事们的帮助和指导，在此深表感谢。本书主要内容的研究得到了国家自然科学基金(项目编号61703433)的支持和资助，在此一并表示感谢。

由于作者水平有限，本书难免存在一些疏漏和不足之处，殷切希望广大读者批评指正。

编　者

2018.3.1 于郑州

主要符号对照表

符号	含　义
TDOA	到达时间差(Time Difference of Arrival)
FDOA	到达频率差(Frequency Difference of Arrival)
CAF	互模糊函数(Cross Ambiguity Function)
RTC	相对时间扩展(Relative Time Companding)
RDC	相对频率扩展(Relative Doppler Companding)
CRLB	克拉美罗界 (Cramer-Rao Low Bound)
FIM	费舍尔信息矩阵(Fisher Information Matrix)
TOA	到达时间(Time of Arrival)
SNR	信噪比(Signal to Noise Ratio)
RMSE	均方根误差(Root Mean Square Error)
SIM	二阶瞬时矩(Second-order Instantaneous Moment)
SAF	二阶模糊函数(Second-order Ambiguity Function)
WLS	加权最小二乘(Weighted Least Squares)
DOA	到达方向(Direction of Arrival)
RSS	接收信号强度(Received Signal Strength)
GROA	到达增益比(Gain Ratio of Arrival)
β_s	均方根带宽
T_s	采样时间间隔
$\boldsymbol{A}(i, j)$	矩阵 $\boldsymbol{A}$ 的第 i 行、第 j 列元素
$x(n: m)$	矢量 $\boldsymbol{x}$ 的第 $n\sim m$ 个元素
$o(\cdot)$	高阶无穷小量
$(\cdot)^{\mathrm{T}}$	转置
$(\cdot)^{\mathrm{H}}$	共轭转置
$(\cdot)^{*}$	共轭
$(\cdot)^{-1}$	求逆
$\propto$	正比于

目录
Contents

第1章 绪　论

1.1 引　言

对辐射源的无源定位是现代高技术战争的重要组成部分。相比于传统的雷达系统，无源定位具有定位作用距离远、成本低、隐蔽性强的优势，因此具有重要的理论和实践意义。在现代电子战中，其主要作用体现在：通过确定目标位置，可以了解敌方的军事部署，掌握敌方的态势信息，有利于反辐射导弹的引导攻击，因而近年来一直是相关领域研究的热点问题。

从技术上来说，无源定位一般都是在一定观测量基础上完成的。按照观测量的不同，常见的无源定位体制可分为基于到达方向(Direction of Arrival，DOA)、基于到达时差(Time Difference of Arrival，TDOA)和到达频率差(Frequency Difference of Arrival，FDOA)，以及联合其中两种或者三种观测信息的定位体制。基于DOA的定位系统最常见的是单站测角定位法和多站测角交叉定位法；基于时差的定位系统最常见的是三站/四站时差定位法；仅利用FDOA观测量的定位系统并不常见，因为FDOA一般都是和TDOA伴随发生的。常见的包含FDOA观测量的是多站时频差定位系统，典型的应用是双星时频差定位。在联合多观测量的定位体制中，最常见的是测角与时差相结合的定位法以及测角与时频差相结合的定位法等。

在以上多种定位体制和方案中，基于时频差的无源定位技术是无源定位领域的重要分支。时频差定位具有定位精度高、所需平台个数少、无需多通道测向的技术优势，是近年来相关领域研究的热点问题。本书针对性地对时频差无源定位技术进行了讨论和梳理，在对现有成果进行总结的基础上，重点介绍了近年来该方向的一些新发展，如分布式时频差、高阶观测量定位等内容，希望能为读者提供参考，为推进新型时频差技术的工程化应用提供新的思路。

1.2 无源定位技术发展现状

辐射源无源定位技术是获取情报的重要手段，因其在战场的重要应用而受到国内外的广泛关注。不断出现的先进技术使整个系统的反应速度、定位精度以及对复杂环境的适应能力等方面得到了显著提高，因此在现代军事电子系统中占有至关重要的地位。

1.2.1 无源定位系统的发展历史

20世纪60年代，无源定位探测系统得到各国足够的重视并取得了长足发展，也为其进一步的发展打下了良好的基础。为了对付美军的雷达制导导弹，捷克开始研究无源定位系统，尤其是其第三代无源定位探测系统“塔玛拉”(Tamara)。1999年3月27日，据公开报道，该系统打破了F-117隐形战斗机的金身，美军一架F-117“夜鹰”隐形战斗轰炸机被击落。第三代无源定位探测系统由4个观测站组成，分别是中心观测站、左右两个观测站以及地面雷达，可截获目标的电磁信号，并将目标提取到各观测站相对中心站的TDOA，经快速计算后确定目标，实施打击。这是典型的基于TDOA的长基线多站无源定位系统。

随着无源定位技术的发展，继“塔玛拉”之后，捷克又研究了其相同定位体制的升级产品“维拉-E”(VERA-E)(见图1-1和图1-2)。该升级产品具有精确的电磁信号“指纹”识别系统，最大探测距离达到450千米，并且能同时跟踪200个辐射源目标。

图1-1 “维拉”无源雷达探测系统

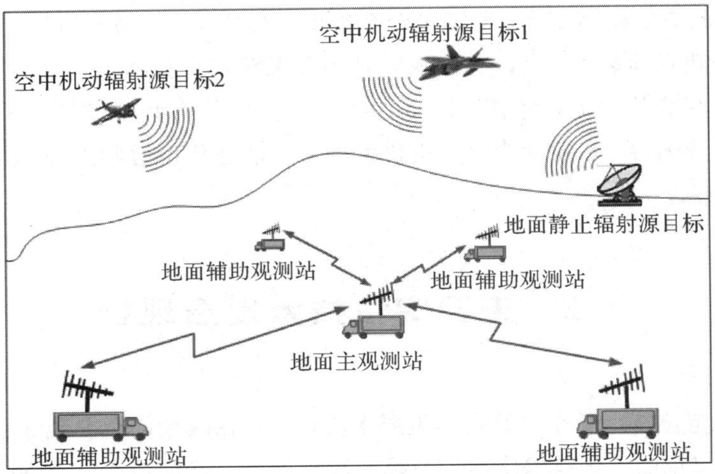

图1-2 “维拉-E”无源雷达探测系统工作示意图

另外，与“维拉”相似的“铠甲”无源定位探测系统也包括三个观测站和一个中心处理站，其中心处理站具有强大的数据存储、处理能力，机动性较强，如图 1-3 所示。且联合 DOA 和 TDOA 定位体制，可对多种目标，例如多普勒雷达、火控雷达等发出的电磁信号进行识别，对空中目标的识别率可达 90%。俄罗斯研制的“卡尔秋塔”无源探测和定位系统利用单站旋转天线最大信号测向法、三站交叉定位体制进行目标探测，测向精度优于 0.7°，最大探测距离能达到 650 千米，可对机载、舰载和陆基电子设备的 100 种辐射信号进行接收、分析与识别。随后，以色列研制出了名为 EL-L8300G 的无源定位系统。该系统是一种高精度测角装备，利用三站短基线联合 TDOA 和旋转天线实现单脉冲测角对目标定位，其测角精度为 0.4°，方位覆盖 100°，可以自动跟踪 80 个机载雷达目标。

图 1-3　“铠甲”无源雷达探测系统

1990 年，海湾战争期间，美军 RC-12 系列飞机参加了实战。该侦察机搭载了军用级别的空中信号情报采集和定位系统，包含改进的“护栏 V”(IGR V)、通信高精度空中机载定位系统(CHAALS)，以及高级快读记录遥测装置(AQL)，如图 1-4 所示。而后又研制出了 CHALS-X，该系统是 CHAALS 系统的拓展版，有着强大的目标指示能力。它运用 TDOA 和 FDOA 联合定位参数信息，采用先进的电子技术和分布式处理技术来改进性能，大大减小了多平台下数据传输、处理的负担，可以在战场中针对高价值目标实施精准定位和打击。

1991 年 8 月，波音公司向美国军方交付了首架 F-16CJ(Block 50)战斗机，该战斗机是优秀的轻型战斗机，而后美国向希腊出口的 F-16CJ 战斗机已获准装备 AN/ASQ-213 HARM 瞄准系统(HARM Targeting System，HTS)，如图 1-5 所示。该系统主要结合采用 TDOA 定位技术的 R6 型瞄准系统及 FDOA 定位技术的 R7 型瞄准系统，提升了对“时敏目标”的快速定位能力。而且系统原为美国空军研制的专用吊舱系统，重约 40.8 kg，装在 F-16CJ的飞机吊架上，可检测识别和定位雷达辐射源，为 AGM-88“哈姆”高速反辐射导弹发射时提供数据，使“哈姆”导弹依据这些参数，以最有效的“距离已知”方式攻击雷达辐射源。

图 1-4 搭载空中信号情报采集和定位系统的 RC-12

图 1-5 搭载 AN/ASQ-213 HARM 瞄准系统的 F-16CJ(Block 50)战斗机

2005 年 8 月，据公开报道，美国某空军后勤中心授予雷声公司巨额合同，进行先进战术目标瞄准技术(Advanced Tactical Targeting Technology，AT3)的演示验证。目前该系统已应用于实战，其采用联合 TDOA 和 FDOA 定位体制对目标进行组网与无源定位。3 架 F-16战机编队组网(如图 1-6 所示)，形成网络化无源定位系统，共享精确的信号情报，实现 360°全范围的监视，而无需其他硬件。

图 1-6 3 架 F-16 战机编队组网

随后研制的 ALR－69A(V)型接收机系统是全球第一台全数字式雷达告警接收机(RWR)，如图 1－7 所示，采用先进的宽带数字接收机技术。该升级版本既有高性能的输出，同时又降低了其成本开销。

图 1－7 全数字式雷达告警接收机(RWR)

2005 年 11 月，L－3 通信公司宣称，其分部将在 11 月 28 日到 12 月 9 日的美国海军“三叉戟勇士”演习中，对美军“网络中心协同目标瞄准系统(NCCT)”进行展示。NCCT 系统是美国空军一个重要的研究与开发项目。该系统主要开发 ISR 平台(又称“星座”)综合技术，可利用多个“星座”中的平台在特定区域内搜集各类目标数据，从而将平台搜集、处理和传输战场情报信息的方式统一起来，并将多个最合适的 ISR 平台集中到同一个目标，实现对辐射源的探测、识别、定位、跟踪。

同年，美国为第四代战斗机 F－22 安装了具有无源定位探测能力的有源相控阵雷达——APG－77。该雷达大约有 2000 个发射接收单元，可通过 F－22 战机空中无源组网编队，在一个功率小、截获率低的工作模式下对目标进行探测，通过战机间的飞行数据链(Intra-flight Data Link，IFDL)对目标信号进行截获，继而使用多站无源定位体制对“非合作目标”进行精准定位跟踪。

除了地、空基的无源定位系统，同时还有天基无源定位系统。早在 20 世纪 60 年代初期，美国就已经开始研究高度机密的电子侦察卫星，在很长一段时间内都没有公开报道。到了 1973 年，美国发射了代号为“流纹岩”的电子侦察卫星，这也是美军第一代地球同步轨道电子侦察卫星。“流纹岩”的发射主要用于监视当时苏联的雷达、通信和洲际弹道导弹试验。

而后，1990 年 11 月 15 日，美国第二代电子侦察卫星发射成功，代号“漩涡”，其根本作用是进行通信情报的搜集，目前已有 6 颗侦察卫星在正常运行。在第二代美军电子侦察卫星相继发射期间，美军于 1985 年、1989 年和 1990 年又相继发射了新一代的同步电子侦察卫星“大酒瓶”，其灵敏度极高，对微弱信号的辐射源目标具有极强的侦察定位能力。

20 世纪 80 年代后期，美国致力于发展海洋监视卫星，由于该卫星是天基无源定位系统，可以实现全天时、全天候不间断监视，为海上作战提供重要情报。1987 年至 1989 年 6 月，美军相继发射了 4 组 12 颗“白云”海洋监测卫星，形成组网式星载无源定位系统。该系统采用多颗星组网协同定位，利用分布式平台组队的理念，两颗卫星一组，成对地运行在同一轨道上，之间相互保持较高的同频精度。这种电子型海洋监视卫星主要利用电子侦察接收设备实现多星组网，能协同截获敌方的电子辐射信号，对敌方目标进行识别、定位以及打击。海湾战争期间，4 组卫星每日至少飞过海湾地区上空 1 次，最多可达 3 次，主要对该地区的重要目标进行侦察、定位，为多国部队提供海上及部分陆基信号情报。

而后针对星载平台无源定位系统，加拿大、法国、美国和前苏联又联合研制了“全球卫星搜救系统(COSPAS/SARSAT)”，成功地将无源定位系统运用到了遇险搜救行动中。该低轨无源探测卫星系统利用 FDOA 定位体制，可对遇险的用户进行实时探测搜救。

近些年来，在战术情报支持需求日益迫切的形势下，无源定位电子侦察的发展受到了各国的重视，掌握这一项技术意味着能在关键时期获取更多的战术情报，来支持本国军队对敌实现针对性的打击和摧毁。因此不少代表性的研究成果相继出现。例如 2013 年 5 月，ERA 公司发布了“寂静卫士”无源定位系统(如图 1-8 所示)；次年 4 月，为支援当地捷克军队该系统部署在波西米亚西部；2013 年 9 月，Paralax 电子公司、CSIR 防御电子公司和开普敦大学共同开发了“手机无源定位系统”样机。

图 1-8 “寂静卫士”无源定位系统

1.2.2 我国无源定位技术的发展现状

虽然我国针对辐射源目标的无源定位研究起步较晚，但是也取得了骄人的成绩，国内各大高校、研究所，例如西安电子科技大学、武汉大学、哈尔滨工业大学、哈尔滨工程大学、华中科技大学、国防科技大学、解放军信息工程大学、空军预警学院，以及西南电子电信研究所、中电 14 所、29 所、38 所、51 所等，都对无源定位技术进行了深入研究，并取得了良好的成果。目前我国已经研制出了多套无源定位探测系统，如南京电子 14 所研制出了 YLC—20 型固定多平台无源定位系统。该系统利用联合 DOA 和 TDOA 定位参数实现对辐射源目标的探测，类似于捷克的“维拉”被动监视系统，监听频率范围可达 0.38～12 GHz，主要截获辐射信号的各种通信设备，例如敌方路基预警雷达、火控雷达等。中电 29 所已经成功研制出了基于 TDOA 的“DWL002”型无源探测系统，整个系统由一个中心处理站和三个成圆弧分布的观测站构成，机动性强。由于采用了独立的脉冲信号分析系统，因此能够较精确地分析出各类电磁辐射信号并对它们进行“指纹”识别，继而精确提取定位参数，对辐射源目标进行定位跟踪。而且，该无源定位系统还可以和有源定位系统结合使用，当目标电磁辐射信号不可用时，系统可以利用雷达的辐射信号和目标的回波信号进行目标定位。此外，据报道，国内各高校和研究所联合开展了各种无源定位技术的研究，为下一步机动多平台无源定位系统的研制奠定了坚实的技术基础。

1.3　时频差无源定位

时频差无源定位是无源定位的分支，是通过测量 TDOA、FDOA 实现对目标辐射源的定位技术。时频差无源定位一般至少需要两个观测站才能完成一组时频差的观测，属于多站编队协同定位技术。

如图 1－9 所示，在基于时频差的无源定位中，通常包含一个主站和若干个辅站，同时对目标辐射源进行接收。主站和辅站的信号采集保持时频同步，以保证估计的时频差参数仅仅与相对距离和相对速度相关。辅站将采集到的信号通过通信链路传输到主站，主站再利用参数估计的相关算法估计出主站信号和辅站信号的时频差，之后利用相应的定位算法完成对目标的无源定位和速度测量。由此可知，时频差无源定位涉及的主要技术包含：

- 多站的站址优化技术；
- 信号接收采集技术；
- 时频同步技术；
- 站间信号传输技术；
- 定位参数估计技术；
- 时频差定位解算技术。

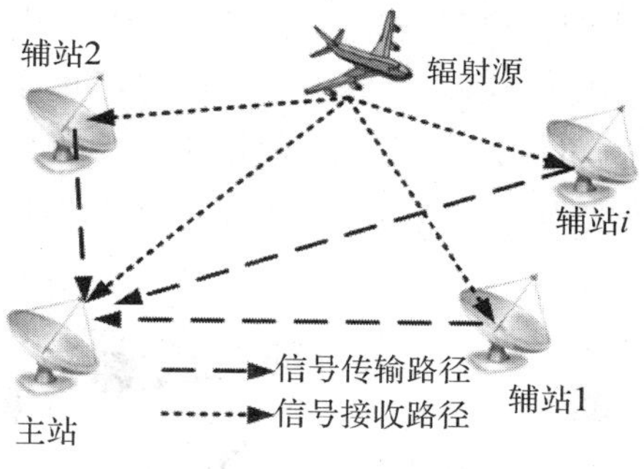

图 1－9　时频差无源定位示意图

显然，时频差无源定位是涉及多门技术的综合科学，其中参数估计和定位解算是重要的内容，也是本书要重点讨论的内容。

传统的时频差无源定位都建立在集中式结构之上，也即整个定位系统必须有一个定位的中心站点，所有的时频差估计和定位解算都以此站点为基准，因此系统的可扩展性受到一定的限制，在支持集群平台的定位系统中也受到一定的限制。

在新的形势下，对无源侦察定位新技术的需求日益迫切，发展定位精度高、支持平台小、反应速度快、生存能力强的新型电子侦察无源定位技术，适用于无人机蜂群、天基微小卫星、水下分布式系统等大规模传感器网络的新型无源集群定位理论与方法，成为一项迫切需求和发展趋势之一。

传统的时频差定位理论和方法不足以支持这种发展趋势，主要原因是：传统时频差的定位理论和方法大都建立在集中式结构的基础之上。这种结构包含一个参考站和若干个辅站，参考站和所有辅站之间保持时频同步，所有的辅站需要将接收到的信号传输到主站进行处理，整个系统的结构如图 1-10(a)所示。虽然集中式时频差定位技术取得了较好的应用，但在大规模集群应用中也存在下述一些缺陷：

(1) 对系统要求较高，难以支持微小平台的应用需求。

集中式定位要求所有平台的时频同步、高速传输链路支持以及参考站大量的计算存储负担。随着平台个数的增加，实现难度加大，且造价和成本高昂，不适合小平台。

(2) 可扩展性能差，难以支持快速响应的应用需求。

由于需要全网同步、链路支持、目标共视，集中式系统在研制初期就要完成全部平台部署和设计，后期无法扩展，故研制周期较长。例如，当前期部署了 10 个平台，需要满足所有平台的时频同步、链路传输、共视条件，才能发挥系统作用；如果后期因为任务需要增加平台个数，将无法实现，因为难以对同步、链路问题进行扩充。

(3) 生存能力弱，难以支持复杂战场需求。

集中式定位要求有一个参考主站。当该平台被摧毁或者损坏时，整个系统将完全失效，无法工作。

针对新的应用需求和传统定位技术的不足，分布式可扩展的无源协同定位方法逐渐进入人们的视野，如图 1-10(b)所示。主要思路是：将不同的观测站进行分组，组内保持时频同步和信号传输，组间只需要粗略的同步，甚至无需同步，且无需信号传输。原因是：在估计时频差时，时差误差造成的距离误差被光速（以电磁波信号为例）放大，因此需要精确同步，故同步要求数量级约为定位误差/光速；在定位时，组间只需要粗略同步，组间的时差误差仅仅被目标速度（<100m/s 量级）放大，故同步要求约为定位误差/目标速度。例如，若定位精度为 1 km，目标速度为 100 m/s，则组间同步要求为 10 s 量级，这极容易满足，甚至无需同步。

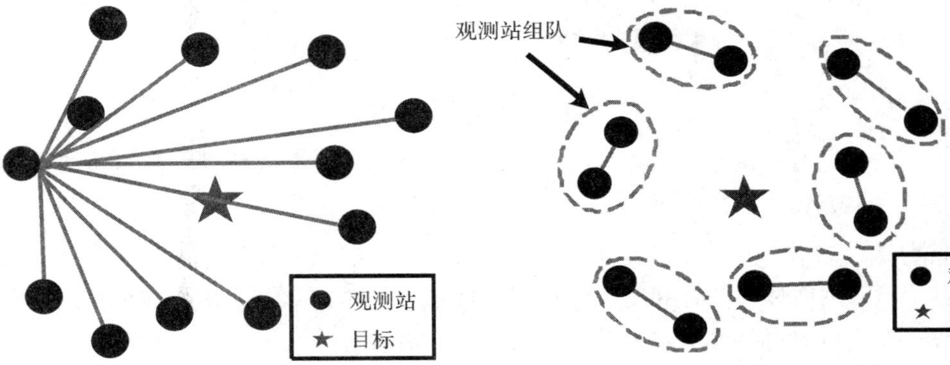

(a)集中式平台定位示意图　　(b)分布式平台定位示意图

图 1-10　观测站配对示意图

综上所述，分布式定位主要的特点有：

(1) 系统开销和复杂度低。分布式定位平台只需要在组内进行高精度的时频同步，在组间无需高精度同步，且无需信号传输。

(2) 可扩展，支持快速响应的应用需求。由于多组之间无需精确同步和数据传输，因此多组之间的配合和协同变得简单，容易实现平台个数的扩充，支持异步建站和快速响应。

(3) 生存能力强，支持复杂的战场需求。由于没有公共的参考站，任何一个站点的损坏都不影响整个系统的功能，因此具有更好的生存能力。

综上所述，在时频差定位技术中，既有集中式系统，也有最新出现的分布式系统，以满足不同的应用需求。

1.4　全书结构与内容安排

本书主要讨论时频差的无源定位系统。从结构上来说，无源定位系统不但包含传统的集中式时频差定位系统，也包含最新的分布式定位系统；从处理信号的种类上来说，不但包含传统的连续信号，也从实际应用的角度出发，包含脉冲信号的时频差估计；从侦察定位的流程来说，既包含时频差参数估计方法，也包含时频差定位计算方法。全书一共包含七个章节，各个章节之间的主要内容以及相互关系如下：

第 1 章为绪论部分，主要介绍无源定位的基本概念、发展历程，以及时频差无源定位的现状趋势。

第 2 章为时频差定位系统，主要介绍无源定位系统的可用观测量，并针对基于时频差的无源定位系统，介绍了系统的组成模块、常用坐标系、辐射源特性分析、以及定位精度分析。

第 3、4、5 章重点介绍对时频差定位参数的估计问题。其中，第 3 章为连续信号的时频差估计方法，重点介绍连续通信信号的定位参数估计方法，包括时差估计、时频差估计、联合时频差以及频差变化率的估计方法。第 4 章为猝发信号的定位参数估计方法，重点针对猝发类型的信号介绍了其分选预处理和时频差估计方法，尤其是对频差的估计。第 5 章为参数估计中的插值和拟合方法，主要针对参数估计的离散化问题，给出分数倍精度的估计算法，提升参数估计精度。

第 6、7 章重点介绍时频差的定位解算问题。其中，第 6 章主要是传统的集中式定位系统，介绍了经过改进的稳健时频差定位算法以及联合时频差、频差变化率的定位方法。第 7 章主要讲述新型的分布式时频差定位系统，介绍了分布式定位系统的结构及其初步的定位算法。

参考文献

[1] 王海涛，王俊. 基于压缩感知的无源雷达超分辨 DOA 估计[J]. 电子与信息学报，2013(4)：877 - 881.

[2] Lu X，Ho K C. Taylor - series Technique for Source Localization using AoAs in the presence of Sensor Location Errors[C]// Fourth IEEE Workshop on Sensor Array and Multichannel Processing. Waltham，MA，USA：IEEE，2006，190 - 194.

[3] Wang G，Chen H. An importance sampling method for TDOA - based source localization[J]. IEEE Transactions on Wireless Communications，2011，10(5)：1560 - 1568.

[4] Chan Y T，Ho K C. A simple and efficient estimator for hyperbolic location[J]. IEEE Transactions on Signal Processing，1994，42(8)：1905 - 1915.

[5] 贾兴江，郭福成，周一宇. 三站频差定位性能分析[J]. 信号处理，2011，27(4)：600 - 605.

[6] Amar A，Weiss A J. Localization of narrowband radio emitters based on Doppler frequency shifts [J]. IEEE Transactions on Signal Processing，2008，56(11)：5500 - 5508.

[7] 刘洋，杨乐，郭福成，等. 基于定位误差修正的运动目标 TDOA/FDOA 无源定位方法[J]. 航空学报，2015，36(5)：1617 - 1626.

[8] Ho K C，Xu W. An accurate algebraic solution for moving source location using TDOA and FDOA measurements[J]. IEEE Transactions on Signal Processing，2004，52(9)：2453 - 2463.

[9] Ho K C，Lu X，Kovavisaruch L. Source localization using TDOA and FDOA measurements in the presence of receiver location errors：analysis and solution [J]. IEEE Transactions on Signal Processing，2007，55(2)：684 - 696.

[10] 王贵国. 沉默的哨兵：锁定 F - 117A 隐身战斗机[J]. 国防科技，2000，(1)：12.

[11] 杜朝平. 无处遁形：捷克“维拉”- E 反隐形雷达系统[J]. 兵器，2005，(2)：34 - 37.

[12] 许伟武. F - 22 战斗机的 APG - 77 雷达[J]. 国际航空，2000，(1)：26 - 28.

[13] 郭福成，樊昀，周一宇，周彩根，李强. 空间电子侦察定位原理[M]. 北京：国防工业出版社，2012.

[14] 袁成. 蜂拥而至：快速发展中的美军无人机蜂群[J]. 军事文摘，2017(9)：30 - 33.

[15] Kengen A. U. S. reconnaissance satellite programmes [J]. Spaceflight，2015(5)：35 - 42.

[16] 李昊，张歆，张小蓟. 水下网络移动节点分布式定位算法[J]. 声学技术，2011，30

(4)：316－320.

[17] Meng W, Xie L, Xiao W. Optimal TDOA sensor－Pair Placement With Uncertainty in Source Location [J]. IEEE Transactions on Vehicular Technology, 2016, 65(11): 9260－9271.

[18] Liu Z, Zhao Y, Hu D, et al. A Moving Source Localization Method for Distributed Passive Sensor Using TDOA and FDOA Measurements [J]. International Journal of Antennas & Propagation, 2016, 2016(4): 1－12.

第2章 时频差定位系统

2.1 引 言

时频差无源定位技术作为电子侦察的重要内容和实现目标辐射源定位的关键手段，对战场态势感知、目标身份识别和侦察打击引导等任务具有重要意义。该技术涉及信号侦察接收、时频同步、信号传输、参数估计、定位解算等多方面的内容，是一门综合性较强的技术。

本章主要介绍无源定位，重点是时频差无源定位的观测量、系统组成、坐标转换等多个方面，并对时频差定位的整体情况进行介绍。本章内容安排如下：2.2 节介绍无源定位系统常见的观测量，2.3 节介绍无源定位系统的基本组成，2.4 节分析辐射源信号的特点和接收链路的情况，2.5 节介绍无源定位系统的定位精度，2.6 节对本章进行总结。

2.2 观 测 量

不同的无源定位系统采用的观测量也不尽相同。目前，定位问题常用的观测量包括信号到达时间(Time Of Arrival，TOA)、信号到达时间差(Time Difference Of Arrival，TDOA)、信号到达频率差(Frequency Difference Of Arrival，FDOA)、信号到达角度(Direction Of Arrival，DOA)、多普勒变化率(Doppler Rate)、接收信号强度(Received Signal Strength，RSS)、到达增益比(Gain Ratio Of Arrival，GROA)。下面我们结合具体的定位场景，简要地介绍以上几种观测量的物理含义：

定位场景如图 2-1 所示，待定位的目标辐射源的位置为 $\boldsymbol{x}=[x, y, z]^{\mathrm{T}}$，速度为 $\dot{\boldsymbol{x}}=[\dot{x}, \dot{y}, \dot{z}]^{\mathrm{T}}$。定位系统包含 N 个接收站，其位置和速度已知，分别为 $\boldsymbol{s}_i=[x_i, y_i, z_i]^{\mathrm{T}}$ 和 $\dot{\boldsymbol{s}}_i=[\dot{x}_i, \dot{y}_i, \dot{z}_i]^{\mathrm{T}}(i=1, 2, \cdots, N)$。为不失一般性，我们假设接收站 1 为参考站，其位置、速度分别为 $\boldsymbol{s}_1=[x_1, y_1, z_1]^{\mathrm{T}}$、$\dot{\boldsymbol{s}}_1=[\dot{x}_1, \dot{y}_1, \dot{z}_1]^{\mathrm{T}}$。

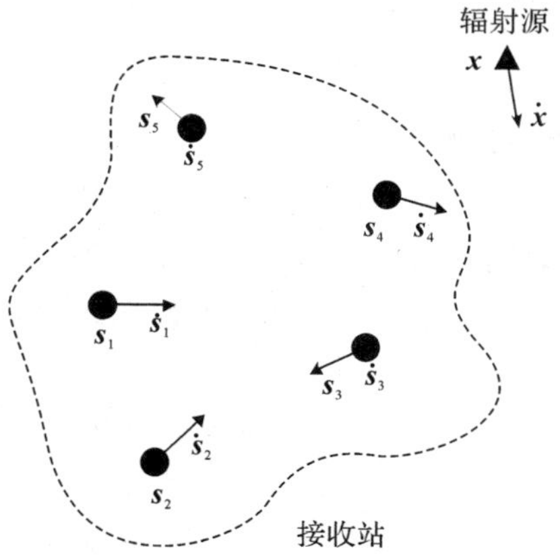

图 2-1 辐射源定位场景

2.2.1 信号到达时间

根据图 2-1 定义的场景，辐射源到接收站 i 的距离为

$$d_i = \sqrt{(x-x_i)^2+(y-y_i)^2+(z-z_i)^2} \tag{2-1}$$

假设信号传播速度为 c，则信号由辐射源传播至接收站 i 的时间为

$$\tau_i = \frac{d_i}{c} \tag{2-2}$$

显然，由式(2-2)可以看出，到达时间 τ_i 直接对应着目标辐射源到接收站的距离。而由式(2-1)可以看出，d_i 在几何上定义了一个圆方程。对应于 N 个接收站，则几何上定义了 N 个圆方程；而 N 个圆方程的交点即为目标辐射源的位置。

但是，TOA 观测量通常仅用于合作辐射源的定位中。具体来说，系统需要获取辐射源信号的发射时刻，才能根据接收端信号的接收时刻估计出信号由辐射源传播至接收站的时间。而在一般的辐射源定位系统中，特别是电子侦察领域，辐射源一般为非合作的，因此一般很少采用 TOA 作为观测量。

2.2.2 信号到达时间差

如上一小节所述，令接收站 1 为参考站，那么信号由辐射源传播至接收站 i 的时间与信号传播至参考站的时间差为

$$\tau_{i1} = \tau_i - \tau_1 \tag{2-3}$$

显然，由式(2-3)可以看出，到达时间差 τ_i 直接对应着目标辐射源到接收站 i 的距离与目标到参考站距离之差，而 $d_{i1}=d_i-d_1$ 在几何上定义了一个双曲线方程。对应于 N 个接收站，则几何上定义了 $N-1$ 个双曲线(双曲面)方程；而 $N-1$ 个双曲线方程的交点，即为目标辐射源的位置。

TDOA 观测量的估计不需要已知信号的发射时间等先验信息，且具有较高的估计精

度，因此是无源定位领域应用非常广泛的观测量之一。

2.2.3 信号到达频率差

当目标辐射源和接收站之间存在相对运动时，如图 2-2 所示，各接收站接收到的辐射源信号频率与信号发射频率相比，存在多普勒频移，其中包含着目标位置和速度信息。

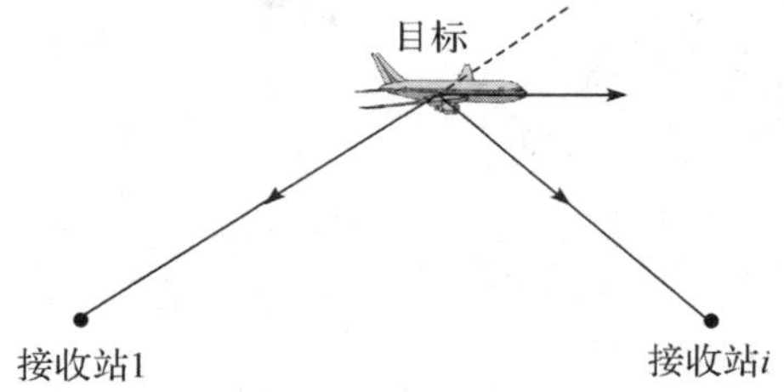

图 2-2 多普勒效应

根据多普勒效应的原理，假设辐射源信号的发射频率为 f_c，那么由于辐射源和接收站之间的相对运动，接收站 i 接收到的辐射源频率 f_{ci} 为

$$f_{ci}=\frac{\sqrt{c^2-\|\dot{\boldsymbol{x}}\|_2^2}}{c+\|\dot{\boldsymbol{x}}\|_2\cos\alpha_i}f_c \tag{2-4}$$

式中，$\|\cdot\|_2$ 表示 2 范数。

$$\cos\alpha_i=\frac{\dot{x}(x-x_i)+\dot{y}(y-y_i)+\dot{z}(z-z_i)}{\sqrt{\dot{x}^2+\dot{y}^2+\dot{z}^2}\sqrt{(x-x_i)^2+(y-y_i)^2+(z-z_i)^2}} \tag{2-5}$$

那么接收站 i 与参考接收站之间的频差为

$$f_{di}=\frac{\sqrt{c^2-\|\dot{\boldsymbol{x}}\|^2}}{c+\|\dot{\boldsymbol{x}}\|\cos\alpha_i}f_c-\frac{\sqrt{c^2-\|\dot{\boldsymbol{x}}\|^2}}{c+\|\dot{\boldsymbol{x}}\|\cos\alpha_1}f_c \tag{2-6}$$

考虑到 $c\gg\|\boldsymbol{x}\|$，可将式(2-6)近似为

$$f_{di}\approx\frac{f_c}{c}\left[\frac{\dot{x}(x-x_i)+\dot{y}(y-y_i)+\dot{z}(z-z_i)}{\sqrt{(x-x_i)^2+(y-y_i)^2+(z-z_i)^2}}-\frac{\dot{x}(x-x_1)+\dot{y}(y-y_1)+\dot{z}(z-z_1)}{\sqrt{(x-x_1)^2+(y-y_1)^2+(z-z_1)^2}}\right] \tag{2-7}$$

FDOA 观测量和目标辐射源的位置、速度均有关系。因此，利用 FDOA 观测量可以同时提升目标位置和速度的估计精度；或者当目标静止不动时，提升目标的定位精度。

2.2.4 多普勒频差变化率

FDOA 在本质上表征的是接收两站之间时差的一阶变化率。在某些动态特性较强的场景下，仅有一阶变化率难以表述真实的目标运动状态，还需要进一步考虑二阶的变化率。时差的二阶变化率同时也表征着 FDOA 的一阶变化率，也即多普勒频差变化率，定义为

$$\dot{f}_{di}=\frac{\mathrm{d}f_{di}}{\mathrm{d}t} \tag{2-8}$$

显然，$\dot{f}_{di}$ 同时与目标的位置、速度、加速度都有关系。在目标匀速运动模型下，多普勒

频差变化率能够提升目标速度和位置的估计精度。

2.2.5 信号到达角度

当接收站布设阵列、干涉仪等测角装置时，就可以获得信号到达接收站的角度。如图2－3所示的 XOY 面中，根据目标和接收站 i 的几何位置关系，目标方位角和俯仰角与目标位置之间的函数关系为

$$\begin{cases} \theta = \arctan \dfrac{y-y_i}{x-x_i} \\ \varphi = \arcsin \dfrac{z-z_i}{\sqrt{(x-x_i)^2+(y-y_i)^2+(z-z_i)^2}} \end{cases} \tag{2-9}$$

其中，θ 为方位角，φ 为俯仰角。

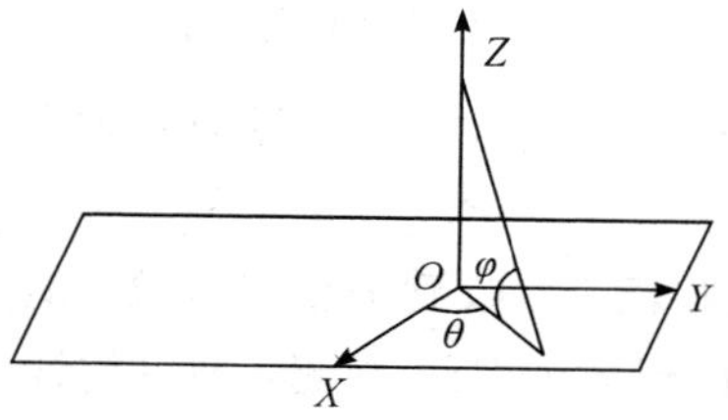

图 2－3　方位角俯仰角示意图

角度观测量在三维空间中定义了一个平面。通过多个平面相交，可以得到目标位置估计。而在二维平面定位问题中，角度观测定义了一条直线，仅需要测得接收到信号的两个到达角，即可估计出目标位置。

角度观测量是辐射源定位问题中最早应用的观测量之一。随着测角精度的提高，角度观测量依然是现代无源定位系统的常用观测量。

2.2.6 角度变化率

角度变化率是一个信号的到达角度关于时间导数的物理量，根据几何关系，可以得到

$$\begin{cases} \dot{\theta} = \dfrac{(x-x_i)(\dot{y}-\dot{y}_i)-(y-y_i)(\dot{x}-\dot{x}_i)}{(x-x_i)^2+(y-y_i)^2} \\ \dot{\varphi} = \dfrac{(\dot{z}-\dot{z}_i)((x-x_i)^2+(y-y_i)^2)-(z-z_i)[(x-x_i)(\dot{x}-\dot{x}_i)+(y-y_i)(\dot{y}-\dot{y}_i)]}{((x-x_i)^2+(y-y_i)^2)\sqrt{(x-x_i)^2+(y-y_i)^2-(z-z_i)^2}} \end{cases} \tag{2-10}$$

角度变化率是一个时间导数的物理量，直接测量比较困难，大多采用间接测量的方法，即利用干涉仪等测角设备，获取带有一定测量噪声的相应角度信息序列，利用不同的处理方法来估计角度变化率的真值。现有的算法包括归纳差分法、最小二乘拟合法和卡尔曼滤波法等三种测量方法。

2.2.7 接收信号强度

辐射源发射的信号经过媒介传输时会出现损耗。辐射源距离接收站越远，接收到的信号强度越弱；反之，辐射源距离接收站越近，则接收到的信号强度越强。因此，可以根据辐射源信号强度和传输的距离之间的关系进行建模，获取接收信号强度与传播距离之间的数学模型，这样在观测到接收信号强度后即可据此数学模型，估算出从辐射源到接收站之间的距离。

假设辐射源信号传播路径均为理想的自由空间，在辐射源和接收站之间无射频能量被吸收或反射，且大气层理想均匀且无吸收的媒质。在这样的理想空间中，信号衰减与辐射源和接收站之间距离的平方成正比，与信号波长的平方成反比，具体为

$$L_s(d_i)=\left(\frac{4\pi d_i}{\lambda}\right)^2 \tag{2-11}$$

式中，$L_s(d_i)$为信号衰减大小；$d_i=\|\boldsymbol{x}-\boldsymbol{s}_i\|$为辐射源与接收站 i 之间的距离；λ 为信号波长。

基于此理想模型，可由接收机 i 接收到的信号强度，直接估算出其与辐射源之间的距离。因此，利用多个接收站，得到多个 RSS 观测，即可估计出目标的位置。

2.2.8 到达增益比

到达增益比被定义为 RSS 之比。辐射源发射信号经过媒介传输时会出现路径损耗，因此各接收站接收到的信号为

$$\begin{cases} x_1(t)=s\left(t-\dfrac{d_1}{c}\right)+n_1(t) \\ x_i(t)=\dfrac{1}{g_{i,1}}s\left(t-\dfrac{d_i}{c}\right)+n_i(t) \quad i=2,3,\cdots,M \end{cases} \tag{2-12}$$

根据声学与微波传播理论，损耗因子与辐射源到接收站之间距离的 n 次方成正比，在自由传播空间，n 取恒定值。但实际情况下，传播系数 n 将随着传输媒介的变化而变化。在现有研究中，一般将 n 值简化设定为恒定值 1。那么，$g_{i,1}$ 便等于辐射源到接收站 i 之间距离 d_i 与辐射源到参考接收站 1 之间距离的比值，即

$$g_{i,1}=\frac{d_i}{d_1} \tag{2-13}$$

上文给出了辐射源定位系统中 TOA、TDOA、FDOA、Doppler Rate、DOA、DOA Rate、RSS、GROA 等观测量与目标位置信息之间的函数关系。在从接收信号中提取出上述观测量后，便可根据其与目标位置信息之间的函数关系构建定位方程，然后设计合适的方程求解算法估计出目标位置信息。不同的定位方法，本质上就是选取不同的观测量来构建定位方程。可以仅利用单一观测量对目标进行定位，也可以联合几种观测量进行目标定位，如联合 TDOA 和 DOA 进行定位、联合 TDOA 和 GROA 进行定位等。本书主要针对联

合 TDOA 和 FDOA 的辐射源定位问题进行介绍。联合 TDOA 和 FDOA 定位相比单一利用 TDOA 或 FDOA，具有更高的定位精度，且可以同时估计出目标的位置和速度。

2.3 系统组成

从时频差无源定位的原理图(如图 2-4 所示)可以看出，要完成时频差无源定位，需要考虑多个组成和结构，如图 2-5 所示，包括侦察站站址的选择、时频同步系统、信号传输系统、信号侦察接收系统、参数估计与定位解算等。本节从系统实现的组成与结构的角度出发，对完成时频差无源定位所需要的支撑条件和常用方法进行简单概述。

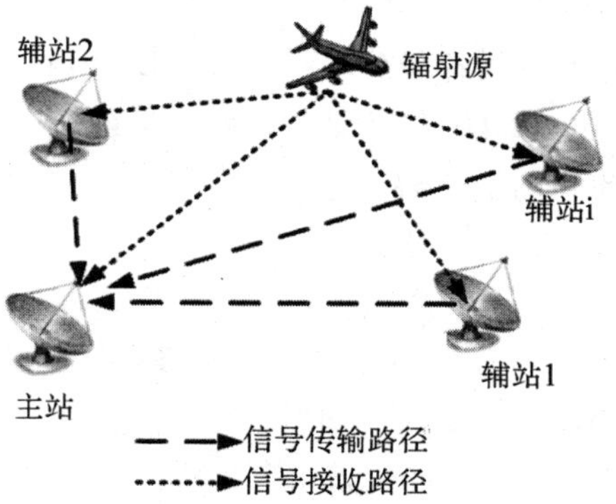

图 2-4　时频差无源定位示意图

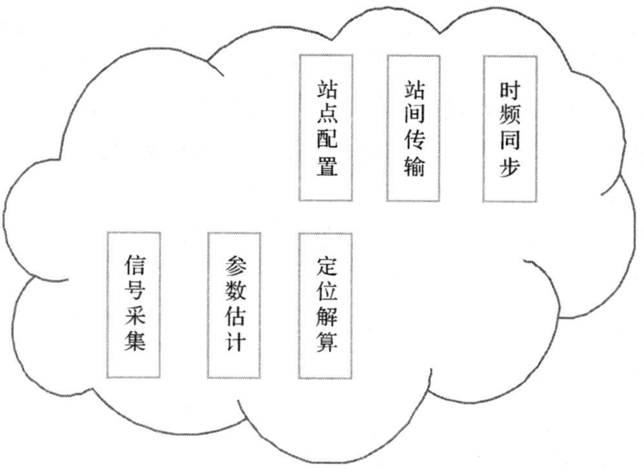

图 2-5　系统组成框图

2.3.1 站点配置

影响无源定位精度的因素有很多，常见的包括测量因素(如时差测量误差、频差测量误差等)、观测站数目等。而在测量因素、观测站数目等条件保持一定的情况下，接收站的布站方式或者构型对辐射源定位精度便有着直接的影响，比如在某一定位场景下，对于相同数量的接收站和相同的测量误差条件，不同的站点配置能够对定位的精度产生不同的影响。因此，在测量误差、接收站数目等条件给定的情况下，合理的站点配置能够显著地提高辐射源定位的精度。站点配置模块完成的主要功能，是根据任务规划，在指定区域内通过调整定位系统各接收站的相对位置，从而达到提升目标辐射源定位精度的目的。这个问题的本质其实就是最优化问题，其数学模型一般可以表示为

$$\begin{cases}\min \quad f(\boldsymbol{x}) \\ \text{s.t.} \quad h_i(\boldsymbol{x})=0, \quad i=1,2,\cdots \\ g_j(\boldsymbol{x})\leqslant 0, \quad j=1,2,\cdots\end{cases} \tag{2-14}$$

其中，$\boldsymbol{x}$ 为设计变量，在这里为接收站的位置；实函数 $f(\boldsymbol{x})$ 为目标函数；$h_i(\boldsymbol{x})$ 和 $g_j(\boldsymbol{x})$ 为根据实际应用条件制定的等式约束和不等式约束条件。

在无源定位系统中，误差几何稀释(Geometrical Dilution of Precision，GDOP)以及克拉美罗界(Cramer Rao Bound，CRB)等都是常用的目标函数。

通过求解以上最优化问题的最优解，可以确定接收站位置的最优设置。一般而言，对于优化问题的求解大概有以下几种方法：

1. 解析法

对于最优化数学模型当中的目标函数以及约束条件，假如其具有明确的数学表达式，那么可以运用数学工具采用解析法来求解问题。一般的方法是按照函数求解极值的必要条件，用导数等数学分析手段来求出它的解析解，然后根据问题的实际物理意义来确定其最优解。

2. 数值解法

假如目标函数或者约束条件比较复杂，或者没有明确的数学表达式，抑或用现有的解析方法并不能得到解析解的最优化问题，那么可以运用数值解法来解决。现在，由于计算机的高速发展，数值解法展现了其一定的优越性。它的基本思想是用搜索的方法经过一系列的迭代以至于让产生的序列可以逐步地逼近最优化问题的最优解。数值解法通常需要试验或者经验，同时其结果也需要通过实际问题的验证才算有效。

3. 混合解法

混合解法是结合了上述两种方法的解法。如以梯度法为代表的一种解法，通常是解析法与数值解法结合的一种方法。

4. 其他优化方法

其他的优化方法包括以网络图为基础的图论方法，近代发展起来的智能优化算法如粒子群算法、遗传算法、差分进化算法、蚁群算法、神经网络方法、禁忌搜索方法等。

2.3.2 时频同步

时间同步是指将分布在不同地方的时钟调整到同一时刻，频率同步是指将分布在不同

地方的频率源的频率值调整到相同的标准。在时频差定位中，时间和频率的同步在一定程度上决定着整个系统的定位精度。其主要的原因是：时频差定位系统是通过测量时间和频率差来进行定位的，定位参数的精度与定位精度息息相关。定位参数的估计精度又由随机误差和同步误差两部分组成。如果同步精度不足，即使参数的估计精度再高，也不能提升性能。

近几十年来，随着原子频标的不断发展，时间频率的测量精度越来越高，相应地，对时频同步的要求也越来越高。目前，几种主要的时频同步方式包括搬运钟时频同步技术，基于高频、中频、低频和甚低频等波段的无线电信号时频同步技术，光纤时频同步技术，卫星时频同步技术等。其中，卫星时频同步技术诞生于 20 世纪 60 年代，根据实现机理的不同可以分为卫星单向法、卫星共视法（GPS Common View，CV）和双向卫星时频传递方法（Two Way Satellite Time and Frequency Transfer，TWSTFT）。对于辐射源定位系统而言，从实用性及精度综合考虑，最优就是利用 GPS/GNSS 等导航卫星进行卫星共视的时频同步方法。

卫星共视时频同步是指两个接收站同时观测同一个卫星，从而得到两地面站原子钟之间的钟差，实现时钟同步。其基本原理如图 2-6 所示，A、B 两个接收站同时观测卫星 S，那么接收站 A、B 的时钟与卫星 S 之间的钟差分别为：

$$\Delta t_{SA} = t_S - t_A \tag{2-15}$$

$$\Delta t_{SB} = t_S - t_B \tag{2-16}$$

上述两式作差可以得到两个地面站的时钟差

$$\Delta t_{SA} - \Delta t_{SB} = (t_S - t_A) - (t_S - t_B) = t_B - t_A = t_{BA} \tag{2-17}$$

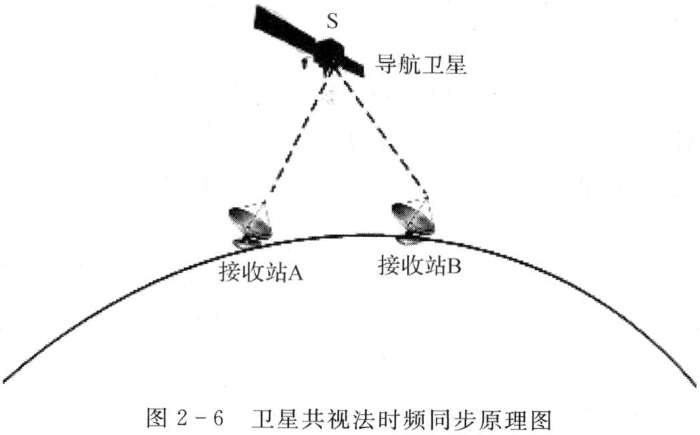

图 2-6　卫星共视法时频同步原理图

卫星共视法通过作差能够去掉在接收站 A、B 观测时引入的共同误差，例如星载原子钟对测量结果的影响、大部分路径扰动的影响和部分卫星位置引入的误差，因此提高了时频同步精度，约为 5～10 ns。

为保证时频同步精度，两地面站应同时观测同一颗卫星，否则由于星载原子钟不同步将引入测量误差；参与共视的两地面站应使用相同的数据处理方法，接收时延也应精确测量。目前，基于 GPS 卫星共视的时频同步技术的时间同步准确度可以达到 5～10 ns，频率比对的准确度可以达到 $10^{-13}\sim10^{-14}$ 量级。由于该种方案具有同步精度高、不受气象情况影响、信号覆盖范围广等优点，已得到广泛应用。

2.3.3 站间传输

无源定位系统各接收站之间传输的数据包括系统同步控制数据和探测结果数据两大类。同步控制数据主要包括控制命令、系统参数以及状态信息等几类数据。同步控制数据量很小，其中最大的数据包是系统参数数据包，且大多在系统准备阶段传输(此时无探测数据传输)。在系统工作时，同步数据传输只有同步时戳信息以及状态查询信息。探测结果数据主要包括各接收站的检测/估值结果数据和航迹处理(态势)结果数据，由各个移动站在系统探测时序启动后，按设定的积累周期间隔周期性地上报基站。探测结果数据的数据量大且周期性、间歇出现，要求站间传输模块具有较高的传输速率。

站间传输方案的设计要求综合考虑可靠性、传输速率、设备成本、环境的影响、通讯距离、保密性以及是否满足可移动、远距离、低成本等要求。目前，几种常用的数据传输方案包括：

1. 微波方式

(1) 微波通信的优点是：通信容量较大，可满足无源定位系统数据传输的容量要求，且其通信比较可靠，出现误码的概率较小。微波通信的传输速度也比较理想，而且由于是无线通信，数据传输不受地理限制。此外，微波通信是国家通信网的一种重要通信手段，可以用于各种电信业务的传送，如电话、电报、数据、传真以及彩色电视等均可通过微波电路传输。微波通信具有良好的抗灾性能，对水灾、风灾以及地震等自然灾害，微波通信一般都不受影响。

(2) 微波通信的缺点是：设备成本较高，不适合高频数据传输的初期设计；通信距离受限制，而且在电波波束方向上不能有高建筑物的阻挡；容易受干扰，微波经空中传送时，在同一微波电路上不能使用相同频率于同一方向传播；保密性较差，不适合于对安全性要求较高的数据传输。

(3) 基本结论：虽然微波通信较可靠，且通信容量较大，但不适用于远距离的高频多基雷达系统的数据传输。

2. 光纤方式

(1) 光纤通信的优点是：通信较可靠，其传输速率较高且不受环境的影响；由于采用光纤传输，属于有线传输方式，其保密性较好，数据的安全性能得到保证。另外，光纤尺寸小，重量轻，便于敷设和运输；光纤通信无辐射，而且不易被窃听；光缆的适应性很强，且寿命较长。

(2) 光纤通信的缺点是：通信的线路敷设成本较高，因为是有线通信，所以通信地点受到很大的限制，不可移动。另外光纤的质地脆，机械强度差，容易造成线路损坏，并且光纤通信的分路、耦合都不是很灵活，还存在供电困难等问题。

(3) 基本结论：光纤具有较好的高效性和保密性，但由于其移动不便的缺点，不适用于移动式高频多基雷达系统的数据传输。

3. 激光方式

(1) 激光通信的优点是：通信较可靠；传输速率较高；因是无线通信，拥有可移动的特性；其保密性也较好，难于被窃听，保证了数据的安全性。另外激光通信的设备比较经济。

(2) 激光通信的缺点是：激光通信受地理环境的影响较大，通信距离受到很大的限制(视距范围)。

(3) 基本结论：激光通信不适用于远距离、复杂地理环境的高频多基雷达系统的数据传输。

4. 卫星通信方式

(1) 卫星通信的优点是：通讯可靠性可以得到保证，传输速率中等而且不受环境的影响，可移动而且保密性较好。

(2) 卫星通信的缺点是：卫星通信有设备成本很高、且线路租用费用很大、传输速率不高等缺点。

(3) 基本结论：由于卫星通信成本较高，不适用于预研阶段的高频多基雷达系统。

5. 短波通信方式

(1) 短波通信的优点是：设备成本较低，可移动，支持远距离通信。

(2) 短波通信的缺点是：通信的可靠性较差，传输速率低，且受环境影响较大。

(3) 基本结论：对高频多基雷达系统而言，短波通信仅适用于同步控制信息的传输，不能满足探测结果数据的传输要求。

6. 移动通信方式

(1) 移动通信的优点是：设备成本低，且已民用化，是可移动的通信方式，支持远距离通信，传输速率中等。

(2) 移动通信的缺点是：可靠性较差，受环境影响较大，尤其保密性不强是移动通信的主要缺点。

(3) 基本结论：对预研阶段的高频多基雷达系统而言，移动通信较适用于远距离、移动式、复杂地理环境下的应用需求，但必须解决其保密性问题。

2.3.4 信号接收采集

接收机的输入信号往往十分微弱(一般为几微伏至几百微伏)，而检波器需要有足够大的输入信号才能正常工作，因此需要有足够大的高频增益把输入信号放大。早期的接收机采用多级高频放大器来放大接收信号，称为高频放大式接收机。后来应用最为广泛的接收机结构是超外差结构，主要依靠频率固定的中频放大器放大信号。

进入 21 世纪后，得益于数字信号处理技术的不断发展，数字接收机技术逐渐得到关注，并广泛应用于电子战领域。这一应用需求要求信号采集模块所使用的数字接收机具有较宽的输入带宽覆盖范围和较大的动态范围。典型的超外差式数字接收机的结构框图如图

2-7所示。其基本原理是：从天线接收的微弱信号经低噪声放大器放大后，与本地振荡器产生的信号一起加入混频器变频，得到中频信号；中频信号保留了输入信号的全部有用信息，得到的中频信号经过中频通道滤波和A/D转换后，用户即可得到数字信号。

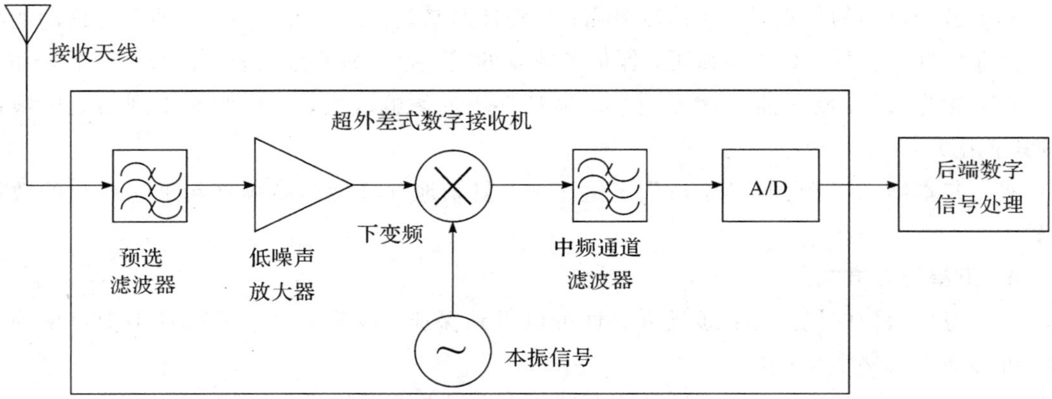

图2-7　典型的超外差式数字接收机的结构框图

超外差接收机性能优于高频(直接)放大式接收机，具有很大的接收动态范围、很高的邻道选择性和接收灵敏度，有效解决了原来高频放大式接收机输出信号弱、稳定性差的问题，且输出信号具有较高的选择性和较好的频率特性，易于调整，所以至今仍广泛应用于远程信号的接收。

2.3.5　参数估计

时频差估计是实现目标测速定位的前提，其估计精度也是提升动目标测速定位的关键。虽然也有学者发展了大量的直接定位方法，可以实现从接收信号到辐射源位置的直接计算，然而应用最多的还是从信号到定位参数，再从定位参数到目标位置的定位过程。

定位系统首先需要从接收的辐射源信号中提取出含有目标位置信息的观测量，如时差、频差、角度等参数，而后基于这些参数实现对目标的位置信息估计。对于本书的时频差定位系统，参数估计模块的主要目的就是通过比较各接收站接收到的信号数据，估计出辐射源信号到达不同接收站的时差和频差参数。目前，对于时差和频差的估计，工程上一般采用基于互模糊函数(CAF)的估计方法。CAF的定义为

$$\mathrm{CAF}(\tau, f_d) = \int_0^T s_1(t) s_2^*(t+\tau) \mathrm{e}^{\mathrm{j}2\pi f_d t} \mathrm{d}t \tag{2-18}$$

式中，$s_1(t)$、$s_2(t)$分别为不同接收站接收到的辐射源信号；τ、f_d为辐射源信号到达不同接收站的时差和频差；T为信号积累时间。

在实际工程计算时，一般都是采用以下的数字形式

$$\mathrm{CAF}(l, k) = \sum_{n=0}^{N-1} s_1(n) s_2^*(n+l) \mathrm{e}^{\mathrm{j}2\pi \frac{nk}{N}} \tag{2-19}$$

式中，$l=0, 1\cdots, N-1$；$k=-K, -K+1, \cdots, K-1$，K分别为时延和多普勒频率的离散化表示，L，K分别为离散化的时延和多普勒频率范围。

为了尽可能地减少频率搜索的计算量，频率的搜索步长一般设为 $1/T$ 左右。由此可知，如果只用离散的时间和离散的频率进行估计，TDOA 的估计精度只能达到整数倍的采样时间，FDOA 的估计精度只能达到整数倍的频率搜索步长，如图 2－8 所示。为了获得更高精度的 TDOA 和 FDOA 估计，就需要对估计结果进行插值。

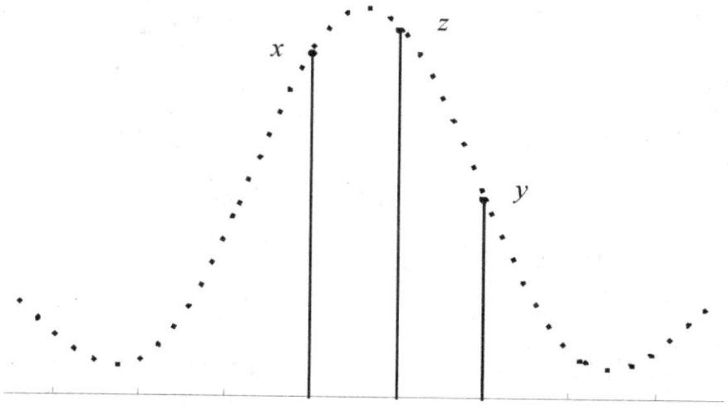

图 2－8　插值曲线示意图

插值技术可以有效提高参数估计的精度，但是时差和频差的估计精度并不能无限提高。理论上，时差和频差参数的估计误差受接收到的信号条件的影响，其估计误差极限可通过以下两个理论公式得到

$$\sigma_{\text{TDOA}} \approx \frac{0.55}{B_s\sqrt{BT\gamma}} \tag{2-20}$$

$$\sigma_{\text{FDOA}} \approx \frac{0.55}{T\sqrt{BT\gamma}} \tag{2-21}$$

其中，B 为接收机输入的噪声带宽；B_s 为信号带宽；T 为信号积累时间；γ 为输入信号的信噪比。

2.3.6　定位解算

在获取 TDOA 和 FDOA 参数后，无源定位系统即可构建定位方程，解算出目标位置参数，这是时频差无源定位的关键和核心之一。TDOA 和 FDOA 是无源定位系统中运动目标定位的常用参数。TDOA 观测直接对应于信号从目标辐射源到不同接收站的距离差(Range Difference，RD)，FDOA 观测则对应于距离差的变化率(Range Rate Difference，RRD)。因此，利用 TDOA 和 FDOA 定位，本质上是利用 RD—RRD 观测的定位。然而，由于 TDOA 和 FDOA 观测关于目标位置参数呈高度非线性，因此要从 TDOA 和 FDOA 观测解算出目标位置参数并不容易。

在多平台时频差无源定位中，多个接收平台同时接收目标辐射源信号，由于到达的相对路径和相对速度不同，不同接收平台接收到的信号之间存在着时间差 TDOA 和频率差 FDOA。在定位过程中，可利用 TDOA 和 FDOA 参数，并结合侦察平台本身的位置、速度，反演出目标辐射源的位置和速度，如图 2－9 所示。

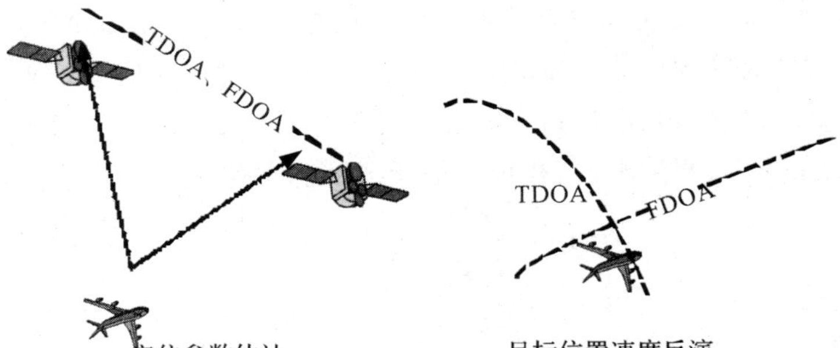

图 2-9 时频差定位原理图

假设共有 N 个卫星平台对目标辐射源进行观测，第 $i(1 \leqslant i \leqslant N)$ 个观测站的位置为 $\boldsymbol{s}_i=[x_i, y_i, z_i]^{\mathrm{T}}$，速度为 $\dot{\boldsymbol{s}}_i=[\dot{x}_i, \dot{y}_i, \dot{z}_i]^{\mathrm{T}}$，辐射源目标的位置为 $\boldsymbol{x}=[x, y, z]^{\mathrm{T}}$，速度为 $\dot{\boldsymbol{x}}=[\dot{x}, \dot{y}, \dot{z}]^{\mathrm{T}}$，则目标相对于第 i 个观测站的相对距离和相对速度分别为

$$\begin{cases} r_i = |\boldsymbol{x}-\boldsymbol{s}_i| \\ \dot{r}_i = |\dot{\boldsymbol{x}}-\dot{\boldsymbol{s}}_i| \end{cases} \tag{2-22}$$

其中，$|\cdot|$ 表示取模操作。

为不失一般性，将第 1 个观测站作为参考站，其他的观测站相对于参考站的距离差和速度差为

$$\begin{cases} d_i = r_i - r_0 \\ \dot{d}_i = \dot{r}_i - \dot{r}_0 \end{cases}, \quad i=2, 3, \cdots, N \tag{2-23}$$

另一方面，相对距离差和速度差也可以用 TDOA、FDOA 观测量表示如下：

$$\begin{cases} d_i = c\tau_i + c\Delta_i^t \\ \dot{d}_i = \lambda f_{ci} + \lambda\Delta_i^f \end{cases}, \quad i=1, 2, \cdots, N-1 \tag{2-24}$$

其中，c 表示光速；λ 表示信号的波长；$\Delta_i^t \sim N(0, \sigma_t^2)$、$\Delta_i^f \sim N(0, \sigma_f^2)$ 分别表示 TDOA、FDOA 的观测误差。

定义向量

$$\begin{cases} \boldsymbol{\tau} = [\tau_1, \tau_2, \cdots, \tau_{N-1}]^{\mathrm{T}} \\ \boldsymbol{f}_c = [f_{c1}, f_{c2}, \cdots, f_{cN-1}]^{\mathrm{T}} \\ \boldsymbol{\theta} = [c\boldsymbol{\tau}^{\mathrm{T}}, \lambda\boldsymbol{f}_c^{\mathrm{T}}]^{\mathrm{T}} \end{cases} \tag{2-25}$$

其中，$\boldsymbol{\tau}$ 表示 TDOA 测量向量；$\boldsymbol{f}_c$ 表示 FDOA 测量向量；$\boldsymbol{\theta}$ 表示由观测量 TDOA、FDOA 得到的距离差和速度差向量。

定义

$$\begin{cases} \boldsymbol{d} = [d_2, \cdots, d_N]^{\mathrm{T}} \\ \dot{\boldsymbol{d}} = [\dot{d}_2, \cdots, \dot{d}_N]^{\mathrm{T}} \\ \boldsymbol{h} = [\boldsymbol{d}^{\mathrm{T}}, \dot{\boldsymbol{d}}]^{\mathrm{T}} \end{cases} \tag{2-26}$$

其中，$\boldsymbol{d}$ 表示真实的距离差向量；$\dot{\boldsymbol{d}}$ 表示真实的速度差向量；$\boldsymbol{h}$ 表示由目标和观测站位置、速度计算得到的真实的距离差和速度差向量。

利用上述矢量定义，方程(2-24)可以用向量的形式表述为

$$\boldsymbol{\theta}=\boldsymbol{h}+\boldsymbol{n} \tag{2-27}$$

式中，$\boldsymbol{n}=[c\Delta_1^t, \cdots, c\Delta_{N-1}^t, \lambda\Delta_1^f, \cdots, \lambda\Delta_{N-1}^f]^{\mathrm{T}}$ 表示误差向量。

显然，$\boldsymbol{\theta}$ 为已知的观测量，$\boldsymbol{h}$ 为目标状态 $\boldsymbol{u}=[\boldsymbol{x}, \dot{\boldsymbol{x}}]^{\mathrm{T}}$ 的函数。通过求解式(2-27)中的方程组，就可以得到目标的位置和速度，从而实现对目标的定位和测速，这是时频差无源定位的基本原理和数学模型。

2.4　辐射源特性分析

对目标的定位必须依据辐射源信号自身的特点进行，因此对辐射源信号的梳理是完成目标测速定位的前提。本节主要对目标辐射源信号的链路功率进行计算，为后续章节的研究提供必要的依据。

2.4.1　辐射源信号特点

被定位平台一般都搭载着大量的辐射源信号，以完成通信、测控、探测等多种任务。按照常见的信号类型，可以将辐射源信号分为连续信号和猝发信号；按照搭载的平台，可以将其分为地面平台、海面平台、空中平台。不同的辐射源信号具有不同的特点，在时频差无源定位中需要首先对信号进行有效的评估。

举例来说，对于空中目标，尤其是无人机，当它在远程执行任务时，其测控信号在视距范围内往往难以传输，需要借助卫星进行测控与信息传输，如图 2-10 所示。例如无人机配置了 UHF 频段卫星中继数据链作为备份链路，实时传输无人机的遥控遥测数据和低速率信息，针对窄带遥测信号进行定位。一般窄带上行信号的发射功率为 1～100 W，假设上行天线的增益为 0 dB，则其等效全向辐射功率(Equivalent Isotropic Radiated Power，EIRP)最小为 0 dBW。

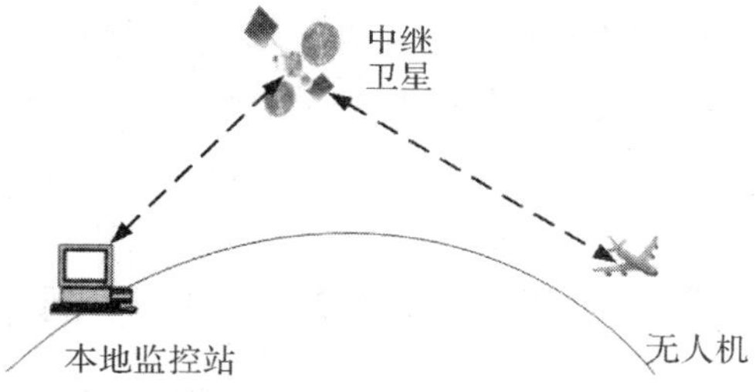

图 2-10　无人机卫星中继通信示意图

2.4.2　接收链路分析

对目标辐射源的定位中，需要接收系统能够侦测到目标辐射源。因此，需要对目标的等效全向辐射功率进行评估，判断其是否满足接收条件。假设发射信号的 EIRP 为 E_s，辐射源目标距离接收机的距离为 R，接收天线的增益为 G_r，接收天线的极化损失为 N_{polar}，则截获信号的功率为

$$P_r = \frac{\lambda^2 G_r E_s}{(4\pi R)^2 N_{\text{polar}}} \tag{2-28}$$

其中，λ 为截获信号的波长。

接收机的灵敏度为

$$P_{\min} = kT_0 BN_F \tag{2-29}$$

其中，$k=1.38\times10^{-23}$ J/K，为玻尔兹曼常数；T_0 为等效环境温度；B 为接收机带宽；N_F 为接收机噪声系数。

例如取 $T_0 = 300\text{K}$，$N_F = 5$ dB，UHF 频段接收机带宽为 25 kHz，L 频段接收机带宽为20 MHz，则接收机灵敏度分别为 $p_{\min} = -125$ dBm(25 kHz)；$p_{\min} = -96$ dBm (20 MHz)。显然，截获信号的接收信噪比为

$$\text{SNR} = p_r - p_{\min} \tag{2-30}$$

需要说明的是，在式(2-30)中，是以 dB 方式计算的。

假设目标辐射源距离接收机的距离为 500 km，极化损失为 3 dB，接收机噪声系数为 5 dB，接收天线的增益为 10 dB，在接收信噪比为 10 dB 的条件下，表 2-1 给出了典型辐射源信号的 EIRP 分析。

表 2-1　典型辐射源信号的 EIRP 分析

载波频率	带宽	所需 EIRP
400 MHz	10 kHz	−17.4 dBW
1 GHz	5 MHz	17.5 dBW

从表中可以看出：

(1) 对于典型遥测信号，其频段为 UHF 频段，带宽约为 10 kHz。在此条件下，要达到 10 dB 的接收信噪比，所需要的 EIRP 约为−17.4 dBW。实际的 EIRP 大于所需要的 EIRP 条件，即可以对该类信号进行有效接收。

(2) 对于数据链为代表的跳频通信信号，要达到 10 dB 的接收信噪比，所需要的 EIRP 为 17.5 dBW，而实际数据链终端的 ERIP 为 23 dBW，故该类信号满足接收条件。

2.5　定位精度分析方法

对目标测速与定位精度的分析是评价整个定位系统性能的核心之一。影响测速定位精度的因素较多，除了 TDOA、FDOA 之外，还包括卫星自身的位置、速度误差、时频同步误差等。本节重点分析时频差估计对于目标测速定位精度的影响，从信号处理的角度给出提升测速定位精度的途径。

在高斯噪声条件下，假设 TDOA 观测向量 $\boldsymbol{\tau}$ 的误差协方差矩阵为 $\boldsymbol{Q}_{\tau}$，FDOA 的观测向量 $\boldsymbol{f}_c$ 的误差协方差矩阵为 $\boldsymbol{Q}_f$，则由 TDOA 和 FDOA 进行定位的费舍尔信息矩阵(Fisher information matrix，FIM) 为

$$\begin{aligned}\boldsymbol{J}_{\mathrm{TDOA,\,FDOA}} &= \left(\begin{bmatrix}\dfrac{\partial \boldsymbol{d}}{\partial \boldsymbol{u}} & \dfrac{\partial \dot{\boldsymbol{d}}}{\partial \boldsymbol{u}}\end{bmatrix}^{\mathrm{T}}\begin{bmatrix}c^2\boldsymbol{Q}_t & \boldsymbol{0}\\ \boldsymbol{0} & \lambda^2\boldsymbol{Q}_f\end{bmatrix}^{-1}\begin{bmatrix}\dfrac{\partial \boldsymbol{d}}{\partial \boldsymbol{u}} & \dfrac{\partial \dot{\boldsymbol{d}}}{\partial \boldsymbol{u}}\end{bmatrix}\right)\\ &= \left(\begin{bmatrix}\dfrac{\partial \boldsymbol{d}}{\partial \boldsymbol{x}} & \dfrac{\partial \boldsymbol{d}}{\partial \dot{\boldsymbol{x}}}\\ \dfrac{\partial \dot{\boldsymbol{d}}}{\partial \boldsymbol{x}} & \dfrac{\partial \dot{\boldsymbol{d}}}{\partial \dot{\boldsymbol{x}}}\end{bmatrix}^{\mathrm{T}}\begin{bmatrix}c^2\boldsymbol{Q}_t & \boldsymbol{0}\\ \boldsymbol{0} & \lambda^2\boldsymbol{Q}_f\end{bmatrix}^{-1}\begin{bmatrix}\dfrac{\partial \boldsymbol{d}}{\partial \boldsymbol{x}} & \dfrac{\partial \boldsymbol{d}}{\partial \dot{\boldsymbol{x}}}\\ \dfrac{\partial \dot{\boldsymbol{d}}}{\partial \boldsymbol{x}} & \dfrac{\partial \dot{\boldsymbol{d}}}{\partial \dot{\boldsymbol{x}}}\end{bmatrix}\right)\end{aligned} \tag{2-31}$$

根据式(2-23)可知

$$\frac{\partial \boldsymbol{d}}{\partial \dot{\boldsymbol{x}}} = \boldsymbol{0} \tag{2-32}$$

则式(2-31)可以进一步写为

$$\boldsymbol{J}_{\mathrm{TDOA,\,FDOA}} = \begin{bmatrix}\dfrac{1}{c^2}\left(\dfrac{\partial \boldsymbol{d}}{\partial \boldsymbol{x}}\right)^{\mathrm{T}}\boldsymbol{Q}_t^{-1}\left(\dfrac{\partial \boldsymbol{d}}{\partial \boldsymbol{x}}\right)+\dfrac{1}{\lambda^2}\left(\dfrac{\partial \dot{\boldsymbol{d}}}{\partial \boldsymbol{x}}\right)^{\mathrm{T}}\boldsymbol{Q}_f^{-1}\left(\dfrac{\partial \dot{\boldsymbol{d}}}{\partial \boldsymbol{x}}\right) & \dfrac{1}{\lambda^2}\left(\dfrac{\partial \dot{\boldsymbol{d}}}{\partial \boldsymbol{x}}\right)^{\mathrm{T}}\boldsymbol{Q}_f^{-1}\left(\dfrac{\partial \dot{\boldsymbol{d}}}{\partial \dot{\boldsymbol{x}}}\right)\\ \dfrac{1}{\lambda^2}\left(\dfrac{\partial \dot{\boldsymbol{d}}}{\partial 2}\right)^{\mathrm{T}}\boldsymbol{Q}_f^{-1}\left(\dfrac{\partial \dot{\boldsymbol{d}}}{\partial \boldsymbol{x}}\right) & \dfrac{1}{\lambda^2}\left(\dfrac{\partial \dot{\boldsymbol{d}}}{\partial 2}\right)^{\mathrm{T}}\boldsymbol{Q}_f^{-1}\left(\dfrac{\partial \dot{\boldsymbol{d}}}{\partial \dot{\boldsymbol{x}}}\right)\end{bmatrix} \tag{2-33}$$

利用式(2-33)可以分别得到目标位置 $\boldsymbol{x}$ 和速度 $\dot{\boldsymbol{x}}$ 的 Fisher 信息量，以下我们分别进行分析。

1. 目标位置估计精度分析

根据式(2-33)，目标位置的 Fisher 信息矩阵为：

$$\boldsymbol{J}_{\mathrm{TDOA,\,FDOA}}(\boldsymbol{x}) = \frac{1}{c^2}\left(\frac{\partial \boldsymbol{d}}{\partial \boldsymbol{x}}\right)^{\mathrm{T}}\boldsymbol{Q}_t^{-1}\left(\frac{\partial \boldsymbol{d}}{\partial \boldsymbol{x}}\right)+\frac{1}{\lambda^2}\left(\frac{\partial \dot{\boldsymbol{d}}}{\partial \boldsymbol{x}}\right)^{\mathrm{T}}\boldsymbol{Q}_f^{-1}\left(\frac{\partial \dot{\boldsymbol{d}}}{\partial \boldsymbol{x}}\right) \tag{2-34}$$

可以看出，影响目标位置精度的因素有三个。首先，TDOA、FDOA 观测量误差都会对目标的位置精度产生影响。在相同条件下，提高时频差估计精度能够提升目标的定位精度。其次，目标的位置精度还跟整个编队的位置、速度以及目标的位置速度有关，其影响项主要是偏导数。动态性越好，偏导数越明显。在参数估计精度不变的情况下，通过构型扩大 TDOA/FDOA，可以提升定位精度。

2. 目标速度估计精度分析

根据式(2-33)，目标速度的 Fisher 信息矩阵为

$$\boldsymbol{J}_{\mathrm{TDOA,\,FDOA}}(\dot{\boldsymbol{x}}) = \frac{1}{\lambda^2}\left(\frac{\partial \dot{\boldsymbol{d}}}{\partial \dot{\boldsymbol{x}}}\right)^{\mathrm{T}}\boldsymbol{Q}_f^{-1}\left(\frac{\partial \dot{\boldsymbol{d}}}{\partial \dot{\boldsymbol{x}}}\right) \tag{2-35}$$

可以看出，影响目标位置精度的因素有两个。首先从观测量估计的角度出发，FDOA 观测量的估计精度会直接影响目标测速精度，而 TDOA 估计对于测速没有直接影响。因此要提升测速精度，必须提升 FDOA 估计精度。其次，目标的速度精度还跟编队的位置、速度以及目标的位置速度有关，其影响也是通过偏导数的形式引起的，通过编队构型的动态性扩大 FDOA，可以大大提升测速精度。

本章小结

本章主要从时频差无源定位原理、卫星的编队构型、时频差参数估计、目标辐射源信号等四个方面，对卫星编队的目标无源定位技术的基础进行了阐述和分析，其中观测量是整个无源定位系统的关键。时频差无源定位的系统组成是完成和实现定位的基础。对目标辐射源信号进行梳理和链路分析是进行目标定位的前提条件，同时也是第 3 章～第 5 章的重要基础。

通过本章节的介绍，为后续章节的展开建立了基础。

参考文献

[1] 郭福成，樊昀，周一宇，等. 空间电子侦察定位原理[M]. 北京：国防工业出版社，2012 年.

[2] 卢昱，王宇，吴忠旺，等. 空间信息对抗[M]. 北京：国防工业出版社，2009 年.

[3] 雷厉. 侦察与监视：作战空间的千里眼和顺风耳[M]. 北京：国防工业出版社，2008 年.

[4] 王永刚，刘玉文. 军事卫星及应用概论[M]. 北京：国防工业出版社，2003 年.

[5] 严航，朱珍珍. 基于积分抽取的时/频差参数估计方法 [J]. 宇航学报，2013，34(1)：99 - 105.

[6] 高云峰，李俊峰. 卫星编队飞行中的队形设计研究 [J]. 工程力学，2003，20(4)：128 - 131.

[7] 李振强，黄振，陈曦，等. 微纳卫星编队的欠采样传输无源定位方法 [J]. 清华大学学报(自然科学版)，2016，56(6)：650 - 655.

[8] Musicki D, Kaune R, Koch W. Mobile Emitter Geolocation and Tracking Using TDOA and FDOA Measurements [J]. IEEE Transactions on Signal Processing. 2010，58(3)：1863 - 1874.

[9] Ho K C, Wenwei X. An accurate algebraic solution for moving source location using TDOA and FDOA measurements [J]. IEEE Transactions on Signal Processing, 2004，52(9)：2453 - 2463.

[10] 郝继刚. 分布式卫星编队构形控制研究 [D]. 长沙：国防科学技术大学，2006.

[11] 禹航. 三星无源时差定位方法研究 [D]. 哈尔滨：哈尔滨工业大学，2011.

[12] 张艳. 三星时差频差联合目标定位与跟踪算法研究 [D]. 西安：西安电子科技大学出版社，2014.

[13] 梅文华，蔡善法. JTIDS/LINK 16 数据链(精) [M]. 北京：国防工业出版社，2007.

第 3 章　连续信号的时频差估计

3.1　引　　言

连续的通信信号是最为典型的一种辐射源信号。常见的连续通信信号包括遥测遥控信号、超短波电台信号等。实现对该类信号的高精度观测量估计对于其装载平台的测速定位具有重要的意义。

本章就该类信号的定位参数估计问题展开，首先对观测平台和辐射源相对静止的场景，介绍和分析了时差的估计方法；其次，对观测平台和辐射源相对匀速运动的场景，讨论了常见的时频差联合估计方法；最后，针对某些高动态的场景，讨论了联合时差、频差以及频差变化率的估计方法。其中，第三部分内容是本章的重点内容，适用于一些高动态场景，包括绳系旋转编队、高低轨道协同编队、天地协同编队等场合，对于提升传统目标的测速定位精度具有重要的意义。

3.2　连续信号的时差估计

在目标相对于观测平台静止不动的情况下，不同平台接收到的信号之间存在着到达时间差。通过提取到达时间差，就可以反演出目标的位置。本节主要解决连续信号的时差估计问题，包括估计方法与理论精度的边界。

3.2.1　估计模型与精度下界

时差定位中通常包含多个时间同步的接收站，同时对目标辐射的信号进行接收。由于到达接收站之间存在路径差，接收信号之间相应地也存在着时间差，如图 3 - 1 所示。

不同站接收到的信号分别为

$$\begin{cases} s_1(t) = s(t) + n_1(t) \\ s_2(t) = s(t-\tau_0) + n_2(t) \end{cases} \tag{3-1}$$

其中，$s(t)$表示辐射源信号；$s_1(t)$、$s_2(t)$分别表示接收到的两路信号；$n_1(t)$、$n_2(t)$表示两路接收噪声；τ_0 是两个信号之间的时间延时。

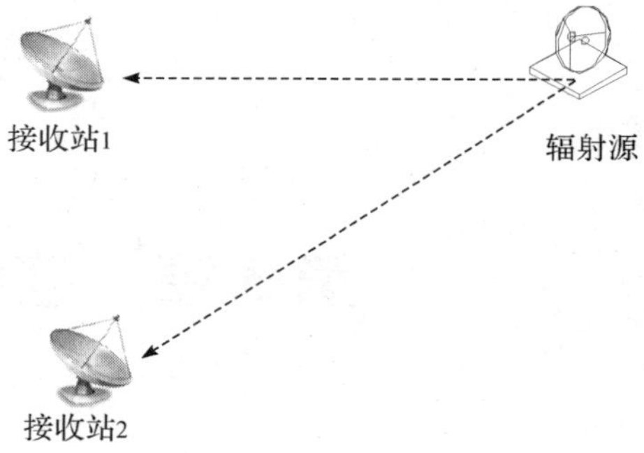

图 3-1 静止条件下的时差估计示意图

现给出以下两条模型假设：

假设 1：$s(t)$是平稳信号，$n_1(t)$和 $n_2(t)$均为零均值高斯白噪声，且 $s(t)$、$n_2(t)$、$n_2(t)$相互独立。

假设 2：信号相关时间 $\tau_s+|\tau_0|\ll T$，噪声的相关时间 τ_{n1}，$\tau_{n2}\ll T$，T 为信号的观测时间，τ_s 为信号的相关时间，则有

$$\hat{\tau}_0=\arg\max_{\tau} f(\tau)=\arg\max_{\tau}\int_{T/2}^{T/2} s_1(t)s_2(t+\tau)\mathrm{d}t \tag{3-2}$$

其中，$\hat{\tau}_0$ 是 τ 的估计值。

下面推导时差的估计精度。定义

$$f(\tau)\triangleq f_{ss}(\tau)+f_{\mathrm{N}}(\tau) \tag{3-3}$$

其中，$f_{ss}(\tau)$定义为

$$f_{ss}(\tau)\triangleq\int_{-T/2}^{T/2} s(t)s(t-\tau_0+\tau)\mathrm{d}t \tag{3-4}$$

$f_{\mathrm{N}}(\tau)$定义为

$$f_{\mathrm{N}}(\tau)\triangleq\int_{-T/2}^{T/2} s(t)n_2(t+\tau)\mathrm{d}t+\int_{-T/2}^{T/2} s(t-\tau_0+\tau)n_1(t)\mathrm{d}t+\int_{-T/2}^{T/2} n_1(t)n_2(t+\tau)\mathrm{d}t \tag{3-5}$$

根据式(3-2)、(3-3)，有

$$f^{(1)}(\hat{\tau}_0)=f_{ss}^{(1)}(\hat{\tau}_0)+f_N^{(1)}(\hat{\tau}_0)=0 \tag{3-6}$$

其中，$f^{(n)}(x)=\partial^n f/\partial x^n$ 表示 n 阶导数。

将式(3-6)用泰勒公式在 τ_0 点展开，可得

$$f_{ss}^{(1)}(\tau_0)+f_{ss}^{(2)}(\tau_0)(\hat{\tau}_0-\tau_0)+f_N^{(1)}(\hat{\tau}_0)\approx 0 \tag{3-7}$$

根据式(3-4)，$f_{ss}^{(1)}(\tau_0)=0$，则

$$E[\hat{\tau}_0-\tau_0]=E\left[\frac{-f_{\mathrm{N}}^{(1)}(\hat{\tau}_0)}{f_{ss}^{(2)}(\tau_0)}\right]=0 \tag{3-8}$$

$$\mathrm{var}[\hat{\tau}_0-\tau_0]=E\left[\left(\frac{f_{\mathrm{N}}^{(1)}(\hat{\tau}_0)}{f_{ss}^{(2)}(\tau_0)}\right)^2\right] \tag{3-9}$$

由式(3-8)可知，$\hat{\tau}_0$ 是 τ_0 的无偏估计。根据假设 2 的条件 $\tau_s\ll T$，可知

$$R_{ss}(0)=\lim_{a\to\infty}\frac{1}{\alpha}\int_{-\alpha/2}^{\alpha/2} s(t)s(t)\mathrm{d}t\approx\frac{1}{T}\int_{-T/2}^{T/2} s(t)s(t)\mathrm{d}t \tag{3-10}$$

根据式(3-4)、(3-10)，有

$$f_{ss}^{(2)}(\tau_0)=\int_{-T/2}^{T/2} s(t)s^{(2)}(t)\mathrm{d}t\approx TR_{ss}^{(2)}(0) \tag{3-11}$$

将式(3-11)代入式(3-9)，可得

$$\mathrm{var}[\hat{\tau}_0-\tau_0]=\frac{1}{[TR_{ss}^{(2)}(0)]^2}E[(f_N^{(1)}(\hat{\tau}_0)^2]\tag{3-12}$$

根据傅里叶变换的性质，可知若 $R_{ss}(\tau)$的傅里叶变换为 $X_s(f)$，则 $R_{ss}^{(2)}(\tau)$的为

$$R_{ss}^{(2)}(\tau)\rightarrow-(2\pi f)^2G_{ss}(f)\tag{3-13}$$

根据帕塞瓦尔(Parseval)定理可知

$$R_{ss}^{(2)}(0)=\int_{-\infty}^{+\infty}-(2\pi f)^2G_{ss}(f)\mathrm{d}f\tag{3-14}$$

$$\begin{aligned}f_N^{(1)}(\hat{D})=&-\int_{-T/2}^{T/2}s(t)n_2^{(1)}(t+\tau)\mathrm{d}t\Big|_{\tau=\hat{\tau}_0}\\&+\int_{-T/2}^{T/2}s^{(1)}(t-D+\tau)n_1(t)\mathrm{d}t\Big|_{\tau=\hat{\tau}_0}\\&+\int_{-T/2}^{T/2}n_1(t)n_2^{(1)}(t+\tau)\mathrm{d}t\Big|_{\tau=\hat{\tau}_0}\end{aligned}\tag{3-15}$$

根据假设 1 的独立零均值条件和式(3-15)，有

$$\begin{aligned}E[(f_N^{(1)}(\hat{\tau}_0))^2]=&E\Big[\int_{-T/2}^{T/2}\int_{-T/2}^{T/2}s(t_1)s(t_2)n_2^{(1)}(t_1+\tau)n_2^{(1)}(t_2+\tau)\mathrm{d}t_1\mathrm{d}t_2\Big|_{\tau=\hat{\tau}_0}\Big]\\&+E\Big[\int_{-T/2}^{T/2}\int_{-T/2}^{T/2}s^{(1)}(t_1-\tau_0+\tau)s^{(1)}(t_2-\tau_0+\tau)n_1(t_1)n_1(t_2)\mathrm{d}t_1\mathrm{d}t_2\Big|_{\tau=\hat{\tau}_0}\Big]\\&+E\Big[\int_{-T/2}^{T/2}\int_{-T/2}^{T/2}n_1(t_1)n_1(t_2)n_2^{(1)}(t_1+\tau)n_2^{(1)}(t_2+\tau)\mathrm{d}t_1\mathrm{d}t_2\Big|_{\tau=\hat{\tau}_0}\Big]\\=&\int_{-T/2}^{T/2}\int_{-T/2}^{T/2}R_{ss}(t_1-t_2)R_{n_2^{(1)}n_2^{(1)}}(t_1-t_2)\mathrm{d}t_1\mathrm{d}t_2\\&+\int_{-T/2}^{T/2}\int_{-T/2}^{T/2}R_{s^{(1)}s^{(1)}}(t_1-t_2)R_{n_1n_1}(t_1-t_2)\mathrm{d}t_1\mathrm{d}t_2\\&+\int_{-T/2}^{T/2}\int_{-T/2}^{T/2}R_{n_1n_1}(t_1-t_2)R_{n_2^{(1)}n_2^{(1)}}(t_1-t_2)\mathrm{d}t_1\mathrm{d}t_2\\=&T\int_{-T}^{T}(1-\frac{|u|}{T})R_{ss}(u)R_{n_2^{(1)}n_2^{(1)}}(u)\mathrm{d}u\\&+T\int_{-T}^{T}(1-\frac{|u|}{T})R_{s^{(1)}s^{(1)}}(u)R_{n_1n_1}(u)\mathrm{d}u\\&+T\int_{-T}^{T}(1-\frac{|u|}{T})R_{n_1n_1}(u)R_{n_2^{(1)}n_2^{(1)}}(u)\mathrm{d}u\end{aligned}\tag{3-16}$$

根据假设 2 相关时间的条件，有

$$\begin{aligned}E[(f_N^{(1)}(\hat{\tau}_0))^2]\approx&T\int_{-T}^{T}R_{ss}(u)R_{n_2^{(1)}n_2^{(1)}}(u)\mathrm{d}u+T\int_{-T}^{T}R_{s^{(1)}s^{(1)}}(u)R_{n_1n_1}(u)\mathrm{d}u\\&+T\int_{-T}^{T}R_{n_1n_1}(u)R_{n_2^{(1)}n_2^{(1)}}(u)\mathrm{d}u\\\approx&T\int_{-\infty}^{+\infty}R_{ss}(u)R_{n_2^{(1)}n_2^{(1)}}(u)\mathrm{d}u+T\int_{-\infty}^{+\infty}R_{s^{(1)}s^{(1)}}(u)R_{n_1n_1}(u)\mathrm{d}u\\&+T\int_{-\infty}^{+\infty}R_{n_1n_1}(u)R_{s_2^{(1)}s_2^{(1)}}(u)\mathrm{d}u\end{aligned}\tag{3-17}$$

令 $\varphi(\tau)$ 为

$$\varphi(\tau)\triangleq\int_{-\infty}^{+\infty}R_{ss}(u)R_{n_2^{(1)}n_2^{(1)}}(u-\tau)\mathrm{d}u+\int_{-\infty}^{+\infty}R_{s^{(1)}s^{(1)}}(u)R_{n_1n_1}(u-\tau)\mathrm{d}u$$

$$+\int_{-\infty}^{+\infty} R_{n_1n_1}(u) R_{n_2^{(1)}n_2^{(1)}}(u-\tau)\mathrm{d}u \tag{3-18}$$

则 $\varphi(\tau)$ 的傅里叶变换对为

$$\varphi(\tau) \leftrightarrow (2\pi f)^2 [G_{ss}(f)G_{n_1n_1} + G_{ss}(f)G_{n_2n_2} + G_{n_1n_1}(f)G_{n_2n_2}] \tag{3-19}$$

由帕塞瓦尔定理可知

$$\begin{aligned} E[(f_N^{(1)}(\hat{\tau}_0))^2] &= T\varphi(0) \\ &= T\int_{-\infty}^{+\infty} (2\pi f)^2 [G_{ss}(f)G_{n_1n_1} + G_{ss}(f)G_{n_2n_2} + G_{n_1n_1}(f)G_{n_2n_2}]\mathrm{d}f \end{aligned} \tag{3-20}$$

将式(3－14)、(3－20)代入式(3－12)，可得

$$\mathrm{var}[\hat{\tau}_0 - \tau_0] = \frac{1}{T} \frac{\int_{-\infty}^{+\infty} (2\pi f)^2 [G_{ss}(f)G_{n_1n_1} + G_{ss}(f)G_{n_2n_2} + G_{n_1n_1}(f)G_{n_2n_2}]\mathrm{d}f}{[\int_{-\infty}^{+\infty} (2\pi f)^2 G_{ss}(f)\mathrm{d}f]^2} \tag{3-21}$$

现给出第三条假设：

假设 3：噪声 n_1 和 n_2 的带宽分别为 B_{n_1} 和 B_{n_2}（$B_n = B_{n_1} = B_{n_2}$），且噪声在噪声带宽内是平坦的，噪声功率谱密度分别为 G_{n_1} 和 G_{n_2}。

根据假设 3，式(3－21)可以化简为

$$\begin{aligned} \mathrm{var}[\hat{\tau}_0 - \tau_0] &= \frac{1}{2TB_n} \frac{\int_{-\infty}^{+\infty} G_{ss}(f)\mathrm{d}f}{\int_{-\infty}^{+\infty} (2\pi f)^2 G_{ss}(f)\mathrm{d}f} \frac{2B_nG_{n_1}}{\int_{-\infty}^{+\infty} G_{ss}(f)\mathrm{d}f} \\ &\quad + \frac{1}{2TB_n} \frac{\int_{-\infty}^{+\infty} G_{ss}(f)\mathrm{d}f}{\int_{-\infty}^{+\infty} (2\pi f)^2 G_{ss}(f)\mathrm{d}f} \frac{2B_nG_{n_2}}{\int_{-\infty}^{+\infty} G_{ss}(f)\mathrm{d}f} \\ &\quad + \frac{1}{2TB_n} \frac{\left[\int_{-\infty}^{+\infty} G_{ss}(f)\mathrm{d}f\right]^2}{\left[\int_{-\infty}^{+\infty} (2\pi f)^2 G_{ss}(f)\mathrm{d}f\right]^2} \frac{2B_nG_{n_1}}{\int_{-\infty}^{+\infty} G_{ss}(f)\mathrm{d}f} \frac{2B_nG_{n_2}}{\int_{-\infty}^{+\infty} G_{ss}(f)\mathrm{d}f} \\ &\quad \cdot \frac{\int_{-\infty}^{+\infty} (2\pi f)^2 G_{n_1n_1}(f)G_{n_2n_2}\mathrm{d}f}{\int_{-\infty}^{+\infty} G_{n_1n_1}(f)G_{n_2n_2}\mathrm{d}f} \\ &= \frac{1}{2TB_n\beta_s^2}\left[\frac{1}{\gamma_1} + \frac{1}{\gamma_2} + \frac{\beta_n^2}{\beta_s^2}\frac{1}{\gamma_1\gamma_2}\right] \end{aligned} \tag{3-22}$$

其中：

$$\beta_s^2 = \frac{\int_{-\infty}^{+\infty} (2\pi f)^2 \int G_{ss}(f)\mathrm{d}f}{\int_{-\infty}^{+\infty} G_{ss}(f)\mathrm{d}f} \tag{3-23}$$

为信号的均方根带宽；

$$\beta_n^2 = \frac{\int_{-\infty}^{+\infty} (2\pi f)^2 \int G_{n_1n_1}(f)G_{n_2n_2}\mathrm{d}f}{\int_{-\infty}^{+\infty} G_{n_1n_1}(f)G_{n_2n_2}\mathrm{d}f} \tag{3-24}$$

为噪声的均方根带宽；

$$\gamma_1 = \frac{\int_{-\infty}^{+\infty} G_{ss}(f)\mathrm{d}f}{2B_n G_{n1}} \tag{3-25}$$

为第一路信号的信噪比；

$$\gamma_2 = \frac{\int_{-\infty}^{+\infty} G_{ss}(f)\mathrm{d}f}{2B_n G_{n_1}} \tag{3-26}$$

为第二路信号的信噪比。

由式(3-22)可以看出，时差估计的精度主要与信噪比、积累时间以及信号的均方根带宽有关。尤其是信号的均方根带宽直接影响着时差的估计精度，均方根带宽越大，估计精度也越高。

3.2.2 估计方法

时延估计的基本方法包括基本相关算法和广义相关算法。

1. 基本相关算法

基本相关算法是指利用两路信号之间的相关性，通过相关性叠加得到峰值对应的时间点，该点即为时延估计值。根据双基元接收模型，接收到的两路离散信号可表示为

$$\begin{cases} s_1(n) = s(n) + n_1(n) \\ s_2(n) = s(n-\tau_0) + n_2(n) \end{cases} \tag{3-27}$$

其中，$s(n)$是源信号；τ 为时间延迟；$n_1(n)$和 $n_2(n)$为噪声，这里假设噪声是相互独立的高斯白噪声，且与源信号相互独立；$s(n)$和 $s(n-\tau_0)$是平稳信号。

那么，求两路信号的相关函数可得

$$\begin{aligned} R_{s_1 s_2}(m) &= E[s_1(n)s_2(n+m)] \\ &= E[s(n)s(n-\tau_0+m)] + E[s(n)n_1(n+m)] \\ &\quad + E[n_1(n)s(n-\tau_0+m)] + E[n_1(n)n_2(n+m)] \\ &= R_{ss}(m-\tau_0) + R_{sn_2}(m) + R_{n_1 s}(m-\tau_0) + R_{n_1 n_2}(n) \end{aligned} \tag{3-28}$$

由于 $w_1(n)$和 $w_2(n)$及 $s(n)$和 $s(n-\tau_0)$相互之间是独立的，因此式(3-28)可化简为

$$R_{s_1 s_2}(m) = R_{ss}(m-\tau_0) \tag{3-29}$$

根据相关函数的性质，$R(m-\tau_0) \leqslant R(0)$，所以，$R_{s_1 s_2}$ 最大值所对应的点为时延估计值，即

$$\hat{\tau} = \arg\max_m [R_{s_1 s_2}(m-\tau_0)] \tag{3-30}$$

根据模型的原理可知，基本相关算法原理简单，易于理解。但是，它要求信号和噪声相互独立，且对非平稳信号和可变误差的时延估计误差较大。1976 年，为了改进相关算法缺点，有学者提出了广义相关时延估计算法。

2. 广义相关算法

广义相关算法的基本原理是，将两路接收信号 s_1 和 s_2 分别经过预滤波器 $H_1(f)$和 $H_2(f)$，

对信号和噪声进行白化，以增强信号中信噪比高的频率成分，抑制噪声功率。然后将输出 $y_1(n)$ 和 $y_2(n)$ 进行相关性处理，通过峰值检测得到时延估计值。

根据维纳－辛钦定理，互相关函数与互功率谱互为傅立叶变换的性质，即

$$R_{s_1s_2}=F^{-1}(G_{s_1s_2}) \tag{3-31}$$

$$R_{y_1y_2}=F^{-1}(G_{y_1y_2})=F^{-1}(H(f)\cdot G_{s_1s_2}) \tag{3-32}$$

式中，$G_{s_1s_2}$ 和 $G_{y_1y_2}$ 为互功率谱；$H(f)$ 为加权系数，且

$$H(f)=H_1(f)H_2^*(f) \tag{3-33}$$

定义

$$\gamma(f)=\frac{G_{s_1s_2}^2(f)}{G_{s_1s_1}(f)G_{s_2s_2}(f)} \tag{3-34}$$

常用的广义相关加权函数如表 3-1 所示。

表 3-1　广义相关法加权函数

名称	广义加权函数
Roth(处理器)	$H(f)=\frac{1}{G_{s_1s_1}}$
SCOT(平滑相关)	$H(f)=\frac{1}{\sqrt{G_{s_1s_1}G_{s_2s_2}}}$
PHAT(相位变换)	$H(f)=\frac{1}{\lvert G_{s_1s_2}\rvert}$
ML(最大似然加权)	$H(f)=\frac{\lvert\gamma(f)\rvert}{\lvert G_{s_1s_2}(f)\rvert(1-\lvert\gamma(f)\rvert^2)}$
HP(加权)	$H(f)=\frac{\lvert G_{s_1s_2}(f)\rvert}{G_{s_1s_1}(f)G_{s_2s_2}(f)}$
WP(加权)	$H(f)=\frac{\lvert G_{s_1s_2}(f)\rvert^2}{G_{s_1s_1}(f)G_{s_2s_2}(f)}$

3.2.3　基于 MCMC 的被动时延估计

1. 构建被动时延估计模型

假设辐射源发射信号为 $s(t)$，那么接收到的信号为

$$\begin{cases}x_1(t)=s_1(t)+n_1(t)\\ x_2(t)=s_2(t-\tau_0)+n_2(t)\end{cases} \tag{3-35}$$

其中，$s_i(t)(i=1, 2)$ 分别为接收信号；$n_i(t)$ 为加性噪声，设为高斯白噪声。

对接收信号进行离散采样，并对离散采样信号进行离散傅里叶变换(Discrete Fourier Transform, DFT)，得到接收信号的频域模型为

$$S_1(k)=S(k)+N_1(k),\quad k=0, 1, \cdots, N-1 \tag{3-36}$$

$$S_2(k)=S(k)\mathrm{e}^{\frac{\mathrm{j}2\pi k\tau_0}{N}}+N_2(k),\quad k=0, 1, \cdots, N-1 \tag{3-37}$$

由于在无源定位中系统中，辐射源信号 $s(t)$ 未知，那么 $S(k)$ 未知，因此所以不能利用式(3-36)和式(3-37)直接构建似然函数。将式(3-37)代入式(3-36)，并化简得到

$$S_2(k)=S_1(k)\mathrm{e}^{\frac{\mathrm{j}2\pi k\tau_0}{N}}+W_p(k)\quad k=0,1,\cdots,N-1 \tag{3-38}$$

$$W_p(k)=N_2(k)-N_1(k)\mathrm{e}^{\frac{\mathrm{j}2\pi k\tau_0}{N}}\quad k=0,1,\cdots,N-1 \tag{3-39}$$

将式(3-39)写为向量的形式为

$$\boldsymbol{S}_2=\boldsymbol{S}_{\tau_0}+\boldsymbol{W}_p \tag{3-40}$$

其中，$\boldsymbol{S}_2=[N_2(0), N_2(1), \cdots, N_2(N-1)]^{\mathrm{T}}$ 为 $s_2(t)$的离散傅里叶变换。

由于 DFT 是线性变换，可知 $\boldsymbol{W}_p=[W_p(0), W_p(1), \cdots, W_p(N-1)]^{\mathrm{T}}$ 为复高斯白噪声

$$\boldsymbol{S}_{\tau_0}=[S_1(0), S_1(1)\mathrm{e}^{\frac{\mathrm{j}2\pi\tau_0}{N}}, \cdots, S_1(N-1)\mathrm{e}^{\frac{\mathrm{j}2\pi(N-1)\tau_0}{N}}]^{\mathrm{T}} \tag{3-41}$$

根据概率统计特性，构建噪声的概率密度函数为

$$P(\boldsymbol{W}_p\,|\,\tau_0)=\frac{1}{(2\pi\sigma^2)^{N/2}}\exp\left\{-\frac{1}{\sigma^2}(\boldsymbol{S}_2-\boldsymbol{S}_{\tau_0})^{\mathrm{H}}(\boldsymbol{S}_2-\boldsymbol{S}_{\tau_0})\right\} \tag{3-42}$$

其中，σ^2 为 $W_p(k)$的方差。

根据贝叶斯公式,构建 τ_0 的后验分布函数为

$$\Lambda(\tau_0\,|\,\boldsymbol{W}_p)\propto p(\boldsymbol{W}_p\,|\,\tau_0)p(\tau_0) \tag{3-43}$$

由于时延 τ_0 的先验分布是未知的,因此省略未知参数的先验分布函数即可得到其似然函数。通过求解似然函数最大值对应的参数,即得到未知参数的估计为

$$l(\tau_0)=p(\boldsymbol{W}_p\,|\,\tau_0) \tag{3-44}$$

那么，式(3-44)的全局最大值所对应的点即为未知参数的估计值所在,即

$$(\hat{\tau}_0)=\arg[\max_{\tau_0}(l(\tau_0))] \tag{3-45}$$

$l(\tau_0)$是 τ_0 的函数,化简取对数并去掉常数部分,可得到估计时延 τ_0 的似然函数

$$L_c(\tau_0)=\boldsymbol{S}_2{}^{\mathrm{H}}\boldsymbol{S}_{\tau_0} \tag{3-46}$$

2. 估计方法

根据似然函数的物理含义可知,式(3-46)以 τ_0 为变量生成的伪谱最大值对应的 τ_0 即为时延的最大似然估计(Maximum Likelihood, ML)估计。下面通过化简发现,可以利用快速傅里叶变换(Fast Fourier Transformation, FFT)快速算法实现对式(3-46)离散点的函数值的计算。

通过峰值检测的方法可得到时延 τ_0 的最大似然估计值,表述为

$$(\hat{\Delta}_\tau)_{\mathrm{ML}}=\arg(\max_{\Delta_\tau}[L_c(\Delta_\tau)]) \tag{3-47}$$

伪谱峰值搜索法可以先利用 DFT 计算再通过峰值检测的方法实现时延估计。但是这种算法由于估计仅限于采样间隔的整数倍，且当信号存在噪声时，时延的似然函数不一定在时延真值处出现最大值，因此谱峰搜索的方法不能得到准确的估计。所以本节利用蒙特卡洛的方法实现时延的估计。

利用蒙特卡洛(Markov Chain Monte Carlo,MCMC)方法估计时延,首先需要确定未知参数 τ_0 的平稳分布函数。由于在时延估计中，参数的先验是分布未知的，因此可直接将未知参数的似然函数作为其平稳分布函数，抽样产生马尔科夫链,构建 τ_0 的平稳分布函数为

$$\pi_\rho(\Delta_\tau)=\exp\frac{\rho}{\boldsymbol{S}_1^{\mathrm{H}}\boldsymbol{S}_1}\boldsymbol{S}_2^{\mathrm{H}}\boldsymbol{S}_{\tau_0}\boldsymbol{S}_{\tau_0}^{\mathrm{H}}\boldsymbol{S}_2\Big\} \tag{3-48}$$

其中 ρ 为常数。

ρ 的不同取值对平稳分布函数的性能有着重要的影响，当 ρ 值增大时，分布函数 $\pi(\tau_0)$ 在 τ_0 的位置将变得更加尖锐。由于 $\boldsymbol{S}_2^{\mathrm{H}}\boldsymbol{S}_{\tau_0}\boldsymbol{S}_{\tau_0}^{\mathrm{H}}\boldsymbol{S}_2$ 计算数值太大，需要对其进一步处理，令

$$\rho=\frac{\rho'}{\boldsymbol{S}_2^{\mathrm{H}}\boldsymbol{S}_2} \tag{3-49}$$

将式(3-49)代入式(3-48)，选取不同的 ρ' 值，画出 $\pi_{\rho'}(\tau_0)$ 的分布如图 3-2 所示。那么，得到新的分布函数为

$$\pi_{\rho'}(\tau_0)=\exp\frac{\rho'}{\boldsymbol{S}_1^{\mathrm{H}}\boldsymbol{S}_1\boldsymbol{S}_2^{\mathrm{H}}\boldsymbol{S}_2}\boldsymbol{S}_2^{\mathrm{H}}\boldsymbol{S}_{\tau_0}\boldsymbol{S}_{\tau_0}^{\mathrm{H}}\boldsymbol{S}_2\Big\} \tag{3-50}$$

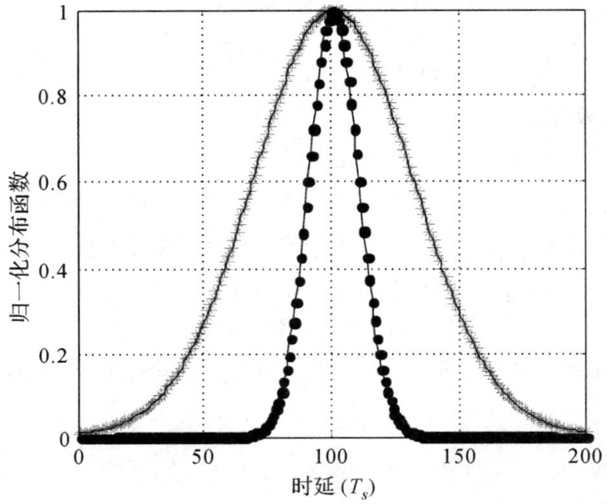

图 3-2　$\pi_{\rho'}(\Delta_r)$ 在 SNR=30 dB 时 $\rho'=10$ 和 $\rho'=700$ 的归一化分布图

所以，MCMC 估计时延的步骤归纳为

(1) 对接收的时域离散信号作 FFT，得到 $\boldsymbol{S}_1$、$\boldsymbol{S}_2$。

(2) 初始化。在[0～max(τ_0)]之间产生一个初始状态 $\tau_0(0)$，利用式(3-50)计算初始状态对应的 $\pi_{\rho'}(\tau_0(0))$。

(3) 抽取第 i 个样本($1\leqslant i\leqslant R$，R 为抽样点数)，生成随机数 $u\sim U[0,1]$：

① 如果，$u<0.5$，则采用独立马尔科夫采样方法，本节选取的转移核函数为 $q_1(\tau_0^*)\sim U[0,\max(\tau_0)]$。采样得到候选样本 τ_0^*，将 τ_0^* 代入式(3-50)计算得到分布函数值 $\pi(\tau_0^*)$，利用 τ_0^* 与前一样本 $\tau(i-1)$ 分别计算 $\gamma_1(\tau_0^*,\tau_0(i-1))$ 和 $\alpha_1(\tau_0^*,\tau_0(i-1))$，可得

$$\gamma_1(\tau_0^*,\tau_0(i-1))=\frac{\pi(\tau_0^*\mid\boldsymbol{W}_p)}{\pi(\tau_0(i-1)\mid\boldsymbol{W}_p)} \tag{3-51}$$

$$\alpha_1=\min\{\gamma_1,1\} \tag{3-52}$$

转入第 4 步。

② 如果 $u\geqslant0.5$，则采用随机游走的方法采样，选取的提议函数为 $q_1(\tau_0^*)\sim N[0,\lambda*\tau_{0\max}]$，$\tau_{0\max}$ 较大时 λ 取值较小，$\tau_{0\max}$ 较小时反之。采样得到候选样本 τ_0^*，计算同式(3-51)和(3-52)，得到 $\gamma_2(\tau_0^*,\tau_0(i-1))$ 和 $\alpha_2(\tau_0^*,\tau_0(i-1))$，转入第 4 步。

(4) 判断是否更新样本，生成随机数 $u'\sim U[0,1]$，

① 如果 $u'<0.5$，接受候选状态，即 $\tau_0(i)=\tau_0^*$；

② 如果 $u\geqslant 0.5$，保持原状态，即 $\tau_0(i)=\tau_0(i-1)$。

(5) $i\leftarrow i+1$，返回步骤 3。

3.2.4　仿真实验及分析

实验 1　基本相关算法和广义相关算法的估计时延实验

实验采用窄带调频广播信号，载频为 $f_c=97.5$ MHz，调制频率 $f_m=15$ kHz，调制指数 $m_f=4$，带宽 $B=2(m_f+1)f_m=150$ kHz，最大频率 $f_{\max}=f_c+B/2=97.575$ MHz。假设采用频率 $F_s=2f_{\max}=195.15$ MHz，时延 $\Delta_\tau=100T_s$，信噪比 $\text{SNR}_1=20$ dB，快拍数 $N=256$和 65536，对接收的信号作相关运算，如图 3-3 所示。可知，当接收信号快拍数较少时，基本相关算法不可估计时延。只有当快拍数增加到一定量时，相关函数的最大值才对应于待估计时延。

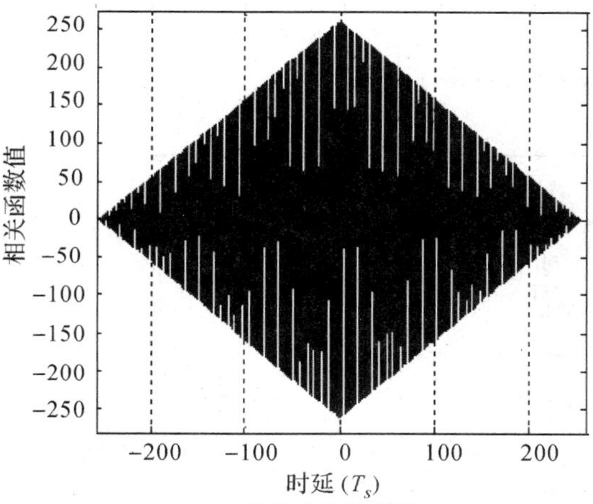

(a) 接收信号快拍数N=256

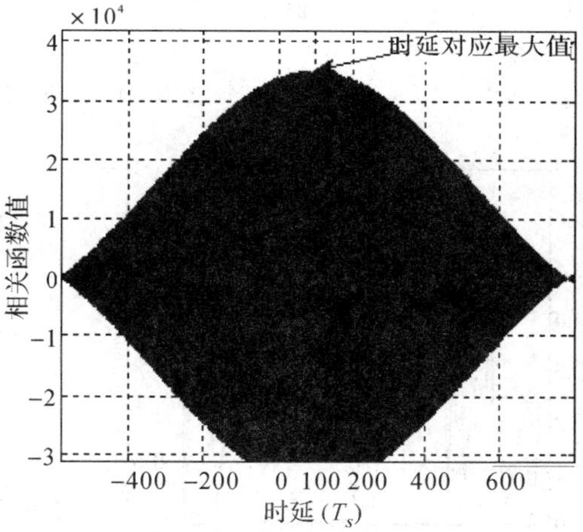

(b) 接收信号快拍数N=65536

图 3-3　窄带信号基本相关法时延估计

宽带采用常用的雷达信号——线性调频(LFM)信号，信号低频 $f_1=98$ MHz，带宽 $B=30$ MHz。根据带通信号采样定理，可得信号最低采样率为 91.667 MHz。假设 $F_s=91.667$ MHz，时延设为 $20.2T_s$ 和 $20.8T_s$，信号采样点数 $N=128$，信噪比 SNR=10 dB，通过相关运算，时延估计如图 3-4 所示。

为了便于识别相关函数的最大值，实验对相关函数取绝对值。由图 3-4 可知，相关算法只能得到信号采样间隔整数倍的时延估计，所以图 3-4(a)的实际时延是 $20.2T_s$，估计得到 $20T_s$；而图 3-4(b)的实际时延为 $20.8T_s$，估计得到 $21T_s$。为了得到更加精确的时延估计，可通过插值提高信号采样率，这里不再赘述。对比图 3-3 和图 3-4 可知，相对于窄带信号，宽带信号更容易得到时延估计值。

常用的广义互相关数加权函数有 ROTH 函数、PHAT 函数、SCOH 函数、ML 函数、

WP 函数和 HP 函数。利用不同加权的 GCC 算法对宽带 LFM 信号的时延估计如图 3－5 所示。由图可知，SCOH 加权、ML 加权和 WP 加权相关谱的主副瓣比较高，且旁瓣少。但是 ROTH 加权、PHAT 加权和 HP 加权的相关谱，虽然在真实时延处出现谱峰，但是旁瓣较高，毛刺较多。

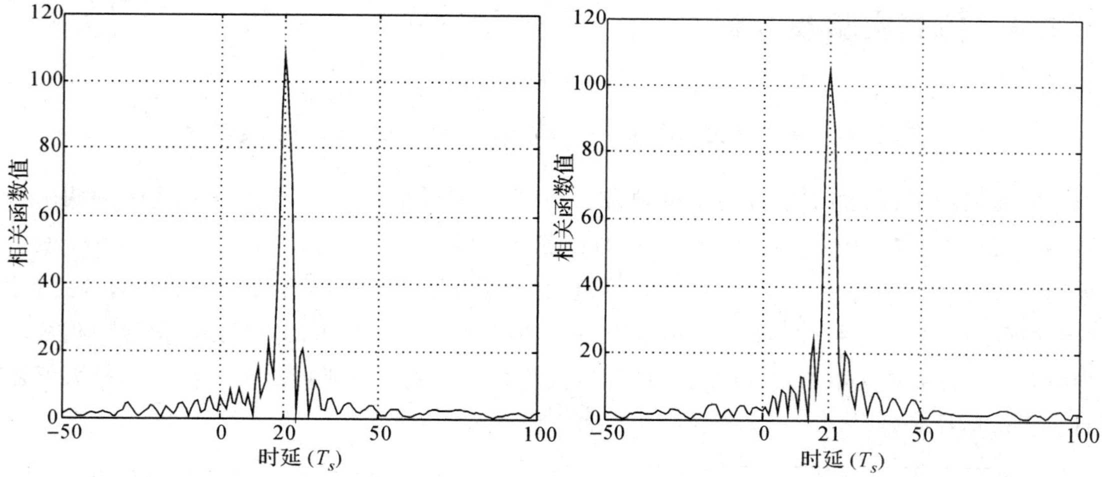

(a) τ=20.2T_s　　(b) τ=20.8T_s

图 3－4　宽带信号基本相关法时延估计

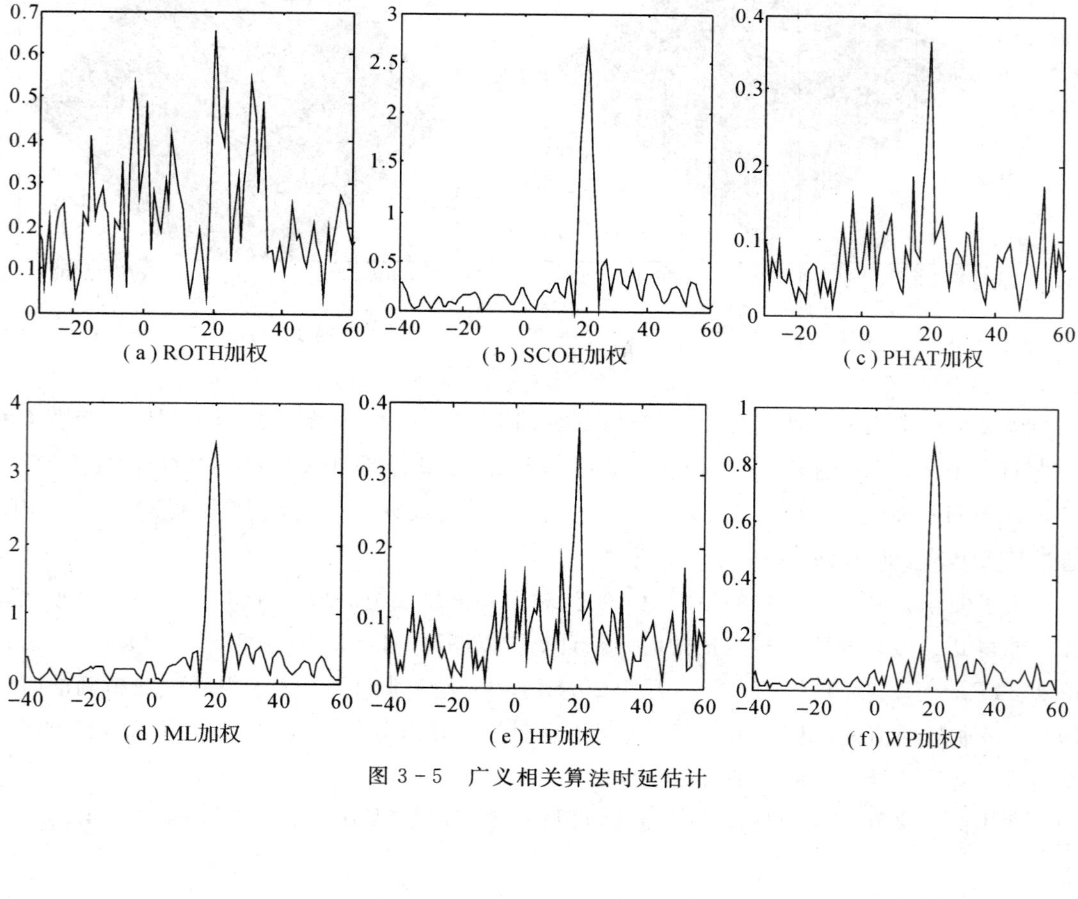

(a) ROTH加权　(b) SCOH加权　(c) PHAT加权

(d) ML加权　(e) HP加权　(f) WP加权

图 3－5　广义相关算法时延估计

实验 2　MCMC 快速算法与基本相关算法对比实验

本书算法适用于窄带和宽带信号的时延估计。但由于窄带信号在接收时长短时，带宽窄而使信号能量小，使用基本的相关法无法得到信号的时延估计。将快速算法与基本相关算法对比，实验采用的窄带信号为调频广播(FM)信号，信号参数与实验 1 相同。在没有噪声的条件下，设信噪比 $SNR_1=150$ dB，选择快拍数 $N=4096$ 和 65 536 两种情况。

从图 3 - 6 所示的结果可知，在实验 2 的题设条件下，信号接收快拍数只有 4096 时，基本相关算法不能估计出信号间的时延，而快速算法可以实现信号时延估计。

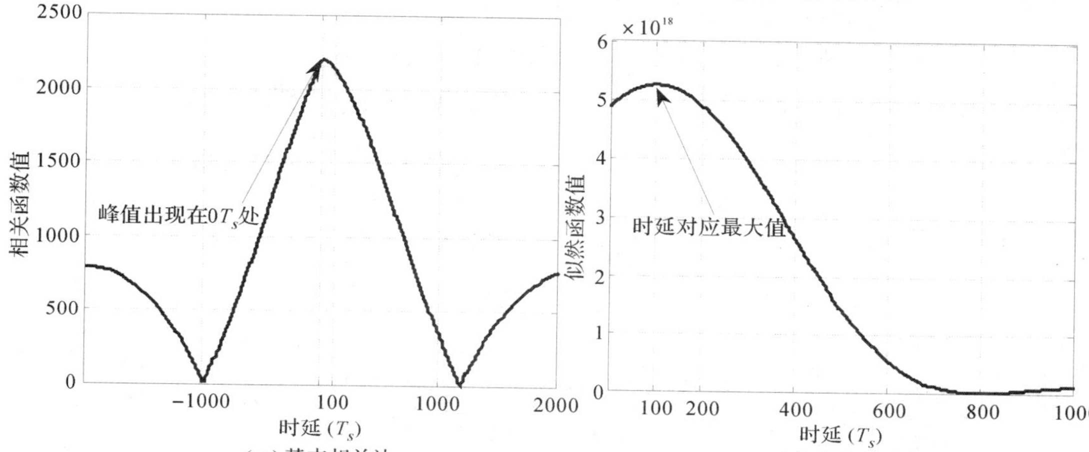

(a) 基本相关法　　(b) 本文谱峰搜索算法

图 3 - 6　FM 信号的时延估计(时延为 $100T_s$，快拍数 $N=4096$)

从图 3 - 7 所示的结果可知，在相同带宽和采样频率的条件下，增加采样快拍数，基本相关算法可以实现对时延的估计。对比图 3 - 6 和图 3 - 7 的结果可知，增加快拍数可使伪谱谱峰变窄，进而提高估计精度。

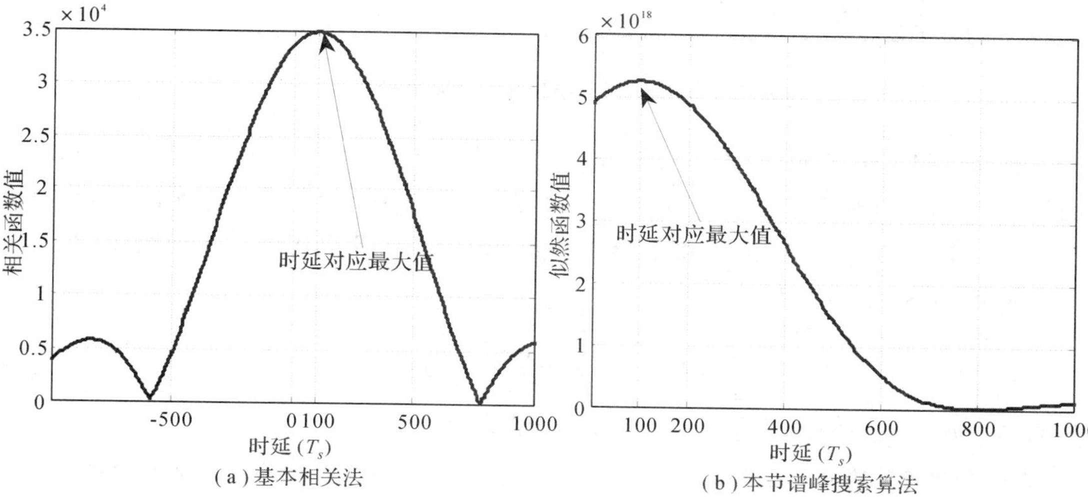

(a) 基本相关法　　(b) 本节谱峰搜索算法

图 3 - 7　FM 信号的时延估计(时延为 $100T_s$，快拍数 $N=65\ 536$)

实验 3　MCMC 方法实现时延估计的抽样过程实验

采用与实验 1 同样的信号，信噪比为 $SNR_1=15$ dB，快拍数为 65536，得到 MCMC 算法估计时延抽取样本的迭代过程如图 3-8 所示。由图可知，从第 50 个样本开始进入平稳分布，样本的均值即为 MCMC 方法的估计结果。当样本数量变化时，MCMC 方法在不同样本条件下的估计结果如表 3-2 所示。可知，随着抽样点数 R 的增大，MCMC 估计的均值逼近真实时延，且方差越小，精度越高。同时，根据计算原理可知，其计算量也越大。

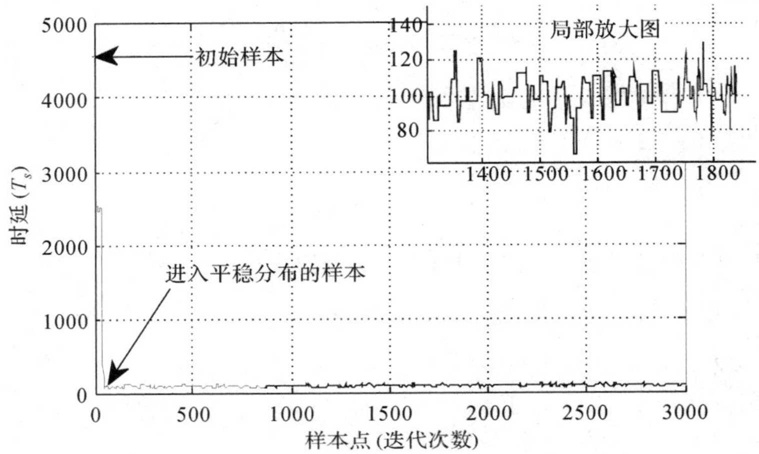

图 3-8　时延分布函数的 MCMC 抽样图

表 3-2　不同抽样点数时的 MCMC 时延估计结果

迭代步数	500	1000	2000	4000
期望	100.12	100.11	100.01	100.00
MSE	3.9718	1.8478	0.7823	0.6733

实验 4　MCMC 时延估计精度研究实验

为了证明本书算法的实用性，将本书算法与传统的相关(ML)算法、及 IS 算法和时延估计的 CRLB 进行对比分析。考虑到计算量的问题，在下面的实验中，选择 FM 信号的快拍数为 4096。当信噪比变化时，将不同算法估计的均方误差(MSE)对比如图 3-9 和图 3-10所示。MSE 的定义为

$$MSE=\frac{1}{N_m}\sum_{i=1}^{N_m}(\hat{\Delta}_{\tau i}-\Delta_\tau)^2 \tag{3-53}$$

其中，N_m 为重复试验的次数；$\hat{\Delta}_{\tau i}$ 为第 i 次的估计结果。

在采样快拍数为 4096、时延为 $100T_s$ 的条件下，利用传统峰值检测的 ML 算法、本章末的 IS 算法和本书算法对上述描述的 FM 信号进行时延估计，得到的估计结果如图 3-9 所示。

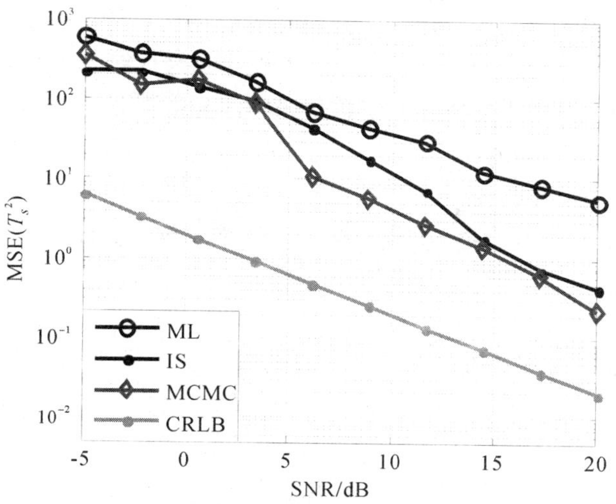

图 3－9　FM 信号的 MCMC 时延估计

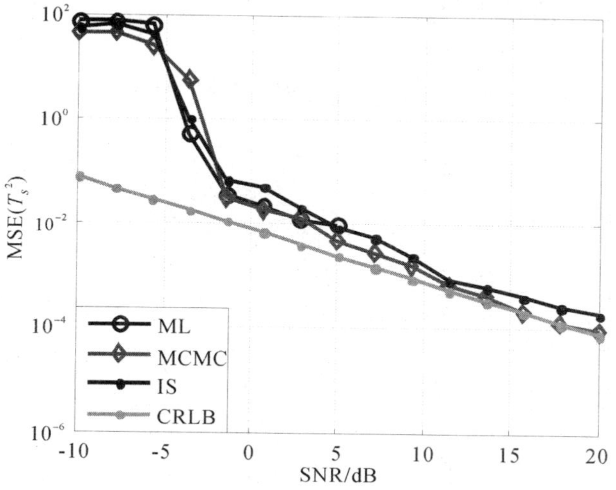

图 3－10　LFM 信号的 MCMC 时延估计

由图 3－9 的结果可以知，在 FM 信号的时延估计中，IS 算法和 MCMC 算法时延估计的 MSE 低于 ML 算法。随着信噪比的增大，IS 算法和 MCMC 算法的 MSE 迅速减小，且 MCMC 算法的估计精度大于 IS 算法。说明在相同的误差和样本条件下，本书算法的估计精度大于传统峰值检测的 ML 算法和 IS 算法。

对于宽带信号，采用常用的雷达信号线性调频(LFM)信号，信号低频 $f_l=98$ MHz，带宽 $B=30$ MHz，根据带通信号采样定理，可得到信号的最低采样率为 91.667 MHz。假设 $F_s=91.667$ MHz，时延设为 $20T_s$，信号快拍数 $N=128$。

从图 3－10 所示结果可知，相对于窄带信号，宽带信号的时延估计精度更高。误差较大时，各类算法的估计精度相当。随着信噪比的增大，各种算法的 MSE 迅速减小。相对来说，MCMC 算法估计结果的 MSE 更接近 CRLB。对于 IS 算法，影响其估计精度的参量除了抽样点数，还有备选样本的含量。在一定条件下，该方法可以得到很高的精度，而本书仿真是在抽样点数相当的条件下的仿真结果。对于 ML 算法，由于其只能估计得到采样间隔整数倍的时延，所以当 SNR 大于 5 dB 以后，其误差就不能在仿真中体现，所以图中没有画出 SNR 大于 5 dB 之后的 ML 的 MSE。由此可知，在宽带信号时延估计中，MCMC 算法不但可以得到精确的估计值，而且还能估计非整数倍采样间隔的时延。

3.3 连续信号的时频差估计

当观测平台和目标辐射源之间存在匀速的相对运动时，不同平台接收到的信号之间不但存在着路径差，还存在着速度差，导致不同平台的信号之间产生到达时间差和到达多普勒频率差。通过提取到达时间差、频率差，就可以反演出目标的位置。本节主要研究连续信号的时频差估计问题，包含估计方法与理论精度的边界。

3.3.1 估计模型与精度理论下界

如图 3-11 所示，两个接收站同时对目标辐射源的信号进行接收。

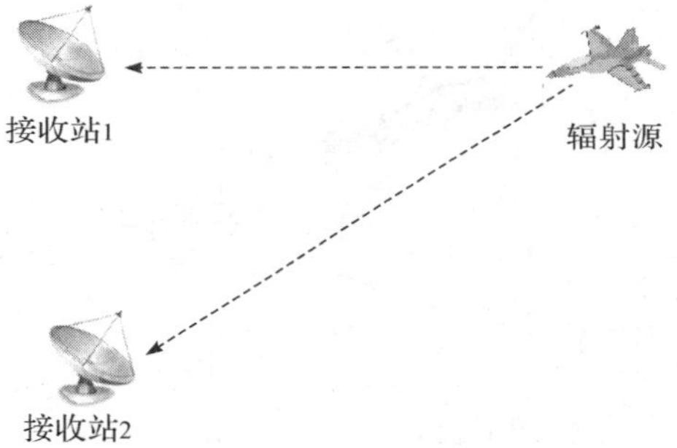

图 3-11 信号接收示意图

假设待定位的辐射源目标信号模型为

$$s(t)=a(t)\mathrm{e}^{\mathrm{j}2\pi f_0 t} \tag{3-54}$$

其中，$a(t)$为连续的复基带信号；f_0 表示载波频率。

在时频差定位系统中，假设两个接收机同时对信号进行接收，则接收的信号模型为

$$\begin{cases} s_1(t)=s(t)+n_1(t) \\ s_2(t)=s(t-\tau)\cdot \mathrm{e}^{-\mathrm{j}2\pi f_c t}+n_2(t),\ -\dfrac{T}{2}\leqslant t\leqslant \dfrac{T}{2} \end{cases} \tag{3-55}$$

其中，τ、f_c 为信号到达的 TDOA 和 FDOA；$n_1(t)$、$n_2(t)$为零均值高斯白噪声。

在 TDOA 方向上，其分辨率为信号带宽的倒数 $1/B$；在 FDOA 方向上，其分辨率为总积累时长的倒数 $1/T$。时频差估计的精度理论下界为

$$\begin{cases} \sigma_\tau=\dfrac{1}{\beta_s}\dfrac{1}{\sqrt{B_n T\gamma}} \\ \sigma_f=\dfrac{1}{T_e}\dfrac{1}{\sqrt{B_n T\gamma}} \end{cases} \tag{3-56}$$

其中，β_s 是信号均方根带宽；T_e 为均方根时间；γ 为有效输入信噪比；B_n 为接收机输入的噪声带宽，定义如下：

$$\beta_s = 2\pi \left[\frac{\int_{-\infty}^{\infty} f^2 W_s(f) \mathrm{d}f}{\int_{-\infty}^{\infty} W_s(f) \mathrm{d}f} \right]^{1/2} \tag{3-57}$$

$$T_e = 2\pi \left[\frac{\int_{-\infty}^{\infty} t^2 \mid s(t) \mid^2 \mathrm{d}t}{\int_{-\infty}^{\infty} \mid s(t) \mid^2 \mathrm{d}f} \right]^{1/2} \tag{3-58}$$

$$\frac{1}{\gamma} = \frac{1}{2}\left[\frac{1}{\gamma_1} + \frac{1}{\gamma_2} + \frac{1}{\gamma_1 \gamma_2}\right] \tag{3-59}$$

其中，γ_1 和 γ_2 分别为两路接收机的信噪比；$s(t)$表示接收信号；$W_s(f)$表示接收信号的频谱。

实际中，可取 $\beta_2 \approx 1.8B$，$T_e \approx 1.8T$。从精度表达式(3－56)可以看出：

(1) 时差的精度。在不考虑信噪比的前提下，时差的精度主要取决于信号带宽和积累时间 T。带宽越宽，精度越好；积累时间越长，精度越好。

(2) 频差的精度。在不考虑信噪比的前提下，频差的精度主要取决于积累时间 T，且对积累时间较为敏感。

从上述分析可以看出，积累时间对于参数估计精度具有较大的影响，因此，可以通过延长积累时间的办法来提升精度，尤其是频差精度。

3.3.2　估计方法

在信号模型式(3－55)下，经典的估计是 CAF 方法，其定义为

$$\mathrm{CAF}(\tau, f) = \int_{-T/2}^{T/2} s_1(t) s_2^*(t+\tau) \cdot \mathrm{e}^{-\mathrm{j}2\pi ft} \mathrm{d}t \tag{3-60}$$

对 CAF(τ, f)取模以后，可以根据最大值位置，得到 TDOA 和 FDOA 的估计，如图 3－12所示。

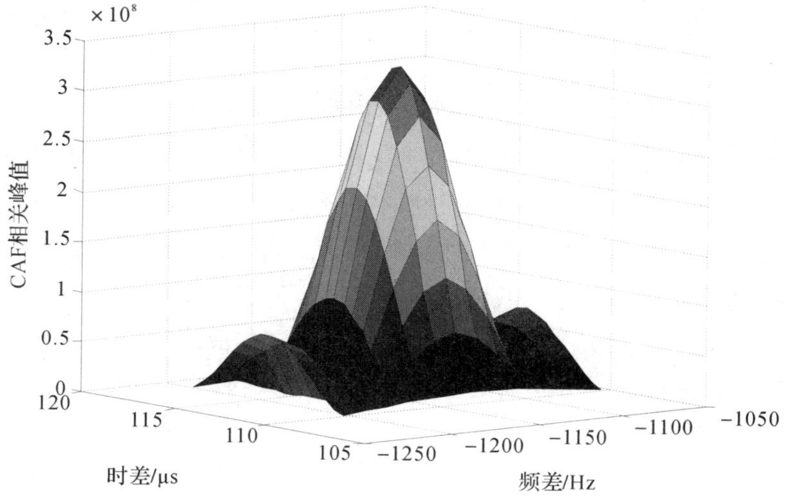

图 3－12　CAF 示意图

3.4 联合时差、频差、频差变化率参数估计

3.4.1 问题描述与时变参数模型

在一些动态特性较高的场合，时差不但要考虑一阶量，还需要考虑高阶的时差变化率。例如，在绳系编队高动态参数估计中，针对窄带遥测信号，频差观测量呈现出明显的时变特性，频差的变化率对频差具有明显的扩展作用。传统的静态时频差估计方法在针对时变观测量估计中存在固有缺陷，忽略了时变特性的影响。为了解决以上问题，本节首先对频差扩展问题进行分析，在此基础上建立时变的参数估计模型。

在传统的TDOA/FDOA估计模型中，都假设TDOA/FDOA是静态的，其信号模型为

$$\begin{cases} s_1(t)=s(t)+n_1(t), & -\frac{T}{2}\leqslant t\leqslant\frac{T}{2} \\ s_2(t)=s(t-\tau)\mathrm{e}^{\mathrm{j}2\pi f_c t+\mathrm{j}\varphi}+n_2(t) \end{cases} \tag{3-61}$$

其中，$s(t)$表示辐射源信号；T表示积累时间（信号观测时间）；φ表示初始相差；τ和f_c分别表示TDOA和FDOA；$n_1(t)\sim N(0, \sigma_1^2)$和$n_2(t)\sim N(0, \sigma_2^2)$是相互独立的高斯白噪声。

显然，在该模型中，假设TDOA和FDOA是保持不变的。在此假设基础上，TDOA和FDOA的估计精度如方程(3-56)所示。通过该方程可以看出，在相同的信噪比条件下，TDOA的估计精度与均方根带宽和信号的积累时间有关；FDOA的估计精度主要与积累时间有关，且相比于TDOA对积累时间更加敏感。然而，在实际测量中，还需要考虑时差和频差的扩展问题，因为以上两种扩展的发生会导致观测量精度的损失。

对于宽带信号，例如带宽在MHz量级以上的数传信号，时差扩展问题(Relative Time Companding, RTC)更容易发生。如图3-13所示，RTC表示时差跨分辨单元走动的情况。在静态情况下，TDOA的分辨率为信号带宽的倒数，也即$1/B$。TDOA的变化率为f_c/f_0（f_0表示接收信号的载频），则在积分时间T之内，TDOA扩展的绝对量为$f_c/f_0 T$。RTC的扩展因子可以用绝对扩展量与TDOA分辨率的比值来表示，也即$f_c/f_0 BT$。当时差扩展因子达到2.8时，时差精度会出现严重的下降。显然，由于具有更宽的带宽，宽带信号的时差扩展更容易发生。例如当信号的载频为400 MHz，FDOA为2000 Hz，带宽为10 MHz，积分时间为0.1 s时，扩展因子达到了5，需要考虑时差扩展问题。正如2.5节所述，宽带的空中目标辐射源信号并不常见，所处频段较高，且很难捕捉，因此本书对宽带数传信号的观测量估计不作为重点研究。

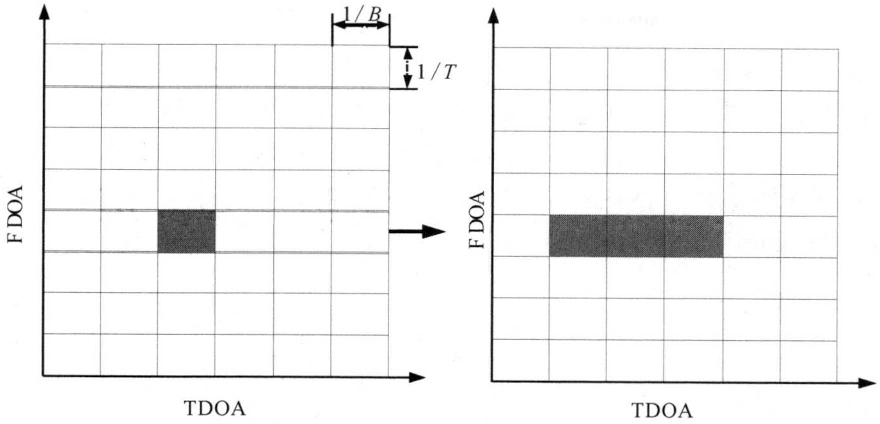

(a)时差未扩展 (b)时差扩展

图 3-13 RTC 问题示意图

对于窄带信号，例如带宽在数 kHz 量级的遥测信号，频差扩展(Relative Doppler Companding，RDC)问题更容易发生。如图 3-14 所示，RDC 表示频差跨多普勒分辨单元走动的情况。在上述例子中，其他条件不变，假设信号的带宽为 10 kHz，则时差扩展因子仅为0.005，可以忽略不计。同时，在同等条件下，由于窄带信号的时差精度远低于宽带信号，这就要求增加积累时间，通过增加积累时间的方法获得更好的时差和频差精度。

当积累时间延长时，会带来以下两个方面的结果：① FDOA 的分辨力提高。② 在积累时间内，频差变化率造成的 FDOA 扩展更明显。在此条件下，频差扩展更容易发生。假设积累时间为 T，频差变化率为 $\dot{f}_c$，则 FDOA 的分辨力为 $1/T$，FDOA 的变化量为 $\dot{f}_cT$，定义多普勒扩展因子为

$$\gamma=\dot{f}_cT^2 \tag{3-62}$$

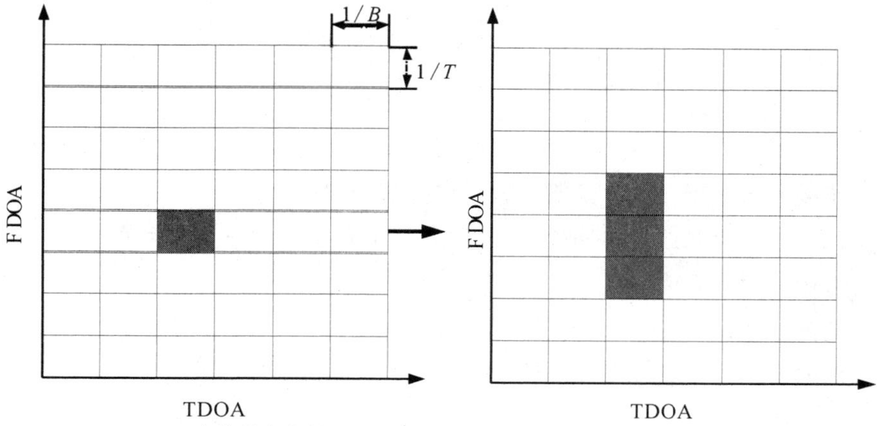

(a)多普勒未未扩展 (b)多普勒扩展

图 3-14 RDC 问题示意图

显然，γ 表示的是 FDOA 的变化量与 FDOA 分辨力的比值。例如当 $\gamma=3$ 时，表示 FDOA 的变化量达到三倍的 FDOA 分辨率。因此，γ 是一个归一化因子。图 3-15 在不同 γ 的条件下，给出了传统 CAF 在 FDOA 方向上的曲线。从图中可以看出，当 $\gamma=0$ 时，也即

没有 RDC 的情况，CAF 在 FDOA 方向上的峰形最窄，且输出增益较高；当 $\gamma=1, 2, 3$ 时，FDOA 峰变宽，且输出增益也变小；当 γ 继续增大时，峰形发生严重的畸变，不能有效地估计 FDOA。例如，在绳系编队场景下，代入 2.4 节中典型的频差变化率 $\dot{f}_c=100$ Hz/s，当积分时间为 0.3 s 时，RDC 扩展因子达到了 9，造成频差估计精度的严重下降。由于 γ 与 T 的二次方成正比，因此，当 T 延长时，RDC 问题将变得更加严重。为了获得更好的 FDOA 估计精度，就需要解决 RDC 问题。

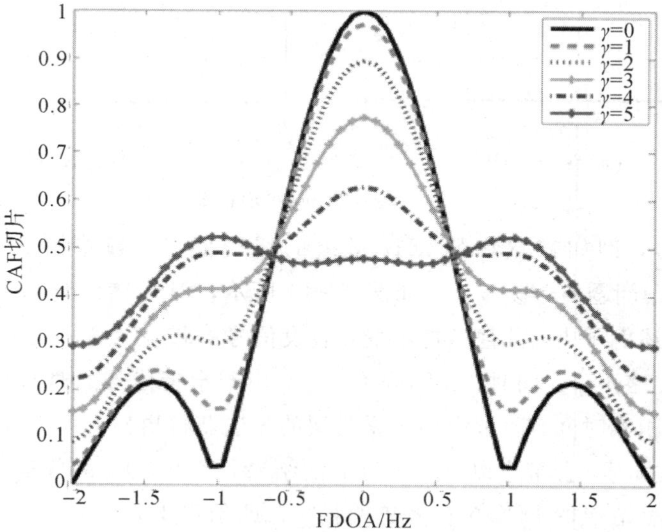

图 3－15　CAF 在 FDOA 方向上的投影曲线

由以上分析可知，之所以发生 RDC 问题，主要是由于静态信号模型没有考虑频差变化率，造成估计模型与实际的信号模型之间存在偏差。基于此，本书同时考虑 TDOA、FDOA 和 Doppler Rate，构建动态的估计模型为

$$\begin{cases} s_1(t)=s(t)+n_1(t),\ -\dfrac{T}{2}\leqslant t\leqslant\dfrac{T}{2} \\ s_2(t)=s(t-\tau)\mathrm{e}^{\mathrm{j}2\pi(f_c t+0.5\dot{f}_c t^2)+\mathrm{j}\varphi}+n_2(t) \end{cases} \tag{3-63}$$

其中，$\dot{f}_c$ 表示频差变化率；其余参数的物理意义与模型(3－61)相同。

与模型式(3－61)相比，新的估计模型考虑到了频差变化率参数，因此 RDC 问题可以得到补偿。此外，传统模型是本模型在 $\dot{f}_c=0$ 条件下的特殊形式。

由于在模型(3－63)中，TDOA、FDOA、Doppler Rate 都是未知参数，这就涉及到对以上三个参数的联合估计。经过简单推导不难得出，最大似然估计器为

$$\begin{cases} (\hat{\tau},\ \hat{f}_c,\ \hat{\dot{f}}_c)=\arg\max\limits_{\tau,\ f_c,\ \dot{f}_c}\left|C(\tau,\ f_c,\ \dot{f}_c)\right| \\ C(\tau,\ f_c,\ \dot{f}_c)=\displaystyle\int_{-T/2}^{T/2} s_1^*(t)s_2(t+\tau)\mathrm{e}^{\mathrm{j}2\pi(f_c t+0.5\dot{f}_c t^2)}\mathrm{d}t \end{cases} \tag{3-64}$$

然而不幸的是，上述估计需要完成一个三维搜索，计算量较大。因此，在本章后续章节中，将寻求简化的联合估计方法。

3.4.2 联合估计 CRLB

在进行联合估计之前，首先需要分析边界条件，得到联合估计的 CRLB，用于估计方法的评价。本节从信号的动态参数模型出发，推导联合时差、频差以及频差变化率估计的 CRLB。由于接收信号为非合作信号，该理论界的推导较为复杂，我们的思路是将接收信号写为矢量信号模式，将未知的信号也当做未知参数，先推导扩维参数的费舍尔信息矩阵，最后从中找出目标参数的费舍尔信息矩阵，并完成 CRLB 的推导。

1. 信号相关的 CRLB

根据方程(3-63)，离散的信号模型为

$$\begin{cases} s_1(n)=s(n)+n_1(n), \ -\dfrac{N}{2}\leqslant n\leqslant\dfrac{N}{2} \\ s_2(n)=s(n-\tau)\mathrm{e}^{\mathrm{j}2\pi(f_d n+0.5\dot{f}_d n^2)+\mathrm{j}\varphi}+n_2(n) \end{cases} \tag{3-65}$$

其中，$f_d=f_cT_s$ 表示离散的频差；$\dot{f}_d=\dot{f}_cT_s^2$ 表示离散的频差变化率；T_s 表示信号的离散采样间隔。将信号写为矢量的形式为

$$\begin{cases} \boldsymbol{s}\triangleq\left[s\left(-\dfrac{N}{2}\right),\ s\left(-\dfrac{N}{2}+1\right),\ \cdots,\ s\left(\dfrac{N}{2}-1\right)\right]^{\mathrm{T}} \\ \boldsymbol{s}_\tau\triangleq\left[s_\tau\left(-\dfrac{N}{2}\right),\ s_\tau\left(-\dfrac{N}{2}+1\right),\ \cdots,\ s_\tau\left(\dfrac{N}{2}-1\right)\right]^{\mathrm{T}} \end{cases} \tag{3-66}$$

其中，$s_\tau=s(n-\tau)$表示延迟信号。

显然，延迟$|\tau|$相对于积分时间 T 来说，满足$|\tau|\ll T$。因此，根据离散傅里叶变换的性质，$\boldsymbol{s}_\tau$ 可以近似为 $\boldsymbol{s}_\tau\approx F^H D_\tau F\boldsymbol{s}$，其中

$$F=\frac{1}{\sqrt{N}}\exp\left(-\mathrm{j}\,\frac{2\pi}{N}\boldsymbol{n}\boldsymbol{n}^{\mathrm{T}}\right) \tag{3-67}$$

$$D_\tau=\mathrm{diag}\left[\exp\left(-\mathrm{j}\,\frac{2\pi}{N}\boldsymbol{n}\tau\right)\right] \tag{3-68}$$

$$\boldsymbol{n}=\left[-\frac{N}{2},\ \cdots,\ \frac{N}{2}-1\right]^{\mathrm{T}} \tag{3-69}$$

将 $\boldsymbol{s}$、$\boldsymbol{s}_\tau$ 带入接收信号模型(3-65)可得

$$\begin{aligned} \boldsymbol{s}_1&=\boldsymbol{s}+\boldsymbol{n}_1 \\ \boldsymbol{s}_2&=\mathrm{e}^{\mathrm{j}\varphi}D_1D_2F^HD_\tau F\boldsymbol{s}+\boldsymbol{v}_2=\mathrm{e}^{\mathrm{j}\varphi}G\boldsymbol{s}+\boldsymbol{n}_2 \end{aligned} \tag{3-70}$$

其中，$D_1=\mathrm{diag}\{\exp(\mathrm{j}2\pi f_\mathrm{d}\boldsymbol{n})\}$；$D_2=\mathrm{diag}\{\exp(\mathrm{j}\pi\dot{f}_\mathrm{d}\boldsymbol{n}\cdot\boldsymbol{n})\}$；$G=D_1D_2F^HD_\tau F$；符号 · 表示点乘运算，$(A\cdot B)_{ij}=A_{ij}B_{ij}$。

至此，已经给出了接收信号的矢量表达式，我们需要在接收信号 $\boldsymbol{s}$ 未知的条件下，给出所关心的参数的估计下界。由于接收信号 $\boldsymbol{s}$ 未知，我们也将其视作未知参数。为此，定义扩维的参数向量

$$\boldsymbol{\alpha}\triangleq[\mathrm{Re}\{\boldsymbol{s}^{\mathrm{T}}\},\ \mathrm{Im}\{\boldsymbol{s}^{\mathrm{T}}\},\ \boldsymbol{\theta}^{\mathrm{T}}]^{\mathrm{T}}\in R^{(2N+4)\times 1} \tag{3-71}$$

接收信号 $\boldsymbol{x}\triangleq[\boldsymbol{s}_1^{\mathrm{T}},\ \boldsymbol{s}_2^{\mathrm{T}}]^{\mathrm{T}}\in C^{2N\times 1}$ 的似然函数可以表示为

$$p(\boldsymbol{x};\boldsymbol{\alpha})=\frac{1}{(2\pi)^N}\frac{1}{|\Sigma|^{1/2}}\exp\left\{-\frac{1}{2}(\boldsymbol{x}-\boldsymbol{u})^H\Sigma^{-1}(\boldsymbol{x}-\boldsymbol{u})\right\} \tag{3-72}$$

其中，$\boldsymbol{u}$、$\boldsymbol{\Sigma}$ 分别表示接收信号的均值和协方差矩阵，即

$$\boldsymbol{u}=\begin{bmatrix}\boldsymbol{s}\\ \mathrm{e}^{\mathrm{j}\varphi}G\boldsymbol{s}\end{bmatrix} \tag{3-73}$$

$$\boldsymbol{\Sigma}=\begin{bmatrix}\sigma_1^2 I_N & \boldsymbol{0}\\ \boldsymbol{0} & \sigma_2^2 I_N\end{bmatrix} \tag{3-74}$$

其中，I_N 表示 N 维单位矩阵。

参数 $\boldsymbol{\alpha}$ 的 FIM 为

$$J_\alpha=2\mathrm{Re}\left\{\left[\frac{\partial\boldsymbol{u}}{\partial\boldsymbol{\alpha}}\right]^H\boldsymbol{\Sigma}^{-1}\left[\frac{\partial\boldsymbol{u}}{\partial\boldsymbol{\alpha}}\right]\right\} \tag{3-75}$$

$\partial\boldsymbol{u}/\partial\boldsymbol{a}$ 可以进一步展开为

$$\frac{\partial\boldsymbol{u}}{\partial\boldsymbol{\alpha}}=\begin{bmatrix}\boldsymbol{I}_N & \mathrm{j}\boldsymbol{I}_N & \boldsymbol{0}_{N\times 3}\\ \mathrm{e}^{\mathrm{j}\varphi}GI_N & \mathrm{je}^{\mathrm{j}\varphi}G\boldsymbol{I}_N & B\end{bmatrix} \tag{3-76}$$

其中，

$$B=\frac{\partial(\mathrm{e}^{\mathrm{j}\varphi}G\boldsymbol{s})}{\partial\boldsymbol{\theta}}=[(B)_1\quad(B)_2\quad(B)_3\quad(B)_4] \tag{3-77}$$

式(3-77)中，

$$(B)_1=\frac{\partial(\mathrm{e}^{\mathrm{j}\varphi}G\boldsymbol{s})}{\partial\tau}=-\mathrm{j}\frac{2\pi}{N}\mathrm{e}^{\mathrm{j}\varphi}D_1D_2F^HD_\tau\boldsymbol{N}FF^HF\boldsymbol{s}=-\mathrm{je}^{\mathrm{j}\varphi}G\boldsymbol{s}^{(1)} \tag{3-78}$$

$$(B)_2=\frac{\partial(\mathrm{e}^{\mathrm{j}\varphi}G\boldsymbol{s})}{\partial\varphi}=\mathrm{je}^{\mathrm{j}\varphi}G\boldsymbol{s} \tag{3-79}$$

$$(B)_3=\frac{\partial(\mathrm{e}^{\mathrm{j}\varphi}G\boldsymbol{s})}{\partial f_{\mathrm{d}}}=\mathrm{je}^{\mathrm{j}\varphi}\boldsymbol{N}G\boldsymbol{s} \tag{3-80}$$

$$(B)_4=\frac{\partial(\mathrm{e}^{\mathrm{j}\varphi}G\boldsymbol{s})}{\partial\dot{f}_{\mathrm{d}}}=\mathrm{je}^{\mathrm{j}\varphi}\boldsymbol{N}^2G\boldsymbol{s} \tag{3-81}$$

式(3-78)～(3-81)中，$\boldsymbol{N}=\mathrm{diag}\{\boldsymbol{n}\}$，$\boldsymbol{s}^{(1)}=\frac{2\pi}{N}F^H\boldsymbol{N}F\boldsymbol{s}$。将式(3-78)～(3-81)代入式(3-77)中，可得

$$B=\mathrm{e}^{\mathrm{j}\varphi}[-\mathrm{j}G\boldsymbol{s}^{(1)}\quad \mathrm{j}G\boldsymbol{s}\quad \mathrm{j}2\pi\boldsymbol{N}G\boldsymbol{s}\quad \mathrm{j}\pi\boldsymbol{N}^2G\boldsymbol{s}] \tag{3-82}$$

进一步，将式(3-82)代入式(3-75)可得

$$\boldsymbol{J}_\alpha=2\begin{bmatrix}\left(\frac{1}{\sigma_1^2}+\frac{1}{\sigma_2^2}\right)I_N & \boldsymbol{0} & \frac{1}{\sigma_2^2}\mathrm{Re}(P)\\ \boldsymbol{0} & \left(\frac{1}{\sigma_1^2}+\frac{1}{\sigma_2^2}\right)I_N & \frac{1}{\sigma_2^2}\mathrm{Im}(P)\\ \frac{1}{\sigma_2^2}\mathrm{Re}(P^H) & -\frac{1}{\sigma_2^2}\mathrm{Im}(P^H) & \frac{1}{\sigma_2^2}\mathrm{Re}(B^HB)\end{bmatrix} \tag{3-83}$$

其中，$P=\mathrm{e}^{\mathrm{j}\varphi}G^HB$。

至此，已经得到了参数 $\boldsymbol{\alpha}$ 的费舍尔信息矩阵。需要强调的是，我们所关心的参数并非

$\boldsymbol{\alpha}$，而是 $\boldsymbol{\theta}$。因此，我们需要从 $\boldsymbol{\alpha}$ 的费舍尔信息矩阵 $\boldsymbol{J}_\alpha$ 中获取 $\boldsymbol{\theta}$ 的信息矩阵 $\boldsymbol{J}_\theta$。根据方程(3-83)可得，$\boldsymbol{\theta}$ 的费舍尔信息矩阵为

$$\mathrm{FIM}(\boldsymbol{\theta})=2\frac{\mathrm{Re}(B^H B)}{\sigma_1^2+\sigma_2^2} \tag{3-84}$$

经过繁琐的代数计算，$B^H B$ 的表达式为

$$\boldsymbol{B}^H\boldsymbol{B}=\begin{bmatrix} \boldsymbol{s}^{(1)H}\boldsymbol{s}^{(1)} & -\boldsymbol{s}^H\boldsymbol{s}^{(1)} & -2\pi\boldsymbol{s}^{(1)H}\boldsymbol{G}^H\boldsymbol{N}\boldsymbol{G}\boldsymbol{s} & -\pi\boldsymbol{s}^{(1)H}\boldsymbol{G}^H\boldsymbol{N}^2\boldsymbol{G}\boldsymbol{s} \\ -\boldsymbol{s}^H\boldsymbol{s}^{(1)} & \boldsymbol{s}^H\boldsymbol{s} & 2\pi\boldsymbol{s}^H\boldsymbol{G}^H\boldsymbol{N}\boldsymbol{G}\boldsymbol{s} & 2\pi^2\boldsymbol{s}^H\boldsymbol{G}^H\boldsymbol{N}^2\boldsymbol{G}\boldsymbol{s} \\ -2\pi\boldsymbol{s}^{(1)H}\boldsymbol{G}^H\boldsymbol{N}\boldsymbol{G}\boldsymbol{s} & 2\pi\boldsymbol{s}^H\boldsymbol{G}^H\boldsymbol{N}\boldsymbol{G}\boldsymbol{s} & 4\pi^2\boldsymbol{s}^H\boldsymbol{G}^H\boldsymbol{N}^2\boldsymbol{G}\boldsymbol{s} & 2\pi^2\boldsymbol{s}^H\boldsymbol{G}^H\boldsymbol{N}^3\boldsymbol{G}\boldsymbol{s} \\ -\pi\boldsymbol{s}^{(1)H}\boldsymbol{G}^H\boldsymbol{N}^2\boldsymbol{G}\boldsymbol{s} & \pi\boldsymbol{s}^H\boldsymbol{G}^H\boldsymbol{N}^2\boldsymbol{G}\boldsymbol{s} & 2\pi^2\boldsymbol{s}^H\boldsymbol{G}^H\boldsymbol{N}^3\boldsymbol{G}\boldsymbol{s} & \pi^2\boldsymbol{s}^H\boldsymbol{G}^H\boldsymbol{N}^4\boldsymbol{G}\boldsymbol{s} \end{bmatrix} \tag{3-85}$$

2. FIM($\boldsymbol{\theta}$)的化简预备

根据公式(3-84)，要想计算 FIM($\boldsymbol{\theta}$)，需要计算矩阵 $B^H B$。本节对矩阵 $B^H B$ 的元素进行必要的化简和近似，以得到平稳信号的 CRLB。经过推理，能够得到以下的近似表达式

$$\begin{aligned} E[\boldsymbol{s}^H\boldsymbol{s}] &= E\Big[\sum_{n=-N/2}^{N/2-1} s^*(n)s(n)\Big] \\ &\approx E\Big[\frac{1}{T_s}\int_{-T/2}^{T/2} s^*(t)s(t)\mathrm{d}t\Big] \\ &= B_n T\int_{-\infty}^{+\infty} S(f)\mathrm{d}f \end{aligned} \tag{3-86}$$

$$\begin{aligned} E[\boldsymbol{s}^H\boldsymbol{s}^{(1)}] &= E\Big[\sum_{n=-N/2}^{N/2-1} s^*(n)s^{(1)}(n)\Big] \\ &\approx E\Big[\frac{1}{T_s}\int_{-T/2}^{T/2} s^*(t)s^{(1)}(t)\mathrm{d}t\Big] \\ &= -B_n T\int_{-\infty}^{+\infty} (2\pi f)S(f)\mathrm{d}f \end{aligned} \tag{3-87}$$

$$\begin{aligned} E[\boldsymbol{s}^{(1)H}\boldsymbol{s}^{(1)}] &= E\Big[\sum_{n=-N/2}^{N/2-1} s^{(1)*}(n)s^{(1)}(n)\Big] \\ &\approx E\Big[\frac{1}{T_s}\int_{-T/2}^{T/2} s^{(1)*}(t)s^{(1)}(t)\mathrm{d}t\Big] \\ &= B_n T\int_{-\infty}^{+\infty} (2\pi f)^2 S(f)\mathrm{d}f \end{aligned} \tag{3-88}$$

$$\begin{aligned} E[\boldsymbol{s}^H\boldsymbol{G}^H\boldsymbol{N}^k\boldsymbol{G}\boldsymbol{s}] &= E\Big[\sum_{n=-N/2}^{N/2-1} n^k s^*(n)s(n)\Big] \\ &\approx E\Big[\frac{1}{T_s^{k+1}}\int_{-T/2}^{T/2} t^k s^*(t)s(t)\mathrm{d}t\Big] \\ &= \frac{(B_n T)^{k+1}}{(k+1)2^{k+1}}[1+(-1)^k]\int_{-\infty}^{+\infty} S(f)\mathrm{d}f \\ &= \begin{cases} 0, & k=1,3,5\cdots \\ \dfrac{(B_n T)^{k+1}}{(k+1)2^k}\displaystyle\int_{-\infty}^{+\infty} S(f)\mathrm{d}f, & k=2,4,6\cdots \end{cases} \end{aligned} \tag{3-89}$$

$$E[\boldsymbol{s}^{(1)H}G^H\boldsymbol{N}^kG\boldsymbol{s}] = E[\sum_{n=-N/2}^{N/2-1} n^k s^{(1)*}(n)s(n)]$$
$$\approx E[\frac{1}{T_s^{k+1}}\int_{-T/2}^{T/2} t^k s^{(1)*}(t)s(t)\mathrm{d}t]$$
$$= \begin{cases} 0, & k = 1,\ 3,\ 5\cdots \\ \dfrac{-(B_nT)^{k+1}}{(k+1)2^k}\displaystyle\int_{-\infty}^{+\infty}(2\pi f)S(f)\mathrm{d}f, & k = 2,\ 4,\ 6 \end{cases} \tag{3-90}$$

3. 平稳信号的 CRLB

方程(3-85)给出了联合估计精确的 CRLB，它是与接收到的信号相关的。然而，对于一般平稳的通信信号，我们更关心与积累时间、信噪比、带宽等相关的 CRLB。因此，我们通过对方程(3-85)取平均来得到平稳信号的简化的 CRLB。根据式(3-86)～式(3-90)的推理，$\mathrm{FIM}(\boldsymbol{\theta})$的均值 $\mathrm{FIM}'(\boldsymbol{\theta})$为

$$\mathrm{FIM}'(\boldsymbol{\theta}) = E[\mathrm{FIM}(\boldsymbol{\theta})]$$
$$= \frac{2B_nT}{\sigma_1^2+\sigma_2^2}\int_{-\infty}^{\infty}\begin{bmatrix} (2\pi f)^2 & (2\pi f) & 0 & \dfrac{(B_nT)^2}{(2+1)2^2}(2\pi f) \\ (2\pi f) & 1 & 0 & \dfrac{(B_nT)^2}{(2+1)2^2} \\ 0 & 0 & \dfrac{(B_nT)^2}{(2+1)2^2} & 0 \\ \dfrac{(B_nT)^2}{(2+1)2^2}(2\pi f) & \dfrac{(B_nT)^2}{(2+1)2^2} & 0 & \dfrac{(B_nT)^4}{(4+1)2^4} \end{bmatrix} S(f)\mathrm{d}f \tag{3-91}$$

其中，$S(f)$表示信号的功率谱密度。

对于基带的通信信号，一般满足$\int_{-\infty}^{\infty} fS(f)\mathrm{d}f \approx 0$，因此式(3-91)可以进一步化简为

$$\mathrm{FIM}'(\boldsymbol{\theta}) = \frac{2B_nT}{\sigma_1^2+\sigma_2^2}\int_{-\infty}^{\infty}\begin{bmatrix} (2\pi f)^2 & 0 & 0 & 0 \\ 0 & 1 & 0 & \dfrac{(B_nT)^2}{(2+1)2^2} \\ 0 & 0 & \dfrac{(B_nT)^2}{(2+1)2^2} & 0 \\ 0 & \dfrac{(B_nT)^2}{(2+1)2^2} & 0 & \dfrac{(B_nT)^4}{(4+1)2^4} \end{bmatrix} S(f)\mathrm{d}f$$
$$= \frac{2B_nTP_s}{\sigma_1^2+\sigma_2^2}\begin{bmatrix} \beta_s^2 & 0 & 0 & 0 \\ 0 & 1 & 0 & \dfrac{(B_nT)^2}{(2+1)2^2} \\ 0 & 0 & \dfrac{(B_nT)^2}{(2+1)2^2} & 0 \\ 0 & \dfrac{(B_nT)^2}{(2+1)2^2} & 0 & \dfrac{(B_nT)^4}{(4+1)2^4} \end{bmatrix} \tag{3-92}$$

式中，$P_s=\int_{-\infty}^{\infty}S(f)\mathrm{d}f$ 表示接收信号的功率；β_s 表示信号的均方根带宽，即

$$\beta_s^2=\frac{\int_{-\infty}^{+\infty}(2\pi f)^2S(f)\mathrm{d}f}{\int_{-\infty}^{+\infty}S(f)\mathrm{d}f} \tag{3-93}$$

由(3-92)可知，参数 $\boldsymbol{\theta}$ 的 CRLB 为

$$\begin{aligned}\mathrm{CRLB}(\boldsymbol{\theta})&=[\mathrm{FIM}'(\boldsymbol{\theta})]^{-1}\\&=\frac{1}{B_nTr}\begin{bmatrix}\frac{1}{\beta_s^2}&0&0&0\\0&\frac{9}{4}&0&\frac{-15}{(B_nT)^2}\\0&0&\frac{12}{(B_nT)^2}&0\\0&\frac{-15}{(B_nT)^2}&0&\frac{180}{(B_nT)^4}\end{bmatrix}\end{aligned} \tag{3-94}$$

其中，r 表示信噪比，且

$$\frac{1}{r}=\frac{1}{2}\left(\frac{\sigma_1^2}{P_s}+\frac{\sigma_2^2}{P_s}\right)=\frac{1}{2}\left(\frac{1}{r_1}+\frac{1}{r_2}\right) \tag{3-95}$$

由式(3-94)可以得到 τ、f_d、$\dot{f}_d$ 的最终 CRLB 为

$$\mathrm{CRLB}(\tau, f_d, \dot{f}_d)=\frac{1}{B_nTr}\begin{bmatrix}\frac{1}{\beta_s^2}&0&0\\0&\frac{12}{(B_nT)^2}&0\\0&0&\frac{180}{(B_nT)^4}\end{bmatrix} \tag{3-96}$$

由(3-96)可知，τ、f_c、$\dot{f}_c$ 的 CRLB 为

$$\mathrm{CRLB}(\tau, f_c, \dot{f}_c)=\frac{1}{B_nTr}\begin{bmatrix}\frac{1}{\beta_s^2}&0&0\\0&\frac{3}{\pi^2T^2}&0\\0&0&\frac{180}{\pi^2T^4}\end{bmatrix} \tag{3-97}$$

4. 理论界分析

根据方程(3-97)，可以分别得到时差、频差以及频差变化率的 CRLB 为

$$\mathrm{CRLB}(\tau)=\frac{1}{\beta_s^2}\cdot\frac{1}{B_nT}\cdot\frac{\sigma_1^2+\sigma_2^2}{2} \tag{3-98}$$

$$\mathrm{CRLB}(f_c)=\frac{3}{\pi^2T^2}\cdot\frac{1}{B_nT}\cdot\frac{\sigma_1^2+\sigma_2^2}{2} \tag{3-99}$$

$$\mathrm{CRLB}(\dot{f}_c)=\frac{180}{\pi^2T^4}\cdot\frac{1}{B_nT}\cdot\frac{\sigma_1^2+\sigma_2^2}{2} \tag{3-100}$$

从式(3－98)、式(3－99)时差和频差的理论精度下界可以看出，在考虑频差变化率之后，时差和频差的 CRLB 与传统静态条件下的 CRLB 相同，表明考虑频差变化率之后，时频差精度并无损失。此外，从频差变化率的理论下界可以看出，频差变化率的理论精度与 T^5 成反比，表明频差变化率的估计与积分时间长度较为敏感。要提升频差变化率精度，需要增加积分时间。

3.4.3 基于 SAF 的联合估计方法及其性能分析

针对三维参数估计的计算复杂度问题，本节给出基于二阶模糊函数(Second－order Ambiguity Function，SAF)的降维估计方法。首先对 SAF 方法进行介绍，然后给出基于 SAF 的降维过程及其理论分析，进而给出算法流程，之后对算法的误差传播和计算量进行分析，最后用仿真实验对所提方法进行验证。

1. SAF 方法

雷达、通信、声呐等领域遇到的信号，其相位大都可以表示为时间 t 的连续函数。在有限观测时间内，此类信号都可以表示为相位多项式信号(Polynomial Phase Signals，PPS)，也即

$$s(t)=Ae^{j2\pi\sum\limits_{m=0}^{M}a_m t^m} \tag{3-101}$$

其中，A 表示信号的幅度；M 表示相位多项式的阶数；a_m 表示信号的第 m 阶相位多项式系数。

利用高阶模糊函数(High－order Ambiguity Function，HAF)变换，可以实现对信号各阶相位多项式系数的估计。

HIM 定义 1： 对于给定的延时序列 τ_1，$_2$，…，τ_{M-1}，首先定义 M 阶混合瞬时矩统计量(High－order Instantaneous Moment，HIM)为

$$\begin{cases} x_1(t)=x(t) \\ x_2(t;\ \tau_1)=x_1(t+\tau_1)x_z^*(t-\tau_1) \\ \vdots \\ x_M(t;\ \tau_{M-1})=x_{M-1}(t+\tau_{M-1};\ \tau_{M-2})x_{M-1}^*(t-\tau_{M-1};\ \tau_{M-2}) \end{cases} \tag{3-102}$$

其中，$\boldsymbol{\tau}_i=(\tau_1,\tau_2,...,\tau_i)^{\mathrm{T}}$。在如式(3－102)所述的定义中，HIM 的定义是通过迭代方式给出的，计算方式较为复杂。

HIM 定义 2： 下面给出一种无需迭代的 HIM 计算方式，定义 C_M 为一个$(M-1)\times 2^{M-1}$维度的矩阵，C_M 的第 $i(1\leqslant i\leqslant 2^{M-1})$列元素是整数 $i-1$ 的 $M-1$ 位二进制表达式。

例如，当 $M=3$ 时，有

$$C_3=\{c_{h,k}\}=\begin{bmatrix} 1 & 1 & -1 & -1 \\ 1 & -1 & 1 & -1 \end{bmatrix} \tag{3-103}$$

$M=4$ 时，有

$$C_4=\{c_{h,k}\}=\begin{pmatrix}1&1&1&1&-1&-1&-1&-1\\1&1&-1&-1&1&1&-1&-1\\1&-1&1&-1&1&-1&1&-1\end{pmatrix}\tag{3-104}$$

利用 C_M 矩阵，可以进一步定义

$$\boldsymbol{z}_M=\boldsymbol{\tau}_{M-1}\boldsymbol{C}_M\tag{3-105}$$

显然 $\boldsymbol{z}_M$ 为一个长度为 2^{M-1} 的数列。定义

$$p_M(k)=\prod_{h=1}^{M-1}c_{h,k}\tag{3-106}$$

则 HIM 统计量可以表述为

$$x_M(t;\tau_{M-1})=\prod_{k=1}^{2^{M-1}}x^{*p_M(k)}[n-\boldsymbol{z}_M(k)]\tag{3-107}$$

其中，

$$x^{*p_M(k)}=\begin{cases}x, & \text{当 } p_M(k)=1 \text{ 时}\\x^*, & \text{当 } p_M(k)=-1 \text{ 时}\end{cases}\tag{3-108}$$

HAF 定义与性质： 对于有限长度的序列 $x(t)(t=0, \cdots, N-1)$，定义其 HAF (High-order Ambiguity Function)为：

$$X_M(f,\tau_{M-1})=\sum_{t=0}^{N-1}x_M(t,\tau_{M-1})\mathrm{e}^{-\mathrm{j}2\pi ft}\tag{3-109}$$

从式(3-109)可以看出，HAF 方程 $X_M(f,\tau_{M-1})$ 也就是 HIM 统计量的傅里叶变换。根据 HIM 的性质，对于 M 阶多项式相位信号，HIM 统计量具有单频分量，其频率为

$$f=2^{M-1}M!\left(\prod_{i=1}^{M-1}\tau_i\right)a_M\tag{3-110}$$

SAF **定义与性质：** SAF 是阶次为二的模糊函数，即当 $M=2$ 时的 HAF。二阶相位多项式信号为

$$s(t)=A\mathrm{e}^{\mathrm{j}2\pi(a_0+a_1t+a_2t^2)}\tag{3-111}$$

对于延迟参数 τ_1，其二阶混合瞬时矩(Second-order Instantaneous Moment, SIM)可以表示为

$$\begin{aligned}x(t;\tau_1)&=\mathrm{SIM}(s(t);\tau_l)=s(t+\tau_1)s^*(t-\tau_l)\\&=A^2\mathrm{e}^{\mathrm{j}2\pi(4a_2\tau_lt_1l+2a_1\tau_l)}\end{aligned}\tag{3-112}$$

显然，$x(t;\tau_l)$ 的 SAF 变换在 $f=4a_2\tau_l$ 时取得最大值。根据 SIM 变换的性质可知，经过 SIM 变换之后，原来的二阶多项式中的一阶项变为常数，二阶项降为一阶项，也即将一个二阶的相位多项式信号变为一阶的相位多项式信号，实现了参数的降维。该性质可用于联合 TDOA、FDOA、Doppler Rate 联合估计，抵消一阶的 FDOA，从而实现参数的降维。

2. 基于 SAF 的参数降维

当对 TDOA、FDOA、Doppler Rate 进行联合估计时，两路接收机的所收到的离散信号为

$$
\begin{aligned}
&s_1(n)=s(n)+n_1(n),\ -\frac{N}{2}\leqslant n\leqslant\frac{N}{2}\\
&s_2(n)=s(n-\tau)\mathrm{e}^{\mathrm{j}2\pi(f_dn+0.5\dot{f}_dn^2)}+n_2(n)
\end{aligned}
\tag{3-113}
$$

其中，$f_d=f_cT_s$，表示离散的 FDOA，$\dot{f}_d=\dot{f}_cT_c^2$，表示离散的频差变化率；T_s 表示信号的离散采样间隔。

定义 s_1 和 s_2 的共轭积信号为

$$z_m(n)=s_1^*(n)s_2(n+m)=z_{0m}(n)+v'(n) \tag{3-114}$$

其中 $v'(n)$表示噪声项，且

$$z_{0m}(n)=s^*(n)s(n-\tau+m)\mathrm{e}^{\mathrm{j}2\pi(f_\mathrm{d}(n+m)+0.5\dot{f}_d(n+m)^2)+j\varphi} \tag{3-115}$$

其中，φ 是与 n 无关的常数。

对于给定的延迟参数 l，$z_m(n)$的 SIM 变换为

$$x_m^l(n)=z_m(n+l)z_m^*(n-l)=x_{0m}^l(n)+v''(n) \tag{3-116}$$

其中，$x_{0m}^l(n)$表示 $z_{0m}(n)$的 SIM 变换；$v''(n)$表示噪声。

假设 $s(n)$是恒模的通信信号，$z_{0m}(n)$、$z_m(n)$和 $x_{0m}^l(n)$、x_m^l 可以从以下两个方面进行讨论。

(1) $m=\tau$ 时。

在此条件下，

$$z_{0m}(n)=s^*(n)s(n)\mathrm{e}^{\mathrm{j}2\pi[f_\mathrm{d}(n+m)+0.5\dot{f}_d(n+m)^2)]} \tag{3-117}$$

显然，$z_{0m}(n)$是一个二阶的 PPS 信号，$z_m(n)$是一个收到加性噪声干扰的二阶 PPS 信号。进一步地，

$$x_{0m}^l(n)=|s(n)s^*(n)|^2\mathrm{e}^{\mathrm{j}2\pi(2\dot{f}_dln)+j\varphi_0} \tag{3-118}$$

其中，φ_0 是与 n 无关的常数。

显然，$x_{0m}^l(n)$是一个单频信号，$x_m^l(n)$是一个收到噪声污染的单频信号。在 $f=2\dot{f}_dl$ 时，$x_m^l(n)$的 SAF 变换存在唯一的最大值。

(2) $m\neq\tau$ 时。

假设 $s(n)$的瞬时相位为 $p(n)$，由于 $s(n)$的调制特性，$p(n)$是一个随着调制信息变化的随机数。在此情况下，

$$z_{0m}(n)=|s(n)s^*(n-\tau+m)|\mathrm{e}^{\mathrm{j}2\pi[f(n+m)+0.5\dot{f}(n+m)^2]}\mathrm{e}^{\mathrm{j}[p(n+m)-p(n)]} \tag{3-119}$$

显然，$z_{0m}(n)$的相位是随机的，而不是一个二阶 PPS 的形式。因此，$z_{0m}(n)$的 SIM 变换 $x_{0m}^l(n)$的相位是随机的，而不是单频的形式，也即 $x_m^l(n)$的 SAF 变换是随机分布的，没有明显的峰值。

综合这两种情况可知，当 $\tau=m$ 时，$z_m(n)$的 SAF 变换 $x_m^l(n)$在 $f=2\dot{f}_dl$ 处存在峰值；当 $m\neq\tau$ 时，$x_m^l(n)$随着 l 的变化随机分布，没有最值。当 m、l 在取值范围内变化时，当且仅当 $m=\tau$，$f=2\dot{f}_dl$ 时，存在峰值。利用该性质，可以实现参数的降维，也即通过 SAF 变换抵消 FDOA，实现 TDOA、Doppler Rate 联合估计。因此，SAF 方法可以将一个 TDOA、FDOA、Doppler Rate 的三维参数估计问题，转化为一个 TDOA 和 Doppler Rate 的二维估计。

然而，在该估计方法中，还有几个问题需要解决：

① 如何选择给定的延迟参数 l，使得估计性能最佳。

② SAF 方法所能达到理论均方误差(Mean Square Error，MSE)以及与 CRLB 的比较。

3. SAF 估计方法的性能分析

本小节主要讨论基于 SAF 的 Doppler Rate 估计性能，包括其估计的分辨力和 MSE，并在分析 MSE 的基础与 CRLB 进行对比，通过对比，为下面的算法流程提供依据。

1) Doppler Rate 分辨力以及 l 的选择

根据方程(3-118)中关于 $z_{0m}(n)$的表达式可知，$\dot{f}_c$ 的分辨力为

$$\Delta\dot{f}_c=\frac{1}{2M_a l T_s^2}=\frac{1}{2(N-2l)lT_s^2} \tag{3-120}$$

其中，T_s 表示信号的采样时间间隔；M_a 表示序列 $z_{0m}(n)$的长度。

根据 $z_{0m}(n)$的定义，在信号采样的总点数为 N 的条件下，$M_a=N-2l$。方程(3-120)表明，频差变化率的分辨力与所选取的移位参数有关。当 l 过大或者 l 过小时，都会导致频差变化率的分辨力不足。由于在一般的定位场景下，频差变化率都较小，因此，l 选取的原则应当是使得多普勒分辨力最佳，也即使得$(N-2l)l$ 最大。利用微分方程可以求得：当 $l=N/4$ 时，$(N-2l)l$ 最大，也即分辨力最佳。最佳分辨力为

$$\Delta\dot{f}_c=\frac{4}{T^2} \tag{3-121}$$

方程(3-121)在利用 SAF 方法估计频差变化率的同时，也为估计频差变化率的积累时间 T 给出了建议，也即为了更好地估计频差变化率，信号的积累时间应该满足 $T\geqslant\sqrt{4/\dot{f}_c}$。这意味着为了有效地估计和应用频差变化率，需要更长的积累时间。

2) SAF 估计的理论精度

本小节主要推导和分析利用 SAF 方法进行时差、频差变化率联合估计时，所能达到的理论精度，并与联合估计的 CRLB 进行对比，从而最终调整估计算法流程，给出最终的算法流程。

对于给定的时间延迟参数 l，根据方程(3-116)，$x_m^l(n)$可以被重新写为

$$\begin{aligned}x_m^l(n)&=z_m(n+l)z_m^*(n-1)=s_1^*(n+l)s_2(n+m+l)s_1(n-l)s_2^*(n+m-l)\\&=s^*(n+l)s(n-l)s(n+l-\tau+m)s^*(n-l-\tau+m)\mathrm{e}^{\mathrm{j}2\pi(2\dot{f}_d ln)+\mathrm{j}\varphi_0}+v''(n)\end{aligned} \tag{3-122}$$

其中，φ_0 是相对于 n 为常数的相位；$v''(n)$为噪声。

我们定义以下变量

$$\begin{aligned}a(n)&=s^*(n+l)s(n-l)\\a_1(n)&=s_1^*(n+l)s_2(n-l)=a(n)+v'_1(n)\\a_2(n)&=s_1^*(n+l-\tau)s_2(n-l-\tau)\mathrm{e}^{\mathrm{j}2\pi(2\dot{f}_d ln)+\mathrm{j}\varphi_0}\\&=a(n-\tau)\mathrm{e}^{\mathrm{j}2\pi(2\dot{f}_d ln)+\mathrm{j}\varphi_0}+v'_2(n)\end{aligned} \tag{3-123}$$

则 $x_m^l(n)$可以被重新写为

$$x_m^l(n)=a(n)a(n-\tau+m)\mathrm{e}^{\mathrm{j}2\pi(2\dot{f}_d ln)+j\varphi_0}+v''(n) \\ =a_1(n)a_2(n+m) \tag{3-124}$$

$x_m^l(n)$的 SAF 变换可以重新写为

$$\mathrm{SAF}[f;\ x_m^l(n)]=\sum_n a_1(n)a_2(n+m)\mathrm{e}^{-\mathrm{j}2\pi fn} \tag{3-125}$$

显然，$x_m^l(n)$的 SAF 变换可以看做是信号 $a_1(n)$、$a_2(n)$的 CAF 变换。由此，可以直接利用 CAF 方法的估计误差，给出基于 SAF 方法的 TDOA、Doppler Rate 的联合估计误差

$$\mathrm{var}(\tau)=\frac{1}{\beta_{as}^2 B_n T_a r_a} \tag{3-126}$$

$$\mathrm{var}(\dot{f}_c)=\frac{\mathrm{var}(2lT_s\dot{f}_c)}{(2lT_s)^2}=\frac{1}{(2lT_s)^2}\frac{3}{\pi^2 T_a^3 B_n r_a} \tag{3-127}$$

其中，β_{as}表示$a(n)$的均方根误差；$T_a=(N-2l)T_s$ 表示序列 $a(n)$的时长；r_a 表示信噪比，且

$$\frac{1}{r_a}=\frac{1}{2}\left(\frac{1}{r_{a1}}+\frac{1}{r_{a2}}+\frac{1}{r_{a1}r_{a2}}\right) \tag{3-128}$$

式中，r_{a1}和 r_{a2}分别表示 $a_1(n)$和 $a_2(n)$的信噪比。

由于 $s(t)$的功率是归一化的，则

$$\frac{1}{r_{a1}}=\frac{1}{r_{a2}}=\sigma_{v'}^2=\sigma_1^2+\sigma_2^2+\sigma_1^2\sigma_2^2 \tag{3-129}$$

上文已经指出，l 取值一般为 $N/4$。在此情况下，基于 SAF 变换的 TDOA 和 Doppler Rate 联合估计的理论误差为：

$$\mathrm{var}(\tau)=\frac{2}{\beta_{as}^2}\cdot\frac{1}{B_n T}\cdot\frac{\sigma_{v'}^2+\sigma_{v'}^2+\sigma_{v'}^4}{2} \tag{3-130}$$

$$\mathrm{var}(\dot{f}_c)=\frac{3\times 2^5}{\pi^2 T^4}\cdot\frac{1}{B_n T}\cdot\frac{\sigma_{v'}^2+\sigma_{v'}^2+\sigma_{v'}^4}{2} \tag{3-131}$$

在 3.4.2 节中，已经给出了频差变化率的 CRLB。我们针对频差变化率的估计，比较 SAF 所能达到的精度和 CRLB，可知

$$\eta=\frac{\mathrm{var}(\dot{f}_c)}{\mathrm{CRLB}(\dot{f}_c)}=\frac{48\sigma_{v''}^2}{90(\sigma_1^2+\sigma_2^2)} \tag{3-132}$$

其中，$\sigma_{v''}^2=\sigma_{v'}^2+\sigma_{v'}^2+\sigma_{v'}^4$。

下面分别在高信噪比和低信噪比条件下，分析比值 η 的大小，也即基于 SAF 的频差变化率估计精度与其 CRLB 的对比。

(1) 在高信噪比条件下，σ_1、σ_2 都比较小，其高阶项以及交叉项将会更小，因此 $\sigma_{v''}^2\approx 2(\sigma_1^2+\sigma_2^2)$。在此条件下，$\eta\approx 1.07$。这表明，在高信噪比条件下，利用 SAF 对频差变化率估计所能达到的精度能够接近其 CRLB，具有较好的估计性能。

(2) 在低信噪比条件下，σ_1、σ_2 较大，其高阶项和交叉项都较为明显，从而造成 $\sigma_{v''}^2=\sigma_{v'}^2+\sigma_{v'}^2+\sigma_{v'}^4$ 显著增加，信噪比下降较为明显。在此条件下，η 远远大于 1。这表明，在低信噪比条件下，基于 SAF 的频差变化率估计精度远远低于其 CRLB。其原因在于 SAF 变换比

传统的 CAF 方法具有更多的交叉项，造成噪声的放大，这种效应在低信噪比条件下尤为明显。同样的分析也适用于基于 SAF 变换的 TDOA 估计。由于引入了更多的交叉项，TDOA 估计精度在低信噪比条件下也难以达到其 CRLB。

4. 算法流程

由上述分析可知，由于交叉项较多，基于 SAF 的 TDOA、Doppler Rate 联合估计在低信噪比条件下性能不足。为了提升 TDOA、Doppler Rate 的估计性能，需要对整个估计的流程和步骤进行改进优化。在基于 SAF 的 TDOA、Doppler Rate 的估计中，已经得到了初始的 Doppler Rate，能够避免 RDC 问题。因此可以利用传统的 CAF，在进行 Doppler Rete 补偿之后，对 TDOA 进行更新，对 FDOA 进行估计。一方面，由于进行了 Doppler Rete 补偿，补偿之后的 CAF 没有 RDC 问题；另一方面，由于 CAF 的交叉项较少，TDOA 和 FDOA 的估计都可以取得较高的估计精度。利用 Doppler rate 进行补偿的 CAF 为

$$\begin{cases}(\hat{\tau}, \hat{f}_c) = \arg\max\limits_{\tau, f_c} |\mathrm{CAF}(\tau, f_c)| \\ \mathrm{CAF}(\tau, f_c) = \int_{-T/2}^{T/2} s_1^*(t) s_2(t+\tau) \mathrm{e}^{-\mathrm{j}2\pi(f_c t + 0.5\hat{\dot{f}}_c t^2)} \mathrm{d}t\end{cases} \tag{3-133}$$

其中，$\hat{\dot{f}}_c$ 表示由 SAF 得到的 Doppler Rate 初始估计。

相比于传统的 CAF 方法，方程(3－133)所示的 CAF 经过了 Doppler Rate 补偿；相比于 SAF，其包含更少的交叉项。由此可知，由(3－133)得到的 TDOA、FDOA 估计能够到达较好的估计精度。

到目前为止，已经得到了精确的 TDOA、FDOA 估计，尚需要考虑 Doppler Rate 的精确估计。Doppler Rate 可以通过迭代的方式，利用已有的 TDOA、FDOA 进行更新，其估计器为

$$\hat{\dot{f}}_c = \arg\max_{\dot{f}_c} \left| \int_{-T/2}^{T/2} s_1^*(t) s_2(t+\hat{\tau}) \mathrm{e}^{j2\pi(\hat{f}_c t + 0.5\dot{f}_c t^2)} \mathrm{d}t \right| \tag{3-134}$$

其中，$\hat{\tau}$、$\hat{f}_c$ 分别表示已有的 TDOA、FDOA 估计。

方程(3－134)给出的相关估计器中，由于包含的交叉项更少，因此相对于 SAF 方法具有更好的 Doppler Rate 估计精度。

综合以上分析，可以得到 TDOA、FDOA、Doppler Rate 联合估计的算法流程，如表 3－3所示。表中，$\tau_{\max}$、$\tau_{\min}$ 分别表示最大和最小可能的时差，$f_{c\max}$、$f_{c\min}$ 分别表示最大和最小可能的频差，$\dot{f}_{c\max}$、$\dot{f}_{c\min}$ 分别表示最大和最小可能的频差变化率。整个算法主要包含三个主要的步骤，由两次二维搜索和一次一维搜索组成。第一步基于 SAF 变换，得到初始的 TDOA、Doppler Rate 估计。SAF 可以有效降低待估计参数的维数，但由于交叉项的存在，精度有一定损失。第二步主要基于 Doppler Rate 补偿后的 CAF，更新 TDOA 的估计，并且得到 FDOA 的估计。由于第一步中已经得到了 TDOA 的初始估计，故在第二步中的 TDOA 搜索计算范围可以减少。与此同时，由于减少了 SAF 中的交叉项，补偿了 RDC 扩展，因此具有较高的估计精度，尤其是在低信噪比下的估计性能。在第三步中，对频差变化率的估计进行更新。由于减少了交叉项，因此可以在低信噪比条件下获得更好的估计。

表 3-3 TDOA、FDOA、Doppler Rate 联合估计的算法流程

步骤 1：利用 SAF 降维，得到 TDOA、Doppler Rate 初始估计 对于 $m=\tau_{\min}:\tau_{\max}$，计算共轭积序列 $z_m(n)=s_1^*(n)s_2(n+m)$； 对于 $\dot{f}_c=\dot{f}_{c\min}:\dot{f}_{c\max}$，计算共轭积序列 $z_m(n)$的 SAF 变换。 通过搜索 SAF 的最大值，估计 TDOA、Doppler Rate 的初值。
步骤 2：更新 TDOA、估计 FDOA 对于 $\tau=\tau_{\min}:\tau_{\max}$，$f_c=f_{c\min}:f_{c\max}$，根据方程(3-133)，计算 CAF。 通过搜索 CAF 的最大值，更新 TDOA、估计 FDOA。
步骤 3：利用方程(3-134)，更新 Doppler Rate。

5. 计算量与误差传播特性分析

表 3-3 给出的联合估计方法中，计算量相比于方程(3-64)给出的最大似然方法相比，计算量大幅下降。假设时差、频差、频差变化率三个方向上的搜索点数分别为 N_τ、N_f、N_{df}，信号采样点数为 N，则 ML 方法搜索的乘法计算量约为 $NN_\tau N_f N_{df}$。相比之下，表 3-3给出的估计方法的乘法计算量约为 $2NN_\tau N_{df}+NN_\tau N_f+NN_f$，其中三个加法项分别表示算法三个步骤所需要的乘法计算量。假设 $N_\tau=100$，$N_f=100$，$N_{\mathrm{df}}=100$，则论文所提方法的计算量约为 ML 估计方法的 3%，计算量大大降低。

作为对算法性能的完整性讨论，最后对本书所提算法的误差传播特性进行讨论。由于算法有三个步骤，估计误差传播主要体现在两个方面：

① 算法第一步中的估计误差对于第二步的影响，也即利用 SAF 方法得到的 Doppler Rate 估计误差对于第二步时差、频差估计的影响。

② 算法第二步对于第三步的影响，也即第二步中的时差、频差估计误差对于第三步的 Doppler Rate 估计的影响。

对于 Doppler Rate 估计误差的传递，根据 SAF 估计中频差变化率的误差可知，Doppler Rate 估计误差为

$$\delta=\frac{\sqrt{3}\times 4\sigma_{\dot{v}''}}{\pi\sqrt{N}T^2} \tag{3-135}$$

其中 $N=B_nT$ 表示采样数据长度。

根据式(3-62)和式(3-135)可知，频差变化率补偿后，残留的多普勒扩展因子为

$$\delta_\gamma=\delta T^2=\frac{\sqrt{3}\times 4\sigma_{\dot{v}''}}{\pi\sqrt{N}} \tag{3-136}$$

长时间积累条件下，采样的数据长度一般较大，因此残留的扩展因子很小。例如，当接收信号的信噪比为 0dB，信号长度为 10 000 时，残留的扩展因子为 0.085。显然，残留的扩展因子足够小，不会对后续基于补偿的 CAF 方法造成影响，也即第二步的 TDOA/FDOA 能够达到 CRLB。

由于第二步中时频差估计误差很小，且达到了 CRLB 的要求，因此，其误差不会对后续频差变化率的迭代造成影响，频差变化率的估计也能达到 CRLB 要求。

6. 性能仿真分析

本小节主要包含相关的仿真实验，验证前面各小节的理论推理，并对联合估计方法的性能进行评价。

仿真 1：频差变化率对时频差估计的影响

仿真 1 主要验证 TDOA、FDOA 估计中的 RDC 问题。假设辐射源信号是 BPSK 调制的通信信号，其符号随机产生，{1，－1}各占约 50%。符号速率为 $B=10$ kHz，总的观测时间 $T=0.5464$ s，采样率 $F_s=30$ kHz，TDOA 为 $\tau=10/F_s$，FDOA 为 $f_c=500$ Hz。

图 3－16 绘制了在不同频差变化率条件下，采用传统 CAF 方法进行 TDOA/FDOA 估计时的 3D 图。

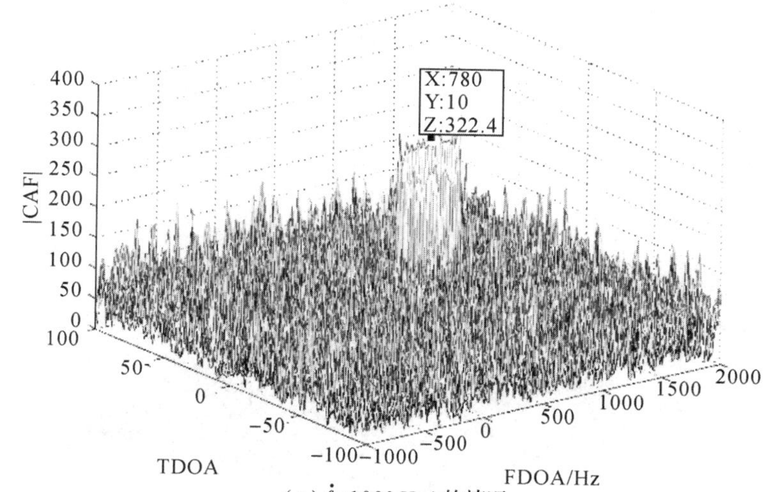

(a) $\dot{f}_c$=1000 Hz/s的情况

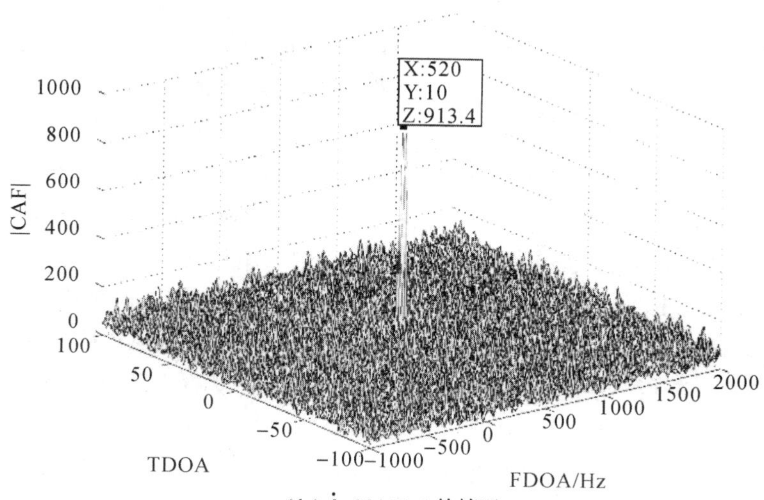

(b) $\dot{f}_c$=100 Hz/s的情况

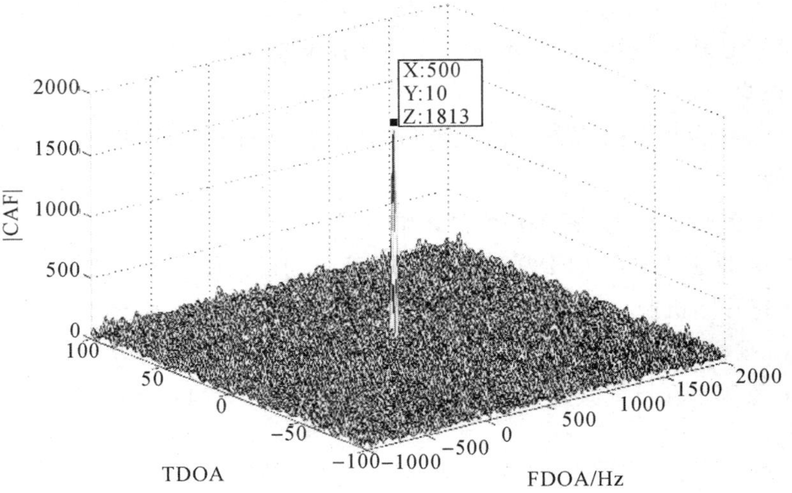

(c) $\dot{f}_c$=10 Hz/s的情况

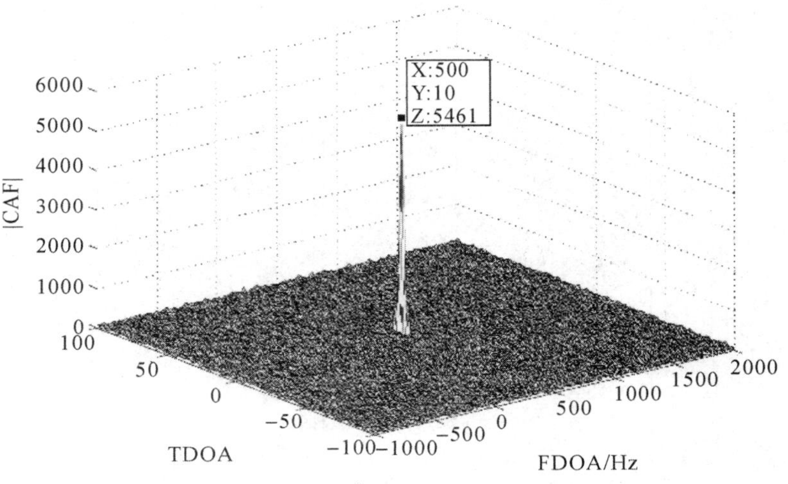

(d) $\dot{f}_c$=0 Hz/s的情况

图 3 - 16 不同频差变化率条件下的 CAF 峰

从图中可以看出：

① $\dot{f}_c$=100Hz/s 时，传统 CAF 在 FDOA 方向的峰明显展宽，发生了严重的扩展；CAF 的峰值只有 322.4，且其底部噪声较大。以上现象意味着在该种情况下，目标信号检测概率较低，虚警概率较高，且 TDOA/FDOA 估计精度较差。

② 当 $\dot{f}_c$ 下降时，FDOA 方向的扩展变小，CAF 的峰值提升，底部噪声也逐渐减少。

③ 当 $\dot{f}_c$=0 Hz/s 时，CAF 峰在 FDOA 方向最为尖锐，其 CAF 峰值也达到了最高的 5461，底部噪声水平最低。在此情况下，传统 CAF 方法假设的信号模型与真实的信号模型完全吻合，CAF 方法的检测性能、估计性能都能达到最佳。

该仿真实验表明，当存在频差变化率的情况下，传统的 CAF 方法会发生 RDC 问题，造成输出增益的下降以及 FDOA 方向上峰形的畸变，从而严重影响 FDOA 的估计性能。

图 3 - 17 给出了用传统 CAF 方法得到的 FDOA 估计性能曲线。图中给出了当频差变

化率为(a) $\dot{f}_c=30\text{Hz/s}$、(b) $\dot{f}_c=20\text{Hz/s}$、(c) $\dot{f}_c=10\text{Hz/s}$、(d) $\dot{f}_c=0\text{Hz/s}$ 条件下的 FDOA 估计精度的 RMSE 统计曲线。在以上四种情况下，RDC 扩展因子 $\gamma=\dot{f}_cT^2$ 分别为 8.96、5.97、2.99、0.00。显然，当 $\dot{f}_c=0\text{Hz/s}$ 时，无 RDC 问题。

从图中可以看出：

① 当存在频差变化率的条件下，FDOA 估计方差远远大于无 RDC 的情况，且 γ 越大，估计精度越低。

② 当存在 RDC 问题时，估计的 RMSE 在信噪比提高到一定程度时，精度不再下降，且 RDC 越严重，此拐点出现得越早。造成这种现象的原因是 CAF 方法的模型误差造成的估计误差远远大于随机噪声造成的误差。

该仿真实验表明，频差变化率的存在造成 FDOA 估计精度严重下降，与理论分析结果一致。

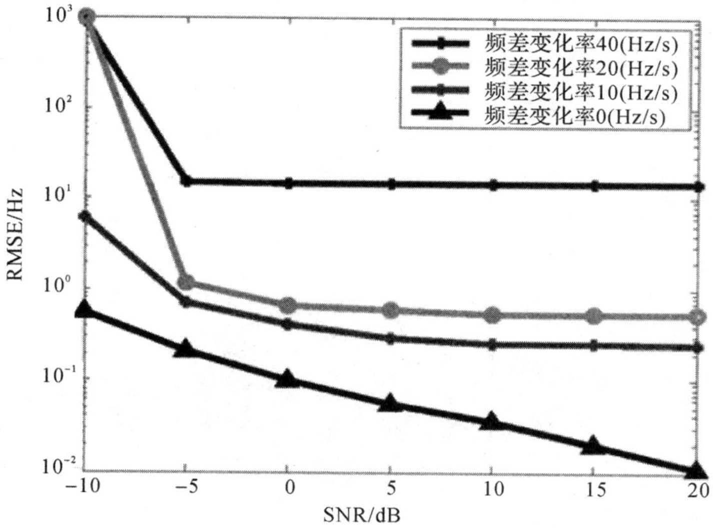

图 3-17 不同频差变化率条件下 FDOA 估计精度的比较

仿真 2：不同的延时参数对 SAF 的影响

仿真 2 主要验证基于 SAF 的参数估计与所设定的延时参数的关系。假设辐射源信号是符号速率为 $B=10$ kHz 的 BPSK，观测总时长 $T=0.5464\text{s}$，采样率 $F_s=30$ kHz，故总点数 $N=16392$。FDOA 为 $f_c=500$ Hz，TDOA 为 $\tau=10/F_s$，频差变化率为 $\dot{f}_c=300$ Hz/s。

图 3-18 绘制了在延迟参数为(a) Lag$=N/4000$、(b) Lag$=N/400$、(c) Lag$=N/40$、(d) Lag$=N/4$ 条件下，利用 SAF 方法进行 TDOA、Doppler Rate 估计时的 3D 幅度图。

从图中可以看出：

① 在不同条件下，SAF 的峰值位置与真实的 TDOA、Doppler Rate 位置相同。

② 当 Lag$=N/4000$ 时，SAF 在 Doppler Rate 方向上的峰形最宽，随着 Lag 参数的不断减小，在 Doppler Rate 方向上的峰形也逐渐变窄。

③ 当 Lag$=N/4$ 时，Doppler Rate 方向上的峰宽最窄，意味着 Doppler Rate 的分辨力达到了最佳。

仿真实验结果与前述的 Doppler Rate 分辨力的理论分析相符合。

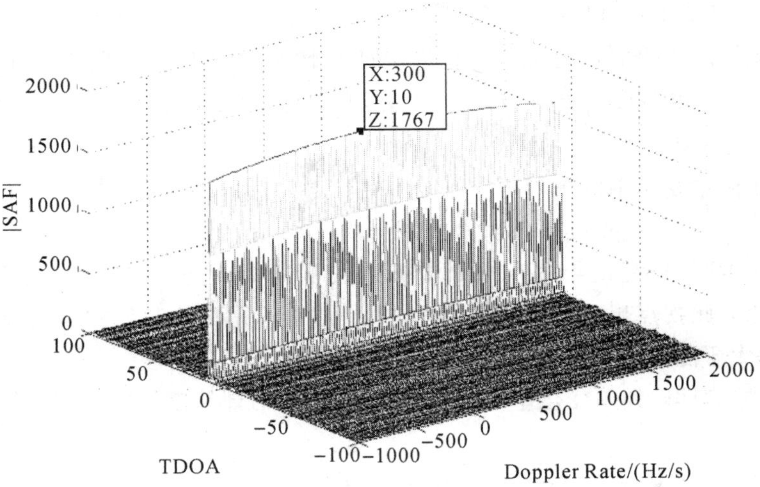

(a) $L=N/4000$时

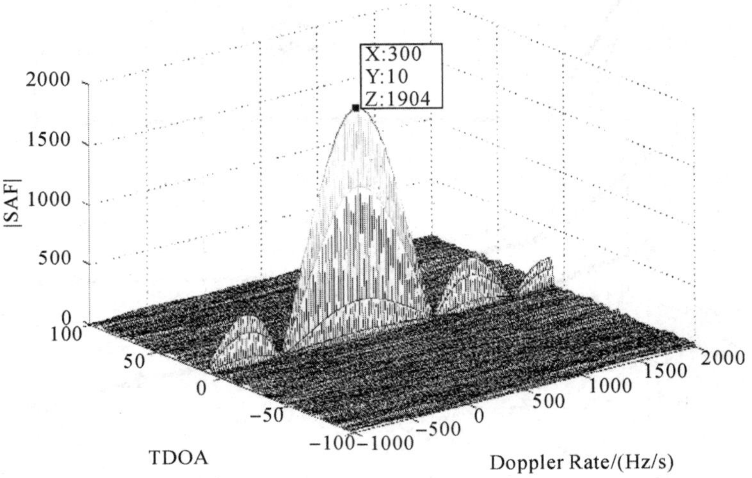

(b) $L=N/400$时

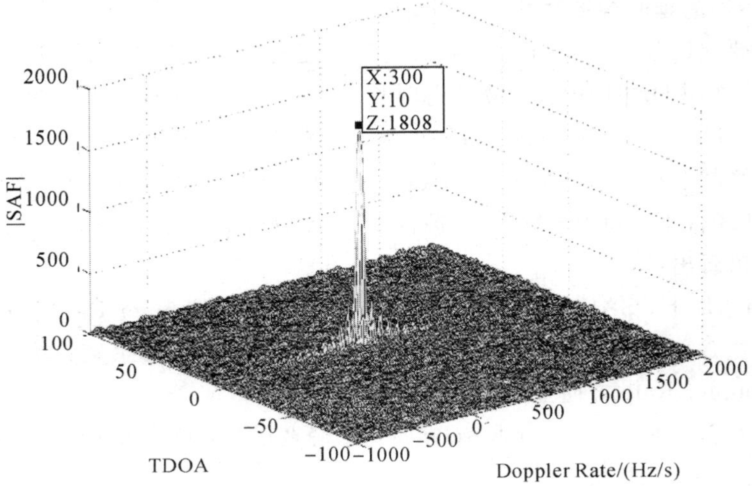

(c) $L=N/40$时

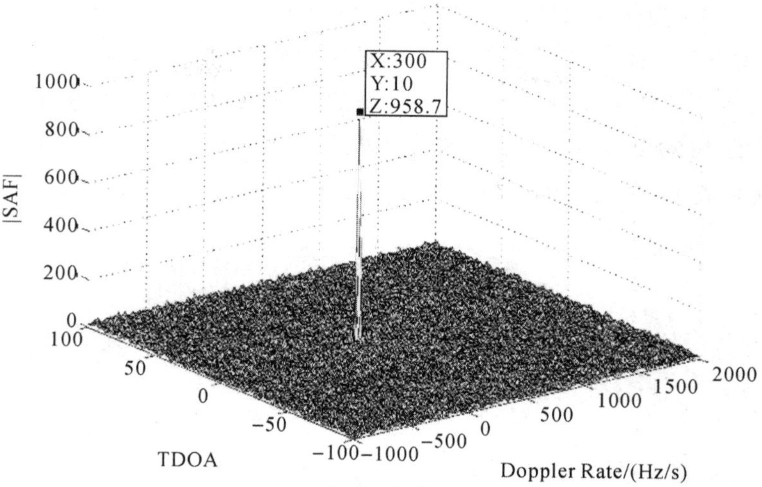

(d) $L=N/4$时

图 3-18　不同延时参数条件下的 SAF 峰

图 3-19 给出了在延迟参数分别为 $N/10$、$N/4$、$N/3$ 的条件下，对基于 SAF 的 Doppler Rate 估计精度的 RMSE 统计曲线，RMSE 由 1000 次蒙特卡罗仿真得到。从图中可以看出，当延迟参数取 $N/4$ 时，Doppler Rate 的估计精度达到最优。这是因为在该条件下，Doppler Rate 的分辨力达到最优，从而导致其估计精度也能取得较好的结果，与理论分析一致。

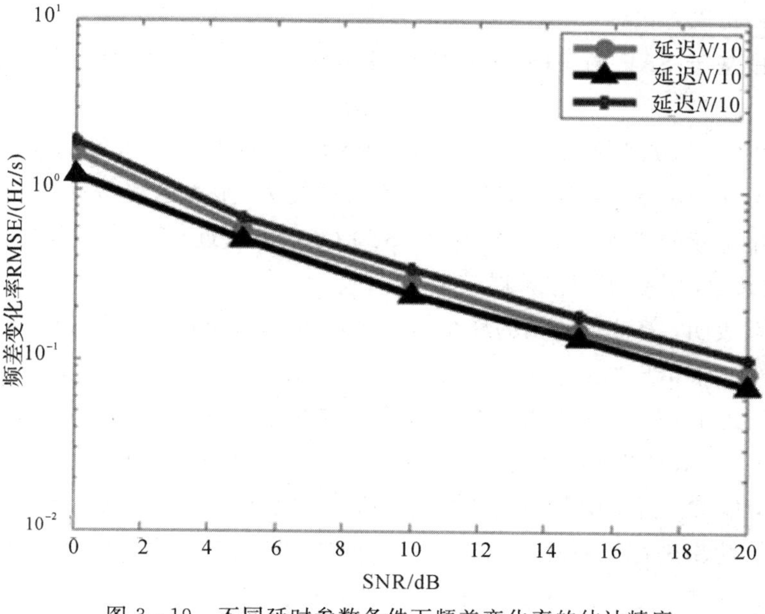

图 3-19　不同延时参数条件下频差变化率的估计精度

仿真 3：联合估计参数精度仿真分析

仿真 3 主要验证 TDOA、FDOA、Doppler Rate 联合估计方法的精度。假设辐射源信号是符号速率为 $B=10$kHz 的 BPSK，总观测时长 $T=0.2732$ s，采样率 $F_s=30$ kHz，TDOA

为 $\tau=10/F_s$，FDOA 为 $f_c=520$ Hz，频差变化率为 $\dot{f}_c=350$ Hz/s。

图 3-20 给出了 TDOA 估计精度随着信噪比的变化曲线，分别是步骤 1 中基于 SAF 的 TDOA 初始估计 RMSE 曲线、步骤 2 中更新的 TDOA 估计精度的 RMSE 曲线以及步骤 1 中基于 SAF 的 TDOA 初始估计的理论精度曲线、TDOA 联合估计的 CRLB。需要说明的是 RMSE 曲线是通过 500 次的蒙特卡罗实验统计得到的。

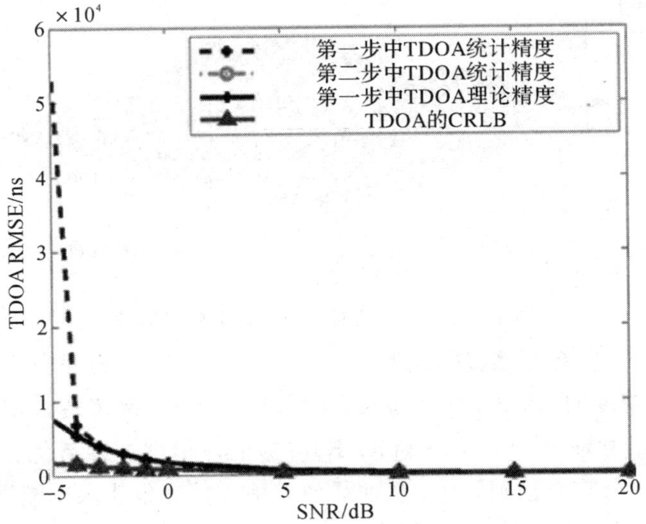

图 3-20　时差估计精度对比

从仿真曲线可以看出：

· 步骤 1 中基于 SAF 的 TDOA 初始估计 RMSE 曲线与理论精度曲线能够较好地吻合。

· 步骤 1 中基于 SAF 的 TDOA 初始估计 RMSE 曲线并不能达到 CRLB 的精度下界，尤其是在低信噪比情况下，主要原因是 SAF 交叉项较多，放大了观测噪声。

· 步骤 2 中更新的 TDOA 估计精度 RMSE 曲线能够接近 CRLB，主要原因通过补偿的 CAF 减少了交叉项，补偿了频差扩展。

该仿真实验表明，算法所给出的最终的 TDOA 估计精度能够达到 CRLB 给出的精度，估计精度与 3.4.2 节给出的 CRLB 吻合较好。

图 3-21 给出了 FDOA 估计精度随着信噪比的变化曲线，绘制了 FDOA 估计的 RMSE 曲线以及其 CRLB。RMSE 曲线由 500 次蒙特卡罗实验统计得到。从图中可以看出，FDOA 估计精度较好，能够接近 CRLB 给出的精度。这是因为在对 FDOA 的估计过程中，联合估计方法对频差变化率进行了补偿，消除了 RDC 问题，解决了传统方法中假设模型与真实模型不一致的问题。

图 3-22 给出了频差变化率精度随着信噪比的变化曲线，分别绘制了在步骤 1 中频差变化率的理论精度与实际统计的精度、步骤 3 中对多普勒更新后的统计精度、频差变化率的 CRLB。实际的统计 RMSE 曲线是利用 500 次蒙特卡罗仿真得到的。从图中可以看出：

· 在步骤 1 中给出的频差变化率理论精度与实际精度能够较好地吻合。

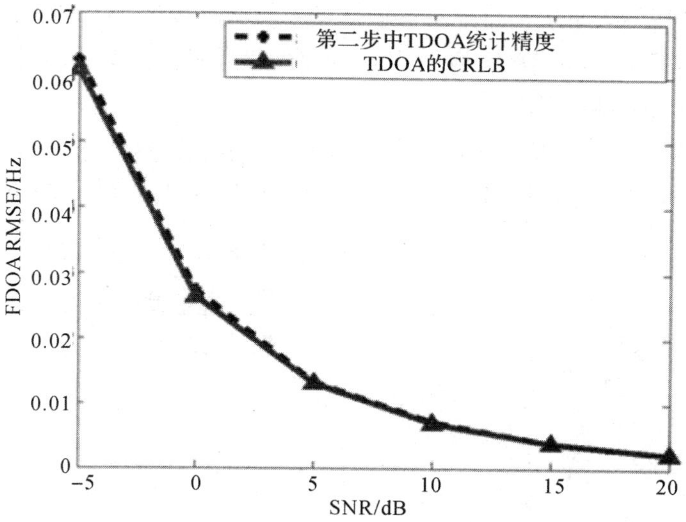

图 3－21　频差估计精度对比

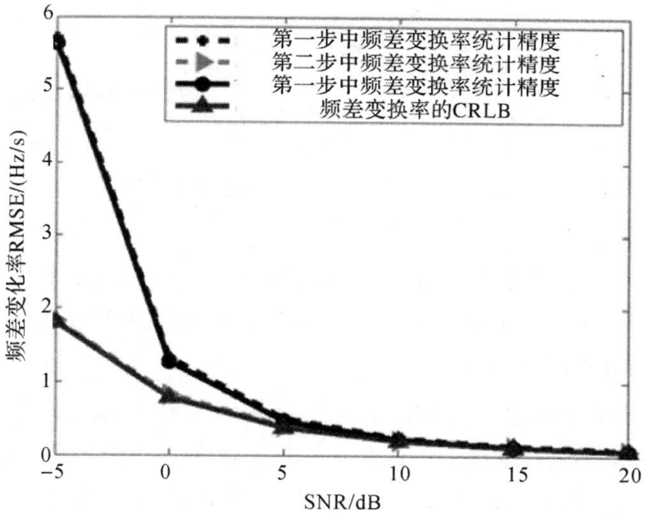

图 3－22　频差变化率估计精度比较

· 在低信噪比条件下，步骤 1 中的频差变化率估计精度较差，不能达到 CRLB。主要原因是 SAF 变换引入的交叉项噪声导致低信噪比条件下估计精度的恶化，这也是算法步骤中对于频差变化率进行更新估计的原因。

· 频差变化率更新后的精度较好，能够接近 CRLB。

该仿真实验表明，基于 SAF 的估计精度较好地吻合理论分析；本节所给出最终的 Doppler Rate 估计精度能够逼近 CRLB。

仿真 4：所提方法与其他方法的精度对比分析

仿真 4 主要对本小节所提方法与传统 CAF 方法、ML 方法进行对比。假设辐射源信号是符号速率为 $B=10$ kHz 的 BPSK，观测总时长 $T=0.2732$ s，采样率 $F_s=30$ kHz，TDOA 为 $\tau=10/F_s$，时差和频差采用绳系编队场景下的典型值。作为一种近年来新型的编队形式，绳系旋转卫星编队能够为空中动目标定位提供更多的动态特性。假设绳系旋转编队的半径为 3 km，轨道高度 500 km，旋转周期为 50 s，在此场景下，取频差变化率的典型值为 120 Hz/s，频差为 500 Hz。

图 3-23 给出了 TDOA 估计精度的对比曲线，图中的四条曲线分别表示传统 CAF 方法 RMSE、ML 方法 RMSE、本节方法 RMSE 以及 TDOA 联合估计的 CRLB。

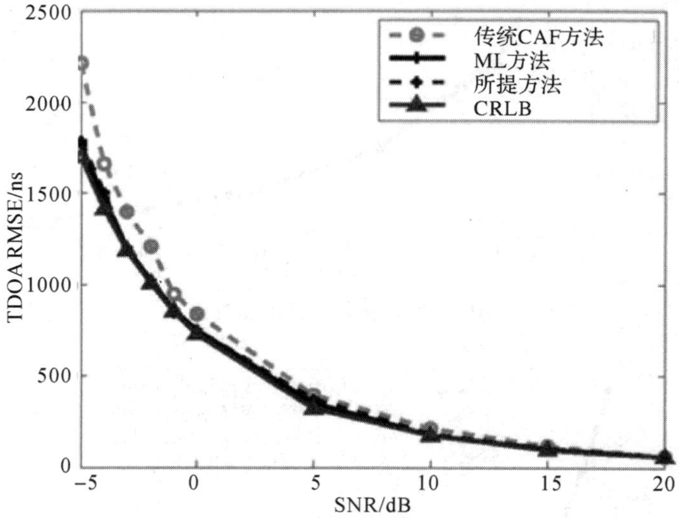

图 3-23 TDOA 估计与其他方法比较

从仿真结果可以看出：

· 与传统的 CAF 方法相比，所提出的方法的估计精度有一定程度的提高。主要原因是，时差方向上虽然没有发生扩展，但是所提方法补偿了频差的扩展问题，从而提升了输出信噪比，进而提升了时差的估计精度。

· 与 ML 方法的精度相比，所提方法的精度接近 ML 方法，说明方法能够逼近三维 ML 搜索的估计精度。然而，本小节方法在计算量上比 ML 方法明显下降。

· 与 CRLB 相比，本小节方法和 ML 方法都能够逼近 CRLB，表明方法的估计性能较好，与理论分析结果一致。

图 3-24 给出了 FDOA 估计精度的对比曲线，图中的四条曲线分别表示传统 CAF 方法 RMSE、ML 方法 RMSE、本节方法 RMSE 以及 FDOA 联合估计的 CRLB。

从仿真结果可以看出：

· 与传统的 CAF 方法相比，所提出的方法的估计精度有明显的提升，提升的幅度在 5 倍左右。主要原因是，论文方法通过补偿频差扩展，不但提升了输出信噪比，而且避免了 FDOA 的扩展，改善了 FDOA 方向的峰形。

· 与 ML 方法的精度相比，所提方法的精度接近 ML 方法，说明方法能够逼近三维 ML 搜索的估计精度。然而，本方法在计算量上比 ML 方法明显下降。

· 与 CRLB 相比，论文方法和 ML 方法都能够达到 CRLB，表明本方法的估计性能较好，与理论分析结果一致。

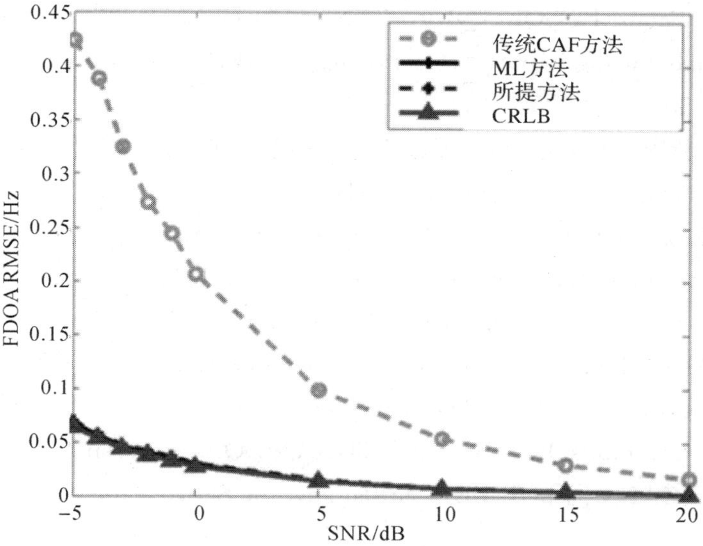

图 3-24　FDOA 估计与其他方法比较

本章小结

连续的通信信号是最为典型的辐射源信号之一，对该类信号实现无源定位具有重要的应用价值。本章立足于连续信号的时频差定位，重点讨论了三种情况下的定位参数估计。

第一种情况是在系统仅有时差，没有频差或者频差不明显的情况。在此情况下，只需要完成对时差的提取。本章回顾了时差提取的常用方法，包括相关法、广义相关法等，并且推导了时差估计的克拉美罗下界。在此基础上，重点介绍了基于 MCMC 的时差估计方法，即首先构建被动时延的 ML 估计模型，然后推导 ML 模型的快速算法，最后引入 MCMC 算法实现时延的精确估计。

第二种情况是既存在时差又存在频差的情况，常见于双星时频差定位系统。在该种情况下，本章介绍了最为经典的 CAF 估计方法，并对 CAF 估计的估计性能进行了分析。

第三种是系统的动态程度较高的情况，也即发生了 FDOA 的扩展，常见于旋转基线的高动态场景。本章研究了高动态条件下参数估计方法，提出了基于 SAF 变换的时差、频差以及频差变化率的联合估计方法，并在解决频差扩展问题的同时，充分利用高动态场景的非线性信息，提取频差变化率观测量。

参考文献

[1] Knapp C H, Carter G C. The generalized correlation method for estimation of time delay[J]. IEEE Transaction on Acoustics, 1976, 24(8): 320-327.

[2] Ahmed M, Faouzi B, SOFIÈNE A. A Non - Data - Aided maximum likelihood time delay estimator using importance sampling[J]. IEEE Transaction on Signal Processing, 2011, 59(10): 4505 - 4514.

[3] 王飞雪，王新春，雍少为，等. 带通信号采样定理和全数字式正交检波器的设计[J]. 电子与信息学报，1999，21(3)：307 - 310.

[4] Kent S, Roger J, Carter G C. Performance predictions for coherent and incoherent processing techniques of time delay estimation[J]. IEEE Transactions on Acoustics, Speech and Signal Processing, 1983, 31(5): 1191 - 1196.

[5] Stein S. Algorithms for ambiguity function processing [J]. IEEE Transactions on Signal Processing, 1981, 29(3): 588 - 599.

[6] Ulman R, Geraniotis E. Wideband TDOA/FDOA processing using summation of short - time CAF's [J]. IEEE Transactions on Signal Processing, 1999, 47(12): 3193 - 3200.

[7] Yeredor A. A signal - specific bound for joint tdoa and FDO[C]//A estimation and its Use in combining multiple segments; International Conference on Acoustics Speech and Signal Processing (ICASSP). IEEE, Dallas, TX, USA: IEEE, 2010: 3874 - 3877.

[8] Steven M K. Fundamentals of statistical signal processing [J]. Teehnometrics, 1993, 37(4): 465 - 466.

[9] Yeredor A, Angel E. Joint TDOA and FDOA Estimation: A Conditional Bound and Its Use for Optimally Weighted Localization [J]. IEEE Transactions on Signal Processing, 2011, 59(4): 1612 - 1623.

[10] 司锡才，池庆玺，张春杰. 基于改进 HAF 的线性调频雷达信号参数估计[J]. 系统工程与电子技术，2007，29(12)：2042 - 2046.

[11] Barbarossa S, Scaglione A, GIANNAKIS G B. Product high - order ambiguity function for multicomponent polynomial - phase signal modeling [J]. IEEE Transactions on Signal Processing, 1998, 46(3): 691 - 708.

[12] Scaglione A, Barbarossa S. Statistical analysis of the product high - order ambiguity function [J]. IEEE Transactions on Information Theory, 1999, 45(1): 343 - 356.

[13] Borowiec K, Malanowski M. Accelerating rocket detection using passive bistatic radar; [C]//IEEE Radar Symposium. Kradow, Poland: IEEE, 2016, 1 - 5.

第 4 章　猝发信号定位参数估计

4.1 引　　言

目标辐射源不但包含连续信号，还包括大量猝发短时跳频信号。由于安全性能好、低截获特性强的优势，跳频猝发信号近年来被越来越多地应用到军事和商业通信领域。跳频信号通常都是猝发形式，每一跳都具有不同的载波频率；多个跳频电台通常组网工作，同一时间多个目标用户工作在不同的频率上。该类信号装载在大量的目标平台上。解决该类信号的定位问题，具有较大的应用前景。

现实中，跳频信号的时频差定位问题一直是制约无源定位系统的难点问题，难度主要表现在以下两个方面：

(1) 多目标跳频脉冲分选难。跳频多猝发一般都是多用户并发工作的方式，不论是主站还是辅站，都可能收到多个用户的脉冲信号；如果不将同一用户的猝发信号分离出来，就难以估计时频差。

(2) 频差估计精度差，远远不能满足定位需求。由于跳频信号的载波不断变化，造成 FDOA 也不断跳变。以往的方法在估计频差时只能利用单个脉冲进行积累，使得 FDOA 精度差，难以满足测速需求。

针对以上问题，本章主要讨论猝发短时跳频信号的分选和归一化相干估计方法，通过时间折叠分选和归一化相干处理，将频差估计精度提升一个数量级以上。

4.2 脉冲信号及其 TOA 初始测量

4.2.1 跳频脉冲信号

在传统的时频差估计方法中，都假设在观测时间内，接收信号连续且频率保持不变。近年来，以跳频信号为代表的短时猝发信号得到越来越多的应用，典型的包括 Link 数据链信号、跳频短波信号等。这些信号存在的共同特点是每一个猝发的持续时间短、频率发生捷变。以 Link 跳频信号为例，其每一个用户的猝发脉冲形式如图 4-1 所示。

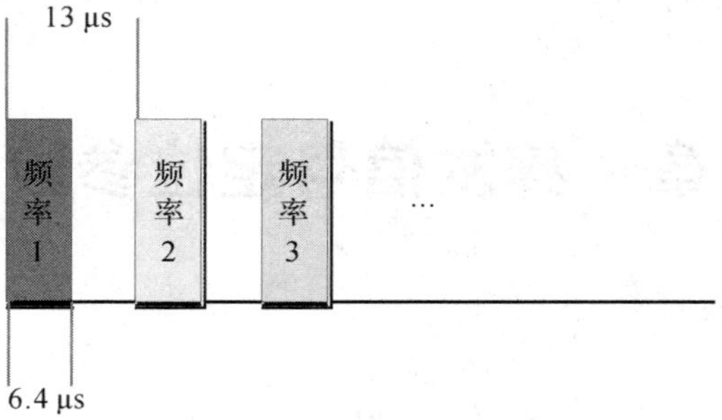

图 4-1　单个用户的跳频猝发示意图

利用猝发信号进行时频差估计的第一个难点问题是只能用一个跳频脉冲，频差精度难以满足应用需求。由于辐射源信号的频率发生变化，频差也会发生相应的变化。因此，利用 CAF 对猝发信号的时频差进行估计时，一方面，为了满足 CAF 的要求，需要将 CAF 的积分时间 T 限制在每一个短促发脉冲时间之内。另一方面，根据时差和频差精度的表征，频差估计精度 $\sigma_f \propto \frac{1}{\sqrt[3]{T}}$，当积分时间变短时，频差的估计精度明显下降，导致定位精度也明显下降，甚至无法定位。根据公式(3-56)可知，在 10 dB 条件下，只用一个脉冲进行频差估计的精度约为 4.8 kHz，显然这样的频差精度完全无法满足测速定位的应用需求。

利用猝发跳频信号进行时频差估计的另一个问题是，由于其组网的工作模式，导致接收机会收到多个用户的猝发。如何从多个猝发中找到单个用户的脉冲成为难题。如图 4-2 所示，多个用户组网并工作在统一的时钟下，每个用户在属于自己的时隙内发射跳频脉冲。由于采用时分＋跳频的工作模式，在同一时间内，不同的用户可以同时发射脉冲。由于脉冲的跳频点不同，用户之间自身通信不存在相互串扰问题。然而，非合作方会收到多个脉冲，而不知道这些脉冲属于哪一个用户。尤其是在单通道条件下，分选所能用的信息较少，因此，跳频脉冲的分选也是制约对跳频信号测速定位的一个难题。

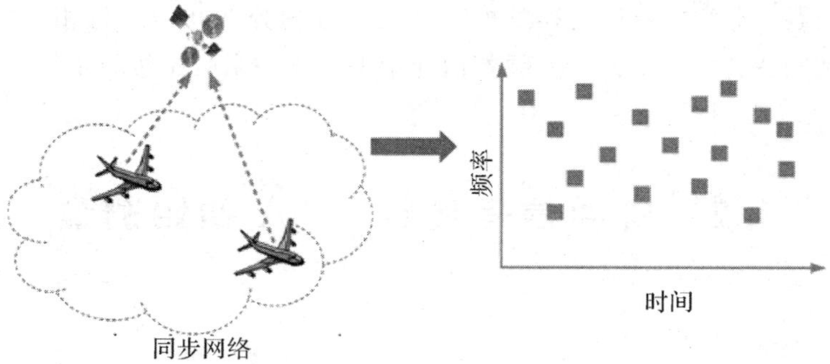

图 4-2　跳频猝发组网工作示意图

因此，要解决跳频信号的定位，就必须解决跳频脉冲的分选预处理和多脉冲相干的频差估计方法。本章的 4.3 节和 4.4 节分别对这两个问题进行了研究总结。

4.2.2 脉冲信号的 TOA 测量

对于脉冲信号的 TDOA、FDOA 参数的测量，首先需要实现对脉冲信号的检测和参数测量，完成对脉冲开始时间和结束时间的测量，也即裁剪出每个脉冲信号，为后续的分选和精确的时频差测量提供基础。

对于脉冲到达时间或者截止时间的测量，最常用的是采用固定门限的方法。如图 4-3 所示，通过测量脉冲的到达时间和截止时间，可以裁剪出相应的脉冲信号，为后续信号的精确时频差估计提供信号输入。

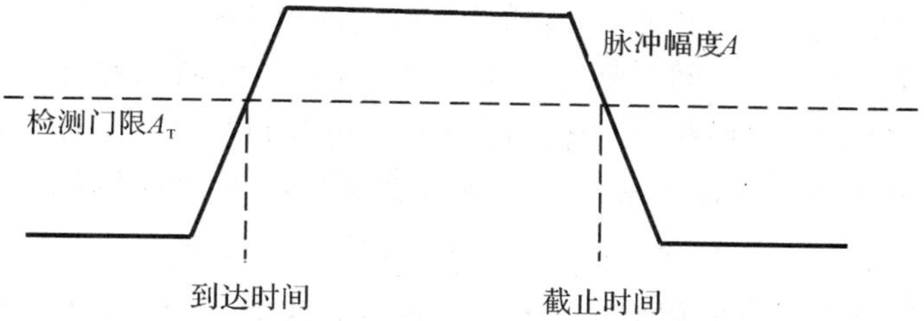

图 4-3　脉冲到达时间与截止时间的示意图

对于信噪比较好的情况，假设采用固定门限对脉冲信号进行检测，并测量脉冲的到达时间，脉冲的前沿、后沿基本呈线性状态，则脉冲到达时间(截止时间)的测量值的均方根误差 δ_T 为

$$\delta_T = \frac{1.25\ t_R}{\sqrt{2\mathrm{SNR}}} \tag{4-1}$$

其中，t_R 表示的是视频脉冲前沿从 10% 到 90% 的脉冲时间；SNR 表示接收机输出的信噪比。

需要说明的是，脉冲前沿的平均斜率为 $0.8\ A/t_R$，这是由于脉冲的上升时间 t_R 是从 10% 到 90%。因此，在时间 t_R 之间，脉冲幅度的变化为 $0.8\ A$。

4.3 脉冲信号的分选

本节主要研究跳频脉冲的分选预处理方法。首先对问题进行数学描述，然后给出时间折叠、形态学去噪、k 均值分类步骤，最后进行仿真验证。

4.3.1 问题描述

在单通道条件下针对跳频信号的分选，不能测量猝发脉冲的到达角，也不能利用重频和调制特征进行分选，所能利用的信息仅有达到时间 TOA 序列，因此本小节对基于 TOA

分选问题进行数学描述和建模。考虑 M 个跳频通信用户组网同时发射脉冲信号，单个接收机对这些信号进行截获接收，如图 4-4 所示。

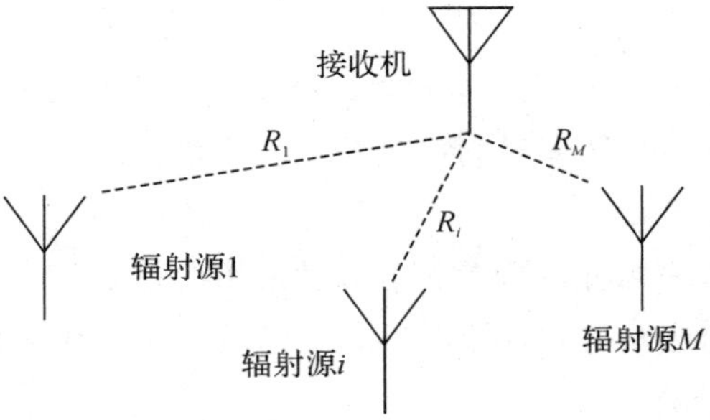

图 4-4　多用户与单接收站示意图

所有的发射机组成一个时间同步的网络，它们在同一时间发射脉冲信号。由于不同的跳频用户使用互不相同的跳频频点，故多用户之间没有相互干扰。对于第 i 个用户($i=1, 2, \cdots, M$)，假设其发射的脉冲个数为 N_i，则其脉冲发射的时间序列为

$$\boldsymbol{t}_{pi}=[0, T_0, 2T, \cdots, (N_i-1)T_0]^{\mathrm{T}} \tag{4-2}$$

其中，T_0 表示每个脉冲的发射周期。对于网内的多个目标，它们具有相同的发射周期。

由于所采用的接收机是频率宽开的，因此所有的脉冲都能够被截获，且脉冲的到达时间 TOA(定义为脉冲的上升沿时间)也能够被测量。对于第 i 个用户，其 TOA 序列为

$$\boldsymbol{t}=\boldsymbol{t}_{pi}+\frac{R_i}{c} \tag{4-3}$$

其中，c 表示光速；R_i 表示第 i 个发射机与接收机之间的距离。

对于所有的跳频用户，接收机测量得到的 TOA 序列为

$$\boldsymbol{t}=\mathrm{sort}([\boldsymbol{t}_1^{\mathrm{T}}, \boldsymbol{t}_2^{\mathrm{T}}, \cdots, \boldsymbol{t}_M^{\mathrm{T}}]^{\mathrm{T}}) \tag{4-4}$$

其中，sort(·)表示排序操作；$\boldsymbol{t}$ 的序列长度为 $N=N_1+N_2+\cdots+N_M$。

对于 $M=2$ 的情况，图 4-5 给出了接收脉冲的到达时间和频率的二维分布。图中，不同目标用户的脉冲已经用不同的颜色进行了标识。然而在实际中，每个脉冲的归属情况是未知的。课题所面对的问题就是：如何从接收信号的 TOA 序列特征入手，实现对脉冲的分选，从而完成对目标的参数估计和定位。

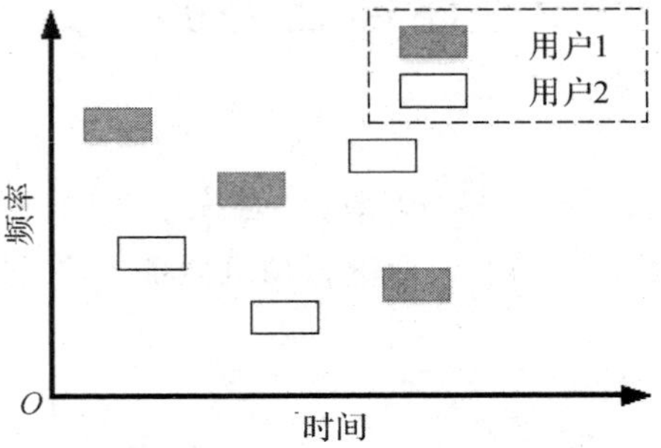

图 4-5　接收到的多用户脉冲示意图

4.3.2 TOA 折叠模型

对于每个脉冲来说，分选唯一能够利用的信息就是脉冲的到达时间序列 TOA，故需要从 TOA 序列中提取分选特征。方程(4-3)表明，对于不同目标用户，其中一个不同点是其位置，不同的位置导致不同的时间延时。因此，可以利用 TOA 序列提取出不同目标的时延特征，从而实现分选。本书采用时间折叠方法提取该时延特征。

对于第 $i(i=1, 2, \cdots, M)$个用户的脉冲，其重复周期 T_0 先验已知，其脉冲序列的整体时延为 $\tau_i=\dfrac{R_i}{c}$。若我们将时间以 T_0 为长度进行折叠，则第 i 个用户的脉冲将会集中在 $\tau_i^0=\mathrm{mod}(\tau_i, T_0)$，也即

$$\boldsymbol{t}_i^0=\mathrm{mod}(\boldsymbol{t}_i, T_0)=[\tau_i^0, \tau_i^0, \cdots, \tau_i^0]^{\mathrm{T}} \tag{4-5}$$

其中，$\mathrm{mod}(x, y)$表示求余数运算。

进一步地，将所有的时间序列进行折叠后，有

$$\boldsymbol{t}^0=\mathrm{mod}(\boldsymbol{t}, T_0) \tag{4-6}$$

从方程(4-5)和方程(4-6)可以看出，$\boldsymbol{t}^0$ 的所有元素由 $\tau_i^0(i=1, \cdots, M)$组成。因此，利用序列 $\boldsymbol{t}^0$，可以将时间序列进行分类，进而将脉冲序列进行分类。方程(4-6)所给出的变换也即是时间折叠变换模型。

对于 $M=2$ 的情况，图 4-6 给出了时间折叠变换的原理示意图。在图 4-6(a)中，两个用户的所有脉冲序列逐次被接收机截获。将时间以 T_0 为长度进行分片，划分为 $0\sim T_0$，$T_0\sim 2T_0$等多个片段。在图 4-6(b)中，将所有的时间片段进行折叠。可以看出，不同的脉冲集中在不同的直线上，两个用户的脉冲序列可以明显分开。

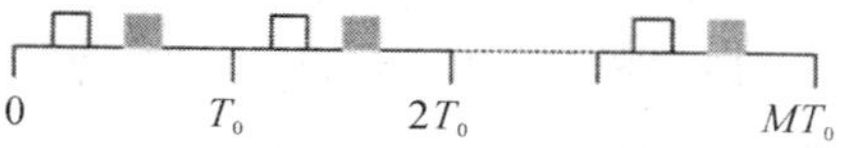

(a)原跳频序列

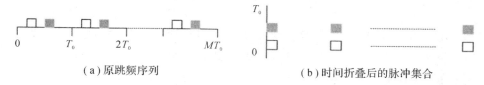

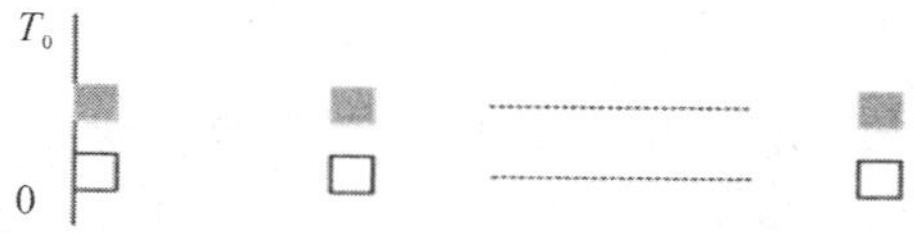

(b)时间折叠后的脉冲集合

图 4-6 时间折叠变换示意图

4.3.3 腐蚀算子及野值处理

4.3.2 节的分选和变换模型都是在无噪声情况下进行的。在实际的 TOA 序列测量中，不可避免地存在着测量误差和野值(无效数据)。当考虑到 TOA 的测量噪声时，到达时间序列变为

$$\boldsymbol{t}^r=\boldsymbol{t}^0+\boldsymbol{n} \tag{4-7}$$

其中，$\boldsymbol{n}$ 表示误差和野值序列。

在实际处理中，应当尽量减小误差和野值对分选的影响。这里采用形态学中的腐蚀算法对野值和误差进行处理。

腐蚀运算是计算机形态学中的常用算法。在图像处理领域，该运算可以用来消除小且无意义的集合。假设 **A**、**B** 均为 N 维空间的集合，则 **A** 被 **B** 腐蚀后的新集合定义为

$$\boldsymbol{A}\Theta\boldsymbol{B}=\{x\in E^N\,|\,x+b\in\boldsymbol{A}\text{ for every }b\in\boldsymbol{B}\} \tag{4-8}$$

方程(4-8)表示集合 **A** 被集合 **B** 腐蚀的操作。图 4-7 给出了一个腐蚀运算的示例。在图中，集合 **B** 的原点定义为第一个点。对于集合 **A** 中的任意元素 x，将 **B** 的原点移动至 x 处，若此时 **B** 完全被集合 **A** 包含，则有 $x\in\boldsymbol{A}\Theta\boldsymbol{B}$，否则有 $x\notin\boldsymbol{A}\Theta\boldsymbol{B}$。通过遍历 **A** 中的所有元素，可以产生一个新的集合 $\{x\,|\,x\in\boldsymbol{A}\Theta\boldsymbol{B}\}$。从图 4-7 可以看出，当利用集合 **B** 对集合 **A** 进行腐蚀运算时，若集合 **A** 中的某个点满足横向右侧相邻的 2 个点都为黑时，该点得以保留，否则该点在新的集合中被剔除。显然，腐蚀运算能够消除集合中的零散点，这些零散的点在信号处理中可以视为野值或者虚假值。因此，腐蚀运算的思想也可以用于信号处理中对野值的剔除。

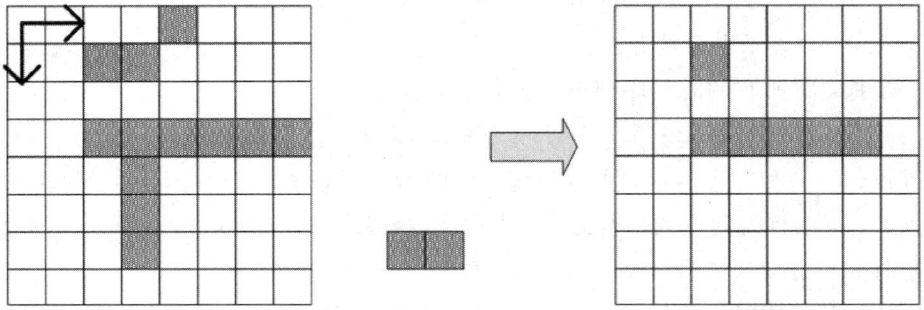

(a) 集合*A*　　(b) 集合*B*　　(c) *A*被*B*腐蚀后的新集合

图 4-7　腐蚀算子示意图

对于方程(4-7)中时间序列的去噪与野值剔除，可以定义集合 **A** 为 $\boldsymbol{t}^r=[t_1^r, \cdots, t_N^r]^{\mathrm{T}}$ 中的所有样本。定义集合 $\boldsymbol{B}_0$ 为

$$\boldsymbol{B}_0=\{t_i\,|\,-t_{\mathrm{d}}\leqslant t_i\leqslant t_{\mathrm{d}},\ 1\leqslant i\leqslant 2L+1\} \tag{4-9}$$

显然，$\boldsymbol{B}_0$ 表示长度为 $2L+1$、宽度为 $2t_{\mathrm{d}}$ 的一个矩形区域。进一步地，定义集合 **B** 为

$$\boldsymbol{B}=\bigcup\boldsymbol{B}_0,\ \mathrm{card}(\boldsymbol{B}_0)\geqslant M_0 \tag{4-10}$$

其中，$\mathrm{card}(\boldsymbol{B}_0)$表示集合 $\boldsymbol{B}_0$ 中的元素个数。

从方程(4-10)可以看出，集合 **B** 表示所有矩形区域 $\boldsymbol{B}_0$ 中元素个数大于 M_0 的集合，亦即元素相对稠密的点集。因此，当集合 **A** 被集合 **B** 腐蚀以后，**A** 中所有较为稠密处的样本将被保留下来，较为稀疏的样本将被剔除，由此即可完成去野值和去噪的目的。

图 4-8(a)示意了一批待处理的数据。从图中可以看出，正确的样本处于三条平行于 x 轴的直线上。除此之外，整个样本空间分布着大量的离散点，这些离散点大部分可以视为野值。在本例对于样本的预处理过程中，采用腐蚀运算的思想对野值进行处理。取 $L=35$，$t_{\mathrm{d}}=10^{-6}$，$M_0=90$，则利用 **B** 对集合 **A** 进行腐蚀操作，得到的结果 $\boldsymbol{A}\Theta\boldsymbol{B}$ 如图 4-8(b)所示。由图中可以看出，经过腐蚀操作后，消除了集合 **A** 中的大量无效数据，也即野值。经过去野值处理之后，样本个数减少，但是样本的有效性大大提高。

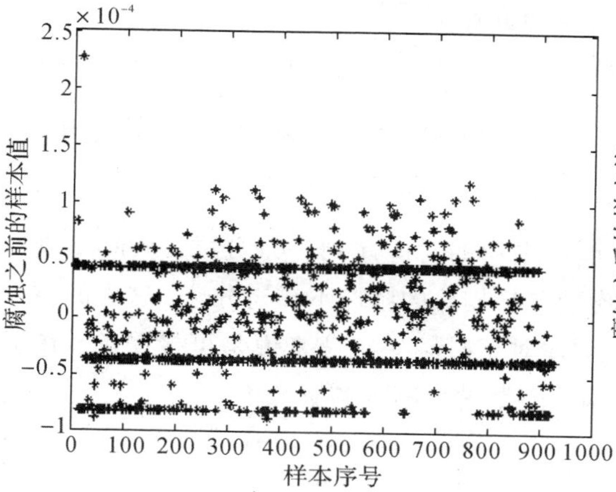

(a) 腐蚀处理之前的数据

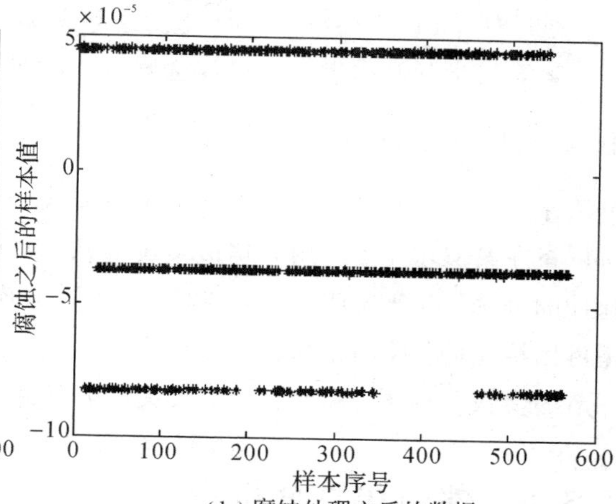

(b) 腐蚀处理之后的数据

图 4-8　腐蚀处理前后的数据

4.3.4　KN 近邻法无监督分类

在进行时间折叠变换和形态学去噪之后，需要对剩余的脉冲时间序列进行最后的分类。对于所有的脉冲 $i=1, \cdots, N$，假设在进行腐蚀处理之后，剩余的脉冲序列编号为 $j=01, 02, \cdots, 0N_r$。显然，$j=0m(m=1, \cdots, N_r)$是从 $i=1, \cdots, N$ 中选取得到的，也即 $j=01, 02, \cdots, 0N_r$ 是 $i=1, \cdots, N$ 的一个子集。因此，待分选的残留 TOA 集合为 $\boldsymbol{D}=\{t_{01}^r, t_{02}^r, \cdots, t_{0N_r}^r\}$。利用 KN 最近邻算法，$\boldsymbol{D}$ 可以被分选为 K 个子集 $\boldsymbol{D}_1$，$\boldsymbol{D}_2$，$\cdots$，$\boldsymbol{D}_K$，使得均方误差 MSE 达到最小，也即

$$E=\sum_{k=1}^{K}\sum_{i=1}^{L_k}(t_{ki}^r-\mu_k)^2 \tag{4-11}$$

其中，E 表示均方误差(MSE)，$t_{ki}^r \in \boldsymbol{D}_k(i=1, 2, \cdots, L_k, k=1, 2, \cdots, K)$；$L_k$ 表示 D_k 中元素的个数；μ_k 表示 $\boldsymbol{D}_k$ 的聚类中心，即

$$\mu_k=\frac{1}{L_k}\sum_{i=1}^{L_k}t_{ki}^r \tag{4-12}$$

小标签集 ki 是集合$\{01, 02, \cdots, 0N_r\}$的子集。同样，通过标签集 ki 可以检索到接收脉冲的标签集$\{1, \cdots, N\}$。由此，利用标签剔除野值以后每个脉冲所属的类别能够被标识。最优的分类应当能够使得分类的均方误差最小，也即使得 E 达到最小。利用该 k 均值分类算法，能够实现上述最优分类。

4.3.5　算法流程

在上述三个小节中，已经对基于时间折叠模型的分选算法进行了分析。该分选算法主要包含三个步骤。

▶第一步是时间折叠变换。对于测量得到的到达时间序列 $\boldsymbol{t}$ 和先验已知的跳频周期

T_0，通过如式(4-6)给定的变换模型，得到残留的时间序列。

▶第二步为利用形态学方法去噪和去除野值。需要说明的是方程(4-9)与方程(4-10)中，t_d 可以取为 5σ，L 可以取为$\dfrac{N}{4}$，M_0 可以取为$\dfrac{1.4\,L}{M}$，其中 σ_t 表示脉冲上升沿测量误差，N 表示 TOA 序列总长度，M 表示用户个数。

▶在第三步中，利用 k 均值聚类算法，对腐蚀之后的时间序列进行分类，从而完成对脉冲的分选。需要说明的是，在第二步中，被腐蚀算法剔除的脉冲不参与分选。这样的结果是可以接受的。原因是相比于错误分类，丢失脉冲对于时频差定位来说是可接受的。在下一节的参数估计中，将会证明，丢失部分脉冲对于参数估计精度的影响不大。

4.3.6 性能仿真分析

本小节通过仿真实验对前述跳频多目标脉冲分选算法进行验证和性能评价。假设同时工作的用户数 $M=3$，多用户时间同步，跳频脉冲的重复周期为 $T_0=100\ \mu s$，跳频频率点为 {400,410,420,…,740} MHz，在仿真中频率点分别用 1,2,…,35 进行标识；总的观测时间为 10 ms，跳频脉冲为 BPSK 调制的信号，符号速率为 $B=250$ kHz，TOA 测量精度为 $\sigma_t=3\ \mu s$，接收机位置为[0,0,400] km，辐射源位置分别为[50,0,0] km、[0,200,0] km、[0,−300,0] km。

仿真 1：算法有效性验证

第一个仿真实验对所提算法进行演示，通过对其中的折叠、去噪、分类步骤进行演示，验证算法的有效性。图 4-9(a)展示了接收到的脉冲的 TOA 与载波频率的分布关系，图 4-9 (b)展示了接收到的 TOA 序列从小到大的分布关系。对于每个跳频目标，在 10 ms 的时间内共有 100 个脉冲。在仿真中，假设脉冲的丢失率为 10%。脉冲分选的目的是通过这些时差序列完成目标脉冲归属的判别。

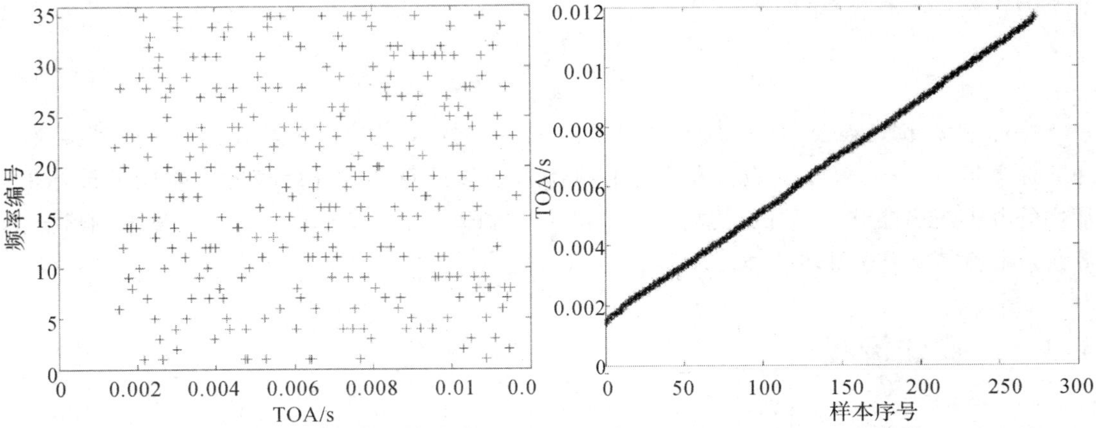

(a) 接收到的脉冲TOA和频率的分布　　(b) TOA序列

图 4-9　接收到的脉冲示意图

图 4-10(a)给出了经过时间折叠处理之后的残留时差序列。可以看出，经过时间折叠

之后，残余的 TOA 序列主要分布在三条直线上，说明经过变换之后，不同的辐射源具备不同的时延特征。除此之外，还有大量的野值存在，这给后续的分选造成困难。图 4－10(b)给出了经过形态学去噪和去野值之后的残留 TOA 分布图及其分选结果。与图 4－10(a)相比，经过形态学处理之后，残留 TOA 的分布更加集中，大量的野值被剔除，一致性较好的样本被保留下来。经过聚类分选算法之后，样本被分成了三类，分别对应着三个辐射源。

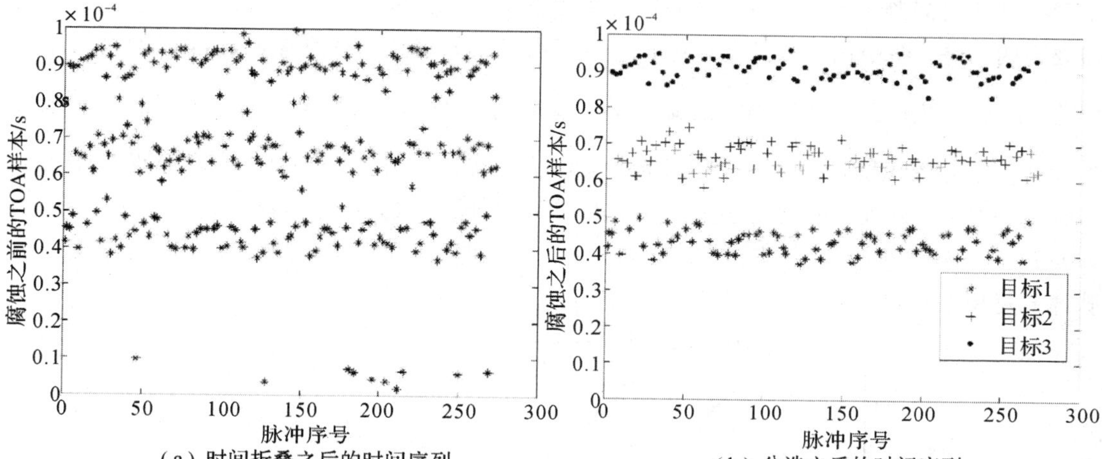

(a) 时间折叠之后的时间序列　　(b) 分选之后的时间序列

图 4－10　时间序列处理示意图

在对残留的 TOA 样本序列进行分类之后，就完成了最终的跳频脉冲的样本分选。图 4－11给出了样本的分选结果和原始脉冲的归类对比。可以看出，分选结果与原始的样本归类吻合较好。除此之外，少量的原始样本没有分选结果，其原因是这部分样本的 TOA 测量的误差较大，在形态学处理过程中被剔除。在时频差定位中，丢掉少量的脉冲是可以接受的。本仿真实验表明：所提算法是有效的，能够很好地对跳频脉冲进行分选。

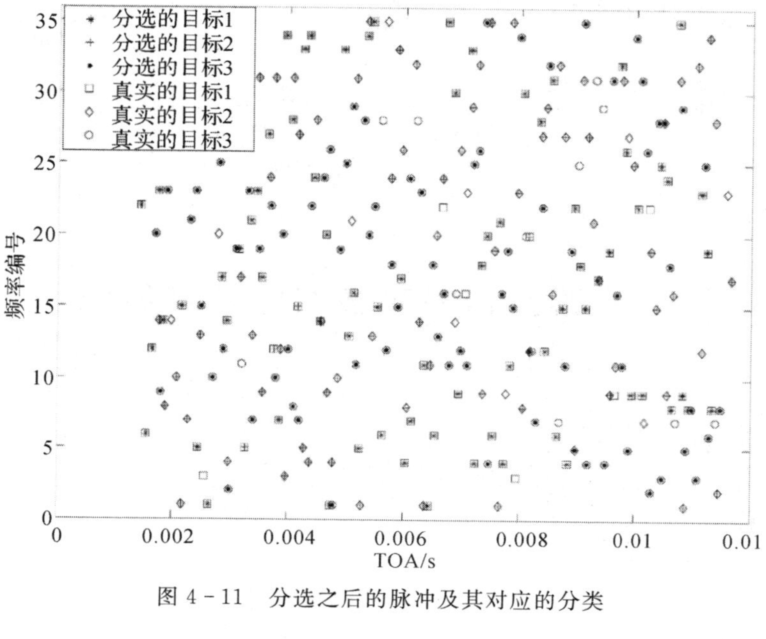

图 4－11　分选之后的脉冲及其对应的分类

仿真 2：分选正确率分析

第二个仿真实验对所提算法的分选正确率进行分析。假设接收到的脉冲总数为 N_t，形态学处理之后的脉冲总数为 N_r，正确分选的脉冲个数为 N_c。定义两类分选的正确率，第一类相对于所有的截获脉冲，定义为$\frac{N_c}{N_t}$；第二类相对于聚类之前的样本个数，定义为$\frac{N_c}{N_t}$。在不同的到达时间测量精度条件下，分别对两类正确率进行统计，图 4－12 给出了统计结果。需要说明的是，图中横轴的 TOA 测量误差是相对误差，已经被跳频脉冲的周期进行了归一化，即$\frac{\sigma_t}{T_0}$。统计曲线是用 100 次蒙特卡罗实验得到的。从曲线可以看出，第二类正确率远远高于第一类识别正确率，这是因为形态学去噪算法剔除了病态样本，说明形态学去噪步骤是必要的。此外，正确分选的概率随着 TOA 误差的增大而逐步减小，当 TOA 误差为 $0.08T_0$ 时，分选正确率仍然能够达到 90%。这也表明，在相同的测量误差水平下，更长的脉冲重复周期可以取得更好的分选正确率。

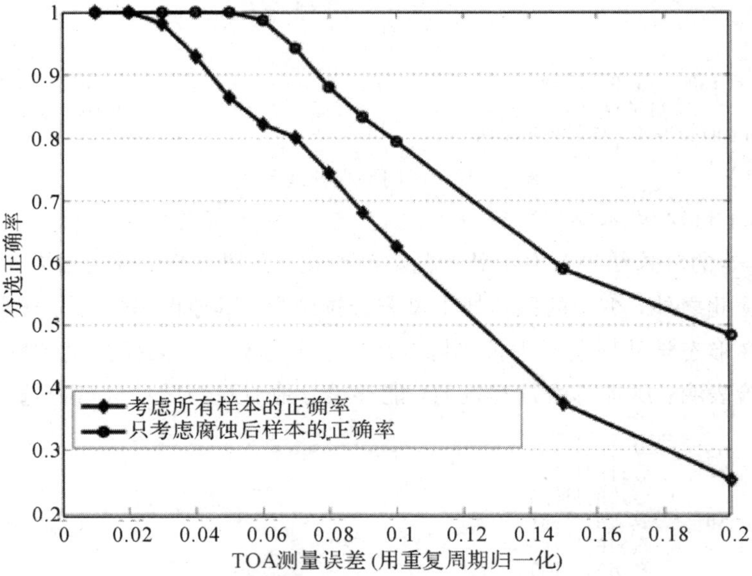

图 4－12　分选正确率对比图

4.4　跳频信号高精度时频差估计

本节研究跳频信号的频差归一化相干积累方法。首先给出问题的数学模型，然后给出非相干标量积累方法，在此基础上给出所提的归一化相干积累方法，最后对估计精度进行理论分析和仿真。

4.4.1　问题描述与信号模型

跳频信号的示意如图 4-13 所示，假设每一跳的跳频周期和脉冲宽度分别为 T_0 和 T_p（$T_0 \geqslant T_p$），接收脉冲的总数为 N。

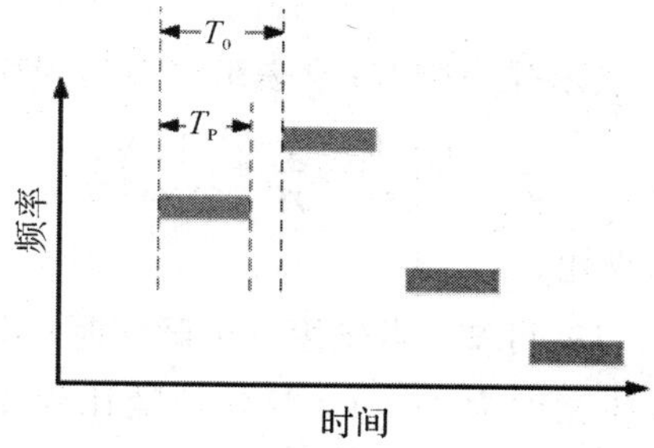

图 4-13　分选正确率对比图

对于第 $i(i=1, 2, \cdots, N)$个脉冲，其信号 $s^i(t)$可以描述为

$$s^i(t)=\begin{cases} a^i(t)\mathrm{e}^{\mathrm{j}2\pi f^i t+\mathrm{j}\varphi^i}, & (i-1)T_0 \leqslant t < (i-1)T_0+T_p \\ 0, & (i-1)T_0+T_p \leqslant t < iT_0 \end{cases} \tag{4-13}$$

其中，$a^i(t)$、f^i、φ^i 分别表示基带信号、载波频率和每个脉冲的初始相位。

包含所有脉冲的信号 $s(t)$为

$$s(t) = \sum_{i=1}^{N} s^i(t), \qquad 0 \leqslant t < NT_0 \tag{4-14}$$

在时频差无源定位系统中，位置不同的两个截获接收机对信号进行接收。假设相对的到达时间差及其变化率分别为 τ_0 和 v，则两路接收信号的模型为

$$\begin{cases} s_1(t) = \sum_{i=1}^{N} s^i(t) + n_1(t) = \sum_{i=1}^{N} s_1^i[t-(i-1)T_0] \\ s_2(t) = \sum_{i=1}^{N} s^i(t-\tau_0)\mathrm{e}^{-\mathrm{j}2\pi f_\mathrm{d}^i t} + n_2(t) = \sum_{i=1}^{N} s_2^i[t-(i-1)T_0] \end{cases} \tag{4-15}$$

其中

$$f_\mathrm{d}^i = v f^i \tag{4-16}$$

f_d^i 表示第 i 个脉冲的 FDOA，$n_1(t) \sim N(0, \sigma_1^2)$和 $n_2(t) \sim N(0, \sigma_2^2)$是独立的高斯白噪声；$s_k^i[t-(i-1)T_0]$表示第 k 个接收机收到的第 i 个时间片段$(i-1)T_0 \sim iT_0$ 的信号。

与传统模型相比，跳频信号的模型具有猝发特性。更重要的是，对于每一个脉冲，其 FDOA 是跳变的。因此，如果用传统的 CAF 方法，则只能用单个脉冲进行时频差估计，对于第 i 个脉冲，其 CAF 计算公式为

$$\mathrm{CAF}_i(\tau, f) = \int_{(i-1)T_0}^{(i-1)T_0+T_p} s_1^*(t)s_2(t+\tau)\mathrm{e}^{\mathrm{j}2\pi ft}\,\mathrm{d}t \tag{4-17}$$

当且仅当 $f=f_\mathrm{d}^i$、$\tau=\tau_0$ 时，$|\mathrm{CAF}_i(\tau, f)|$达到其极大值。显然，对于不同的 CAF，其 FDOA 最值的位置是不同的，因此不同的 CAF 片段也不能利用罗伯特所提供的积累方法来进行积累。这是跳频信号与其他类型的信号在时频差估计中的最大区别。

根据传统 CAF 估计精度的表达式，在利用单个脉冲进行估计的条件下，时差和频差的估计精度分别为

$$\sigma_{\mathrm{t}}=\frac{1}{\beta_s\sqrt{B_n T_p \gamma}} \tag{4-18}$$

$$\sigma_{\mathrm{f}}=\frac{0.55}{T_p\sqrt{B_n T_p \gamma}} \tag{4-19}$$

其中，β_s 表示均方根带宽；B_n 表示噪声带宽；γ 表示等效信噪比，且

$$\frac{1}{\gamma}=\frac{1}{2}\left(\frac{1}{\gamma_1}+\frac{1}{\gamma_2}+\frac{1}{\gamma_1\gamma_2}\right) \tag{4-20}$$

式中，γ_i 表示第 i 路信号的信噪比。

由公式(4-18)和公式(4-19)可知，当仅用一个脉冲时，由于时长 T_{p} 较小，时频差估计精度不高。例如，当跳频脉冲宽度为 10 μs，等效信噪比为 10 dB，噪声带宽为 10 MHz 时，频差的估计精度为 1739 Hz，显然这样的精度完全无法满足定位的需求。因此，本课题的研究所面对的问题就是如何利用多脉冲之间的积累，提升频差的估计精度。

4.4.2 非相干积累方法

多脉冲最简单的积累方法是对其进行非相干标量积累，也即利用多个猝发 TDOA/FDOA 估计值的加权平均来进行最终的时频差估计。对于 TDOA，由于每一个脉冲的 TDOA 是相同的，因此最终的 TDOA 估计 $\hat{\tau}$ 为

$$\hat{\tau}=\frac{1}{N}\sum_{i=1}^{N}\hat{\tau}^i \tag{4-21}$$

其中 $\hat{\tau}^i$ 是用 $\mathrm{CAF}_i(\tau, f)$得到的 TDOA 的估计。

对于 FDOA，为不失一般性，将第一个脉冲的 FDOA 定义为整个信号的 FDOA，则最终的 FDOA 估计为

$$\hat{f}_{\mathrm{d}}=\frac{1}{N}\sum_{i=1}^{N}\frac{f^1}{f^i}\hat{f}_{\mathrm{d}}^i=\frac{1}{N}\sum_{i=1}^{N}\frac{1}{\alpha_i}\hat{f}_{\mathrm{d}}^i \tag{4-22}$$

其中，$\hat{f}_{\mathrm{d}}^i$ 是用 $\mathrm{CAF}_i(\tau, f)$得到的 FDOA 估计，α_i 是归一化系数，且

$$\alpha_i=\frac{f^i}{f^1} \tag{4-23}$$

显然，由于利用了多个脉冲 TDOA/FDOA 估计的平均值，非相干积累方法能够得到更好的时频差估计。然而，对于频差来说，其估计精度仍然不足，在下一小节中，将研究相干估计方法。

4.4.3 归一化相干积累方法

与传统的信号模型相比，跳频信号模型具有信号促发、FDOA 跳变的特性。因此，要实现相干积累，需要解决以下两个问题：

A1：每一跳的频差 f_d^i 应该归一化。

A2：不同脉冲之间的相位应当进行补偿，从而使得相位对准。

对于问题 A1，利用第一个脉冲的 FDOA 进行归一化。根据公式(4-23)，f_d^i 可以被归一化为 $f_d^i=\alpha_i f_d^1(i=2, 3, \cdots N)$。在实际中针对特定信号，每一个脉冲的精确频率 f^i 是已知的，或者也可以通过跳频脉冲进行测量。因此，α_i 是先验已知的。在此条件下，跳频信号模型变为

$$\begin{cases} s_1(t) = \sum_{i=1}^{N} s^i(t) + n_1(t) \\ s_2(t) = \sum_{i=1}^{N} s^i(t-\tau_0)e^{-j2\pi\alpha_i f_d^1 t} + n_2(t) \end{cases} \tag{4-24}$$

对于第 i 个脉冲，传统的 CAF 变为

$$\mathrm{CAF}_i'(\tau, f) = \int_0^{T_p} s_1^{i*}(t)s_2^i(t+\tau)e^{j2\pi\alpha_i ft}\,dt \tag{4-25}$$

其中，$s_1^i(t)=s_1[t+(i-1)T_0]$，$s_2^i(t)=s_2[t+(i-1)T_0](0\leqslant t<T_0)$

可以看出，FDOA 归一化之后，$\mathrm{CAF}_i'(\tau, f)$的最大值位置出现在 $f=f_d^1$、$\tau=\tau_0$ 处。对于所有的 CAF 片段，它们都具有相同的最大值位置。

对于问题 A2，需要考虑 $\mathrm{CAF}_i'(\tau, f)(i=2, 3, \cdots N)$与 $\mathrm{CAF}_i'(\tau, f)$之间的时间扩展带来的相位变化。通过补偿，可保持不同片段 CAF 之间的相位连续。也即通过相位补偿，利用所有脉冲的采集数据，完成对时频差的估计。当利用所有的脉冲数据时，可以得到

$$\begin{aligned} \mathrm{CAF}_i'(\tau, f) &= \int_0^{NT_0} \sum_{i=1}^{N} s_1^{i*}[t-(i-1)T_0]\sum_{i=1}^{N} s_2^i[t-(i-1)T_0+\tau]e^{j2\pi\alpha_i ft}\,dt \\ &\approx \int_0^{NT_0} \sum_{i=1}^{N} s_1^{i*}[t-(i-1)T_0]s_2^i[t-(i-1)T_0+\tau]e^{j2\pi\alpha_i ft}\,dt \\ &= \sum_{i=1}^{N}\int_0^{T_p} s_1^{i*}(t)s_2^i[t+\tau]e^{j2\pi\alpha_i f[t-(i-1)T_0]}\,dt \\ &= \sum_{i=1}^{N}\mathrm{CAF}_i'(\tau, f)e^{-j2\pi f\alpha_i(i-1)T_0} \end{aligned} \tag{4-26}$$

需要说明的是，式(4-26)中，“≈”成立的条件是对于不同的跳频脉冲，其信号互不相关，也即$\int_0^{T_0} s_1^{i*}(t)s_2^i(t+\tau)e^{j2\pi\alpha_j f[t-(i-1)T_0]}\,dt \approx 0(i\neq j)$时成立。

从方程式(4-26)可以看出，在不同的 $\mathrm{CAF}_i'(\tau, f)$ 片段之间，通过相位补偿因子 $e^{-j2\pi f\alpha_i(i-1)T_0}$，可以对相位进行补偿，从而保持相位的连续性，充分利用所有的接收数据进行时频差估计。对方程(4-26)中 $\mathrm{CAF}_i(\tau, f)$ 的最大值进行搜索，就可以得到最终的时频差估计。

归一化相干积累的流程如图 4-14 所示。整个处理过程主要包含三个步骤：步骤一对每个跳频脉冲进行采集和检测，通过分选得到同一辐射源的多个脉冲序列，并且测量每个脉冲的频率参数，作为归一化系数的先验知识。步骤二对每个片段的信号计算归一化 CAF，如方程式(4-25)所示。步骤三对多个CAF进行相干积累，如方程式(4-26)所示。通过相干积累，扩

展了 CAF 计算的时长，大幅度提升了 FDOA 的分辨率，从而提高了估计精度。

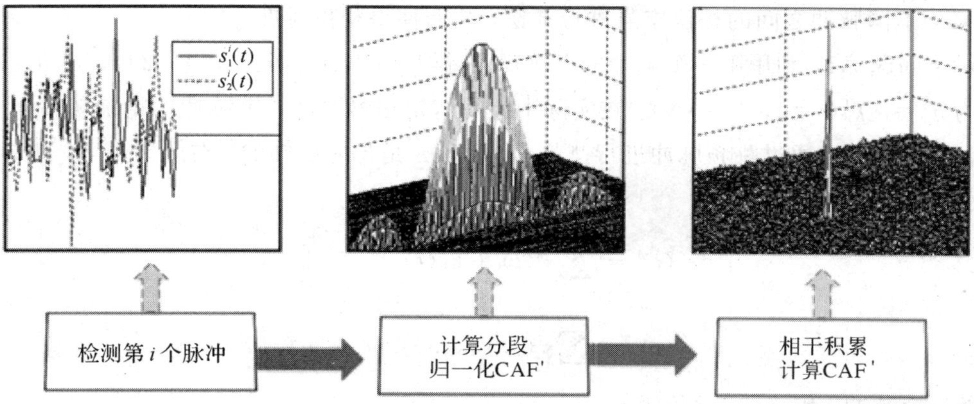

图 4-14 归一化相干积累流程图

4.4.4 理论精度分析

1. 归一化相干积累的理论精度

对于单个脉冲的时差估计精度 σ_t 和频差估计精度 σ_f 已经在方程(4-18)和(4-19)中给出，本小节主要讨论非相干和相干估计条件下的估计精度。在非相干估计条件下的精度表达式为

$$\sigma_{it}=\frac{\sigma_t}{\sqrt{N}} \tag{4-27}$$

$$\sigma_{if}=\frac{\sqrt{\sum_{i=1}^{N}\frac{1}{\alpha_i^2}\sigma_f^2}}{N}\approx\frac{\sigma_f}{\sqrt{N}} \tag{4-28}$$

其中 N 表示脉冲数。

需要说明的是公式(4-28)中，"≈"成立的条件是 $\alpha_i=1$。显然，对于非相干积累，时频差的估计精度相比于单个脉冲得到的精度提升了大约$\sqrt{N}$倍。

对于相干积累，不但利用了所有的脉冲数据，最重要的是增加了相关处理的时间，积累后，相关处理的时间增加到 NT_0。因此，其时频差估计的理论精度分别为

$$\sigma_{ct}=\frac{1}{\beta_s\sqrt{B_nNT_p\gamma}} \tag{4-29}$$

$$\sigma_{cf}=\frac{0.55}{NT_0\sqrt{B_nNT_p\gamma}} \tag{4-30}$$

由式(4-29) 和式(4-30) 可以看出，相比于单个脉冲所得到的估计精度，归一化相干积累算法对时差精度的提升为$\sqrt{N}$，对于频差估计精度的提升为 $N^{3/2}T_0/T_p$；相比于非相干积累算法，归一化相干积累算法的时差精度不变，频差估计精度提升了 NT_0/T_p。显然，从理论上讲，该算法能够提升时频差的估计精度，尤其是对于频差的提升非常明显。例如当

跳频脉冲宽度为 10 μs，跳频周期为 20 μs，等效信噪比为 10 dB，噪声带宽为 5 MHz，脉冲个数为 300 个时，分别利用单个脉冲、非相干积累、相干积累的估计精度如表 4-1 所示。

表 4-1　理论的估计精度对比

脉冲	理论时差精度/ns	理论频差精度/Hz
单个脉冲	9	2459
非相干积累	0.5	142
归一化相干积累	0.5	0.2

从表中可以看出，归一化相干估计算法对频差估计精度的提升非常明显。在所给的跳频脉冲条件下，不论是单个脉冲的估计还是非相干累积方法得到的频差，都不能满足应用需要。相比之下，归一化相干算法能得到 0.2 Hz 的估计精度，能够满足定位的应用需求。

2. 推导准备

为了分析脉冲丢失对于参数估计的影响，首先给出以下证明：

求证：

$$\sum_{i=0}^{k}(k+1-i)C_{N-k+i-2}^{i}=C_N^k \tag{4-31}$$

引理：

$$\begin{aligned} & C_m^m+C_{m+1}^m+\cdots+C_{m+n}^m=C_{m+1}^{m+1}+C_{m+1}^m+\cdots+C_{m+n}^m \\ = & C_{m+2}^{m+1}+C_{m+2}^m+\cdots+C_{m+n}^m \\ & \vdots \\ = & C_{m+n+1}^{m+1} \end{aligned} \tag{4-32}$$

证明：

$$\begin{aligned} \sum_{i=0}^{k}(k+1-i)C_{N-k+i-2}^{i} &= \sum_{i=0}^{k}(k+1-i)C_{N-k+i-2}^{N-k-2} \\ &= (k+1)C_{N-k-2}^{N-k-2}+kC_{N-k-1}^{N-k-2}+\cdots+C_{N-2}^{N-k-2} \\ &= (C_{N-k-2}^{N-k-2}+C_{N-k-1}^{N-k-2}+\cdots+C_{N-2}^{N-k-2}) \\ &\quad +(C_{N-k-2}^{N-k-2}+C_{N-k-1}^{N-k-2} \\ &\quad +\cdots+C_{N-3}^{N-k-2})+(C_{N-k-2}^{N-k-2}) \end{aligned} \tag{4-33}$$

由引理可知：

$$\sum_{i=0}^{k}(k+1-i)C_{N-k+i-2}^{i}=C_{N-k-2}^{N-k-2}+C_{N-k-1}^{N-k-2}+\cdots+C_{N-2}^{N-k-2}=C_N^{N-k}=C_N^k \tag{4-34}$$

3. 丢失脉冲的影响分析

以上对于精度的讨论都是在不丢失脉冲的条件下得到的。对于归一化相干积累方法，其脉冲序列是从 4.3 节中给出的算法中分选出来的。在分选过程中，存在着丢失脉冲的现象。在丢失 k 个脉冲的条件下，对于时差，仅仅是减少了输出信噪比，其估计精度变为

$$\sigma_{ct}=\frac{1}{B_s\sqrt{B_n(N-k)T_p\gamma}} \tag{4-35}$$

对于频差，丢失脉冲不但会导致输出信噪比的下降，而且会造成相干时间的减少，这两种情况对于估计精度的影响不同。本书分以下几种情况进行讨论：

1）丢失 1 个脉冲

如图 4 - 15 所示，图中黑色的位置表示脉冲丢失的位置。对于丢失 1 个脉冲，可分为以下两种情况进行讨论：

① 丢失的脉冲处于整个脉冲串的首尾位置，如图 4 - 15 中的情况 1 所示。可能的组合有两种，丢失的脉冲分别处于首尾。在此情况下，相干时间为$(N-1)T_0$。

② 丢失的脉冲处于整个脉冲串的中间位置，如图 4 - 15 中的情况 2 所示。可能的组合有 C_{N-2}^1种，相干时间为 NT_0。

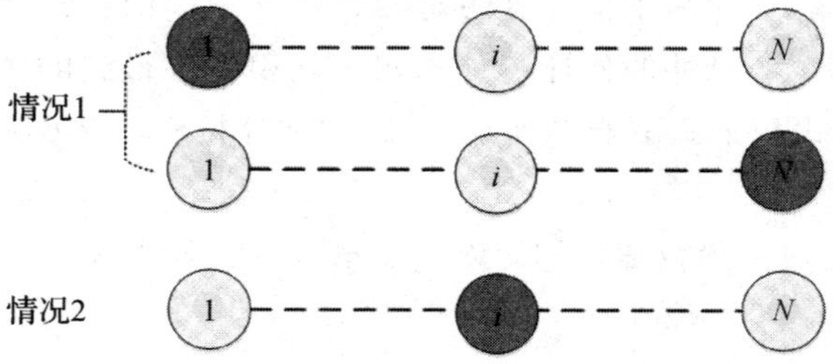

图 4 - 15 丢失 1 个脉冲的情况

2）丢失 2 个脉冲

如图 4 - 16 所示，图中黑色的位置表示脉冲丢失的位置。对于丢失 2 个脉冲，可分为以下三种情况进行讨论：

① 所有丢失的脉冲都在首尾，共有 3 种组合，相干时间长度为$(N-2)T_0$。

② 只有 1 个丢失脉冲在首尾，可能的组合有 $2C_{N-3}^1$种，相干时间长度为$(N-1)T_0$。

③ 丢失的脉冲都在中间，可能的组合有 C_{N-2}^2种，相干时间长度为 NT_0。

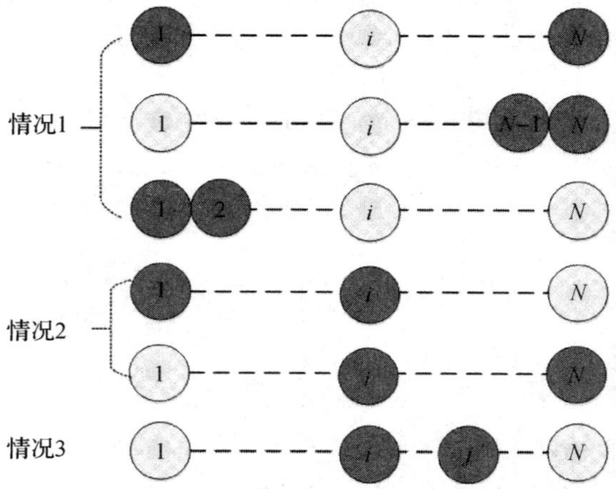

图 4 - 16 丢失 2 个脉冲的情况

3）丢失 k 个脉冲

由 $k=1,2$ 的分析可知，根据相干时间的长短，共有 $k+1$ 种情况，如表 4 - 2 所示。

表 4-2　理论的估计精度对比

序列相干时间长度 L_i	$(N-k)T_0$	$(N-k+1)T_0$	…	NT_0
组合数 N_i	$k+1$	kC_{N-k-1}^{1}	…	C_{N-2}^{k}

显然，对于丢失脉冲后，序列长度为 $L_i=(N-k+i)T_0(i=0,1,2\cdots k)$ 的组合数为

$$N_i=(k+1-i)C_{N-k+i-2}^{i} \tag{4-36}$$

根据公式(4-31)，有

$$\sum_{i=0}^{k}(k+1-i)C_{N-k+i-2}^{i}=C_N^k \tag{4-37}$$

因此，序列长度为 L_i 的概率为

$$p_i=\frac{N_i}{C_N^k} \tag{4-38}$$

则根据全期望公式，频差的精度期望为

$$\sigma_f=\sum_{i=0}^{k}p_i\sigma_f^{k,i} \tag{4-39}$$

其中，$\sigma_f^{k,i}$ 表示丢失 k 个脉冲，且序列长度为 L_i 条件下的频差估计精度，也即

$$\sigma_f^{k,i}=\frac{0.55}{(N-k+i)T_0\sqrt{B_n(N-k)T_p\gamma}} \tag{4-40}$$

图 4-17 给出了总脉冲数为 200 的条件下，频差精度随着丢失脉冲数变化的变化曲线。需要说明的是，纵轴精度已经用 200 个脉冲对在无丢失条件下的精度做了归一化处理。从图中可以看出，当丢失的脉冲数为 20 个时，也即丢失 10%，精度的下降百分比为 5.5%；当丢失的脉冲数达到 40 个时，也即丢失 20%，精度的下降百分比为 12%。以上说明归一化相干估计算法对丢失脉冲的情况并不敏感，在丢失大量脉冲的情况下，依然可以取得较好的频差估计精度。

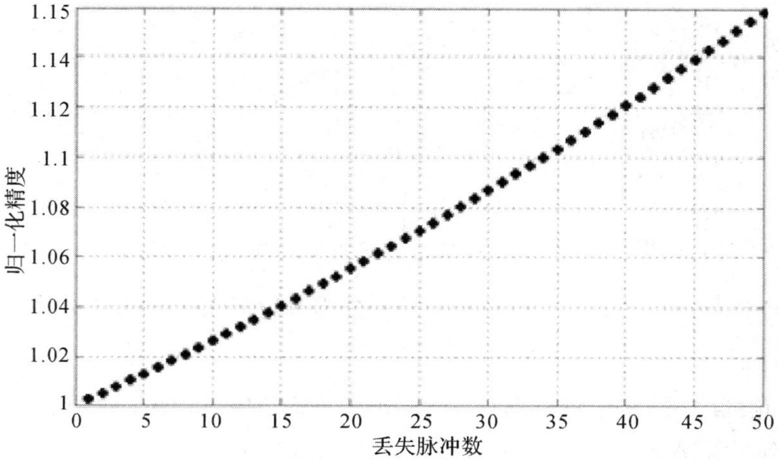

图 4-17　精度随着丢失脉冲数变化的变化曲线

4.4.5 性能仿真分析

本小节对所提的归一化相干时频差估计算法进行仿真，对其性能进行实验验证。假设辐射源信号为跳频脉冲信号，跳频周期为 $T_0=1/35\,000$ s，脉冲宽度 $T_p=0.6T_0$，每个脉冲为符号速率为 5 MHz 的 BPSK 信号，跳频的频率集合为{1000，1010，1020，...，1200} MHz，第一个脉冲的 FDOA 为 $f_d^1=487.5$ Hz。

仿真 1：FDOA 分辨率分析

第一个仿真实验主要演示本节所提方法对于 FDOA 估计分辨率的提升。图 4-18 分别在不同的积累脉冲数目((a) $N=1$，(b) $N=50$，(c) $N=100$，(d) $N=200$)的条件下，给出了相干积累 CAF 的三维图。可以看出：

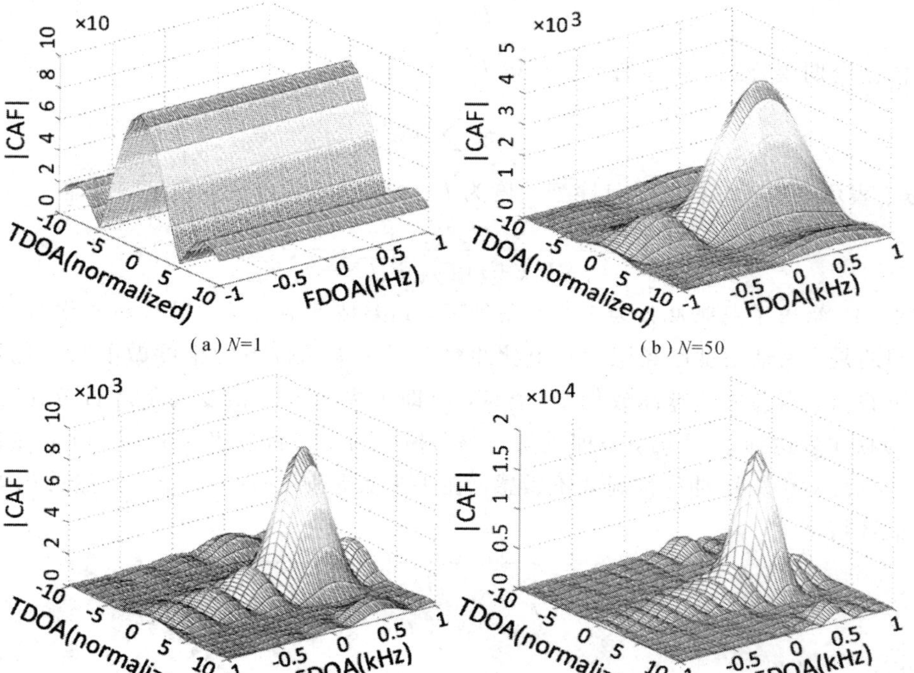

(a) N=1　(b) N=50　(c) N=100　(d) N=200

图 4-18　不同积累脉冲数条件下的归一化相干积累 CAF 的三维图

▶当 $N=1$ 时，相当于用单个的脉冲进行估计，未用到多个脉冲的信息。在此条件下，FDOA 的分辨率为 $\frac{1}{T_p}\approx 58333$ Hz。显然这样的分辨率远远大于 FDOA 本身，从图中也看不出 FDOA 的峰形。

▶当脉冲数目为 50 时，可以看出，FDOA 的分辨率明显增加，可以明显地在三维相干 CAF 图中看到 FDOA 峰形。

▶当脉冲数目从 50 增加到 200 时，随着积累脉冲数目的增加，FDOA 分辨率越来越高，FDOA 方向的峰形越来越窄。相对于单个脉冲，频差分辨率提升了两个数量级。

▶时差的分辨率在不同积累脉冲数的条件下保持不变，原因是时差的分辨率取决于信号的带宽，而不是积累个数。

本实验表明，当积累数目增加时，FDOA 的分辨率也随之提升，原因是扩展了相干时间。对于 Link 信号，当用时隙内 372 个猝发时，频差分辨率提升 372 倍，达到两个数量级；时差分辨率保持不变，原因是时差取决于信号带宽。

仿真 2：算法精度分析

第二个仿真实验对本节所提方法的 FDOA 估计精度进行比较和验证。图 4 - 19 给出了 FDOA 估计精度的对比图。需要说明的是 FDOA 精度的统计结果是在脉冲数目为 50 的条件下，用 100 次的蒙特卡罗方法统计得到的。从仿真曲线可以看出：

▶不论是相干积累还是归一化相干积累方法，其统计的精度曲线都与理论精度曲线较好地吻合，表明本节对算法的理论分析是正确的。

▶与非相干积累方法相比，归一化相干算法的精度明显提升，在本仿真所给出的条件下，提升的幅度在一到两个数量级之间。非相干积累算法即使在 10 dB 信噪比条件下，其精度也仅仅达到 52 Hz，远远不能满足无源定位的要求，而归一化相干积累的精度达到 0.7 Hz，提升幅度达到一个数量级以上，能够满足定位的需求。

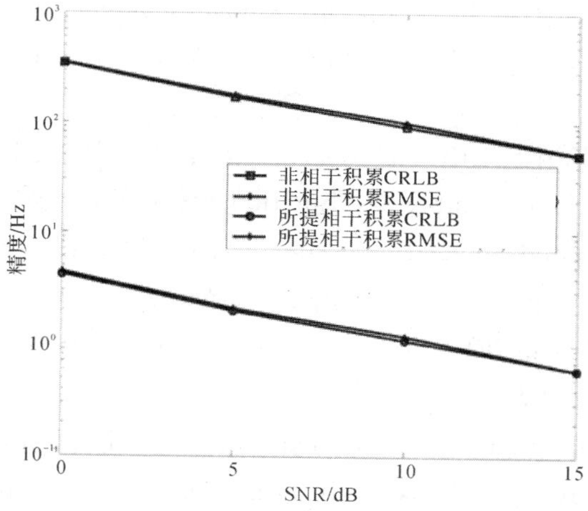

图 4 - 19　FDOA 估计精度对比

本仿真实验表明，归一化相干积累方法能够大幅度提升 FDOA 估计精度，且本书给出的理论精度推导是合理的。

本 章 小 结

对猝发短时跳频信号的定位一直是制约时频差无源定位的瓶颈问题，主要在于难以分选，且频差估计精度差，难以满足应用需求。本章针对此问题，研究了基于时间折叠的分选预处理和基于归一化相干的多脉冲积累方法，解决了分选难题，且频差的估计精度提升一个数量级以上。

(1) 针对多目标猝发脉冲的分选难题，给出时间折叠的分选处理方法。该方法利用时间折叠提取出时延特征，利用形态学中的腐蚀算法对野值进行剔除，最后利用 k 均值算法实现猝发脉冲的分选。

(2) 针对频差估计精度差，不足以支持定位应用的难题，于是作者又给出基于归一化相干累积的频差估计方法。该方法通过时差变化率不变原理，对频差进行归一化处理；通过多脉冲的相位补偿，对分段 CAF 的相位进行归一化对准，实现归一化跳频脉冲积累。

参 考 文 献

[1] Dimogiorgi A, Hamouda W. A proposed enhanced scheme for the dy namic frequency hoping performauce in the IEEE 802. 822 staudard [J]. Wineless Communication & Mobile Computing, 2016, 16(16): 2714—2729.

[2] Ouyang X, Wan Q, Cao J, et al. Direct TDOA geolocatoon of multople frequency hopping emitters in flat fading channelg [J]. IET Signal Processing, 2017, 11(1): 80 - 85.

[3] 梅文华，蔡善法. JTIDS/LINK 16 数据链(精) [M]. 北京：国防工业出版社，2007.

[4] Stein S. Algorithms for ambiguity function processing [J]. IEEE Transactions on Acoustics, Speech and Signal Processing, 1981, 29(3): 588 - 99.

[5] Quazi A. An overview on the time delay estimate in active and passive systems for target localization [J]. IEEE Transactions on Acoustics, Speech and Signal Processing, 1981, 29(3): 527 - 33.

[6] Boomgaard R V D, Balen R V. Methods for Fast Morphological Image Transforms Using Bitmapped Images [J]. CVGIP Graphical Models & Image Processing, 1992, 54(3): 252 - 8.

[7] 孙继平，吴冰，刘晓阳. 基于膨胀/腐蚀运算的神经网络图像预处理方法及其应用研究 [J]. 计算机学报，2005，28(6)：985 - 90.

[8] 杨琨，曾立波，王殿成. 数学形态学腐蚀膨胀运算的快速算法 [J]. 计算机工程与应用，2005，41(34)：54 - 6.

[9] Li T H S, Kao M C, Kuo P H. Recognition System for Home-Service-Related Sign Language Using Entropy-Based-Means Algorithm and ABC-Based HMM [J]. IEEE Transactions on Systems, Man, and Cybernetics: Systems, 2016, 46(1): 150 - 62.

[10] Ulman R, Geraniotis E. Wideband TDOA/FDOA processing using summation of short - time CAF's [J]. IEEE Transactions on Signal Processing, 1999, 47(12): 3193 - 200.

第 5 章　时频差精确估计

5.1　引　　言

在 TDOA 和 FDOA 估计的过程中，实际计算一般都是采用数字信号处理的方式。假设信号的时间采样间隔为 T_s，频率的搜索步长为 f_r。由奈奎斯特采样定理可知，采样速率一般设置为数倍信号带宽的倒数。另一方面，由于 FDOA 的分辨率与信号积累时间 T 成反比例关系，因此为了尽可能地减少频率搜索的计算量，频率的搜索步长一般设为 $1/T$ 左右。由此可知，如果只用离散的时间和频率间隔进行估计，TDOA 的估计精度只能达到整数倍的采样时间，FDOA 的估计精度只能达到整数倍的频率搜索步长，即信号积累时间倒数的整数倍。为了实现分数倍精度的 TDOA 和 FDOA 估计，就需要对数据进行插值或者拟合，将原本离散的估计结果转化为连续估计结果，提高估计精度。

5.2　插值拟合算法

图 5-1 给出了插值的示意图。在进行 TDOA、FDOA 或者 Doppler Rate 的搜索过程中，只能找到离散结果的最大值，图中为(m，z)。

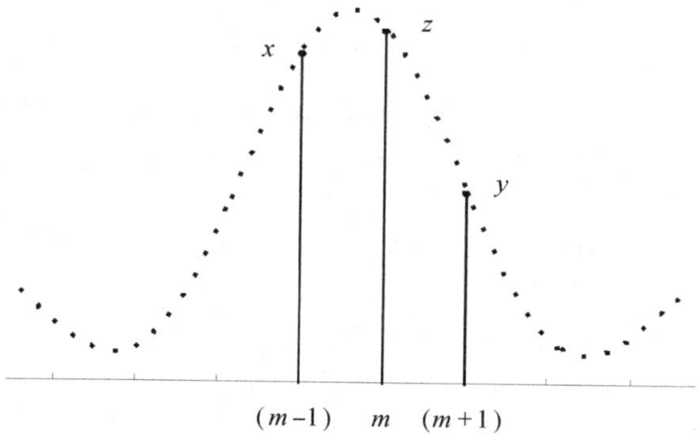

图 5-1　插值曲线示意图

通过插值算法，可以对离散的曲线进行拟合，之后再根据拟合曲线找到最大值。假设离散曲线的最大值位置为(m, z)，其左边的点为$(m-1, x)$，右边的点为$(m+1, y)$。常用的插值算法有：

(1) 抛物线插值。抛物线插值将插值曲线拟合为一条抛物线，其插值结果为

$$\hat{m} = m - \frac{1}{2} \cdot \frac{y-x}{2y-2z+x} \tag{5-1}$$

(2) 余弦插值。余弦插值将插值曲线拟合为一条余弦函数，其插值结果为

$$\hat{m} = m - \frac{\beta}{\alpha} \tag{5-2}$$

其中，$\alpha = \arccos[(x+y)/2z]$； $\beta = \arctan[(x-y)/2z\sin\alpha]$。

(3) 三角插值。三角插值将插值曲线拟合为三角形，其插值结果为

$$\hat{m} = m + d \tag{5-3}$$

其中

$$d = \begin{cases} \dfrac{1}{2} \cdot \dfrac{y-x}{z-x}, & x < y \\ \dfrac{1}{2} \cdot \dfrac{y-x}{z-y}, & x \geqslant y \end{cases} \tag{5-4}$$

运用上述插值算法虽然能够达到分数倍信号采样间隔的估计精度，但是偏差大，高信噪比条件下很难达到 CRLB，精度依然不能够支撑后续定位系统。接下来介绍两种新的插值算法理论，以此弥补传统插值算法上的劣势。

5.3 基于带通采样的拟合算法

传统插值由于偏差较大，高信噪比条件下很难达到 CRLB，因此本小节提出一种基于带通采样理论和二分搜索的时延估计算法。

5.3.1 信号重构

为了准确估计时延 r，需要利用带通采样定理重构接收信号。假设接收信号频谱的最高和最低频率为 f_u 和 f_t，采样信号为$\{s(l), l=-\infty, \cdots, +\infty\}$，则连续信号可以被重构为

$$s(t) = 2BT_s \sum_{l=-\infty}^{l=+\infty} s(l)\phi(t-lT_s)\cos[2\pi f_0(t-lT_s)] \tag{5-5}$$

其中，$f_0=(f_l+f_u)/2$ 为中心频率；带宽为 $B=f_u-f_l$；$\phi(t)=\dfrac{\sin(\pi Bt)}{(\pi Bt)}$。因此，$s(t-\tau)$可以表示为

$$s(t-\tau) = 2BT_s \sum_{l=-\infty}^{l=+\infty} s(l)\phi(t-lT_s-\tau)\cos[2\pi f_0(t-lT_s-\tau)] \tag{5-6}$$

经 $t=nT_s$ 采样，且利用有限代替无限序列求和后，接收信号变为

$$\begin{aligned}\hat{s}(nT_s-\tau) &= 2BT_s\sum_{l=-L}^{l=+L}s(l)\phi(nT_s-lT_s-\tau)\cos[2\pi f_0(nT_s-lT_s-\tau)] \\ &= 2BT_s\sum_{l=-L}^{l=+L}s(n-l)\phi(lT_s-\tau)\cos[2\pi f_0(lT_s-\tau)]\end{aligned} \tag{5-7}$$

由于序列求和的有限性，插值过程会产生额外误差。因此，可借助窗函数来减小误差对估计精度的影响，则插值权重变为

$$h_\tau(l)=\phi(lT_s-\tau)w(lT_s-\tau) \tag{5-8}$$

其中，$w(lT_s-\tau)$为窗函数。

为了直观考察加窗重构信号与原信号之间的匹配性，图 5-2 给出了原信号、加汉明窗重构信号和加矩形窗重构信号的实验结果。仿真信号为线性调频信号，带宽为 1 MHz，采样频率为 2.102 6 MHz，时延为 0.2 倍的采样间隔。表 5-1 给出了两种窗函数与原信号之间的 RMSE，可以看出二者匹配效果较好，也同时证明了对重构信号加窗的必要性。

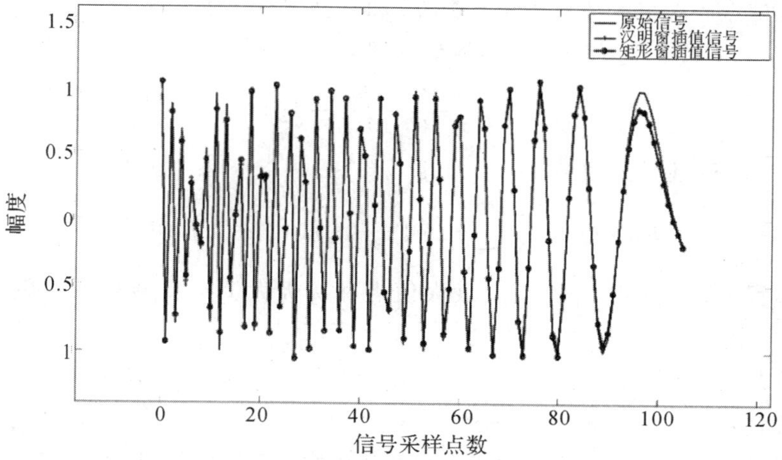

图 5-2 插值拟合度对比图

表 5-1 不同窗函数的插值信号 RMSE 对比表

时延 t	汉明窗插值信号 RMSE	矩形窗插值信号 RMSE
$T=0.2T_s$	0.0595	0.0653
$T=0.5T_s$	0.0999	0.1039
$T=0.8T_s$	0.0853	0.0917

5.3.2 二分搜索法估计时延

对于任意时延转换因子 $\tau=kT_s+\tau_0(-T_s<\tau_0<T_s)$，直接相关函数可以重写成

$$\hat{R}_{\mathrm{DC}}(kT_s+\tau_0)=\frac{1}{N}\sum_{n=1}^{N}\hat{s}_1(nT_s-\tau_0)s_2(n+k) \tag{5-9}$$

然而，利用式(5-9)估计时延计算量大，复杂度高。例如，如果时延搜索步长为 $T_s/10$，那么计算量将会提高原先的 10 倍。因此可利用二分搜索方法，在不增加计算量的同时提高时延估计精度。

二分搜索法是一种迭代搜索算法，其中包括初值和迭代步骤。首先在初值步骤中，我们利用式(5-9)的极大值点作为初值，具体如图 5-3 所示。

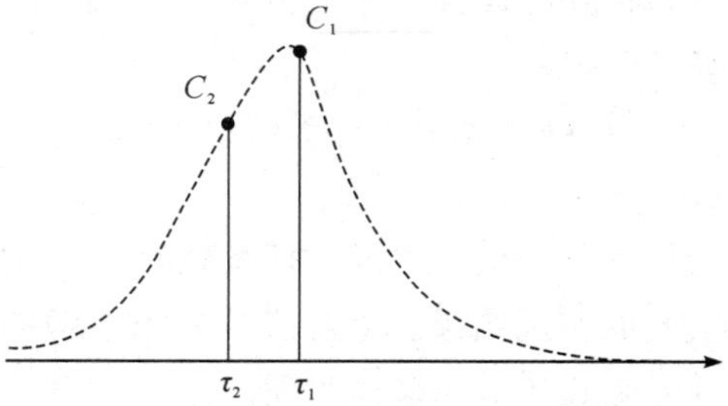

图 5-3 DC 函数结果示意图

假设极大值点和次极大值点为 $\tau_1=N_1T_s$ 和 $\tau_2=N_2T_s$（$N_2=N_1+1$ 或 N_1-1），其所对应值分别为 C_1 和 C_2，因此时延 τ 的线性估计器为

$$\hat{\tau}=\frac{N_1C_1+N_2C_2}{C_1+C_2}T_s \tag{5-10}$$

定义 $d_\tau=\hat{\tau}-\tau_1$，满足 $-T_s<d_\tau<T_s$，且

$$\hat{R}_{\mathrm{DC}}(\hat{\tau})=\frac{1}{N}\sum_{n=1}^{N}\hat{s}_1(nT_s-d_\tau)s_2[(n+N_1)T_s] \tag{5-11}$$

在迭代过程中，利用式(5-11)，极大值点和次极大值点将会被不停更新。更新规则如下：

(1) 如果 $\hat{R}_{\mathrm{DC}}(\hat{\tau})>\hat{R}_{\mathrm{DC}}(\tau_1)$，则 $\tau_2=\tau_1$，$C_2=C_1$，$\tau_1=\hat{\tau}$，$C_1=\hat{R}_{\mathrm{DC}}(\hat{\tau})$；

(2) 如果 $\hat{R}_{\mathrm{DC}}(\hat{\tau})\leqslant\hat{R}_{\mathrm{DC}}(\tau_1)$，则 $\tau_1=\tau_1$，$C_1=C_1$，$\tau_2=\hat{\tau}$，$C_2=\hat{R}_{\mathrm{DC}}(\hat{\tau})$。

需要说明的是，本小节算法适用于多数统计函数，不仅局限于 DC 函数，上述只是利用 DC 函数举例。

5.3.3 计算量分析

假设信号长度为 N，传统插值算法的计算量为 N^3，本节算法计算量为 $(2L+1)NM+MN^2$。由于 L 和 M 相对 N 较小，因此相比于传统算法，本节算法额外的计算量为 M/N。为了进一步说明本节算法的计算量，假设信号点数为 10 000，L 和 M 为 5，则本节算法相对于传统算法只提高了 0.05%，但是估计精度提高了 $2^M=32$ 倍。

5.3.4 仿真实验

本小节通过仿真实验验证所提基于带通采样的拟合算法对时延估计的准确性。仿真信号为带宽 1 MHz，采样频率为 2.1026 MHz（$T_s=475.6$ ns）的线性调频信号，$L=5$，时延为

10.35 T_s。

图 5-4 给出了本节算法经过 6 次迭代的全部过程。从局部放大图中可以看出，初始值 $N_1=10$，$N_2=11$，随着迭代次数的不断增大，估计结果逐渐靠近真实值 10.35。

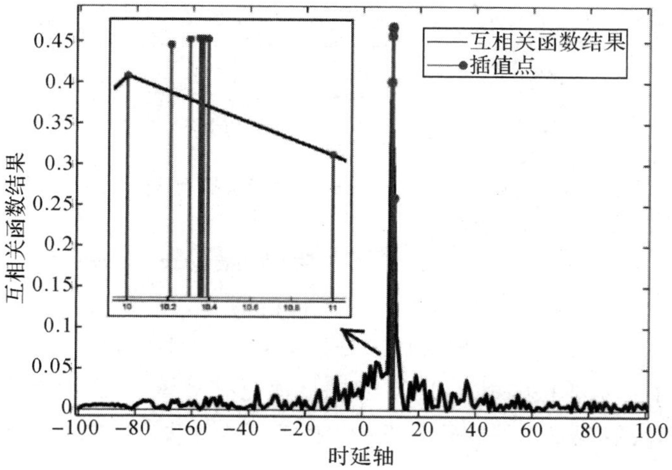

图 5-4 迭代过程示意图

图 5-5 更形象地给出了每次迭代的估计结果。可以看出当迭代次数为 7 次时，估计结果已经非常接近真实值，且相比于 DC 算法，精度提高数倍。

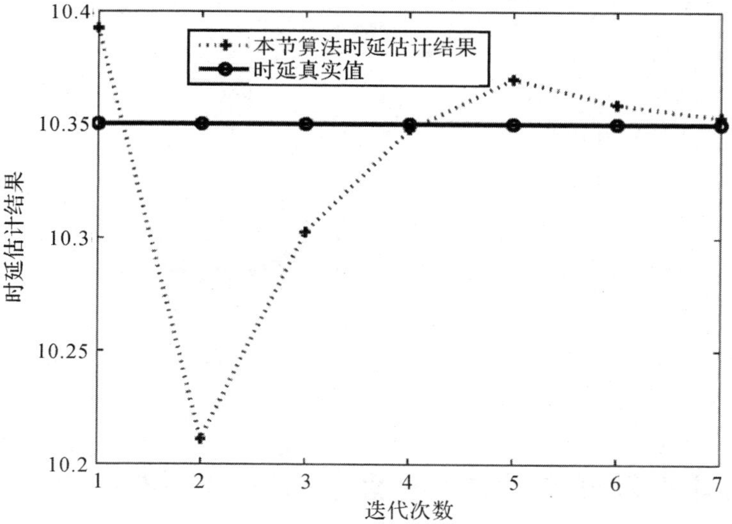

图 5-5 迭代搜索过程时延估计结果展现图

图 5-6 给出了不同插值算法的时延估计 RMSE 比较。从图中可以看出，随着 SNR 的不断提高，虽然各算法都有下降趋势，但是本节提出的算法更接近 CRLB，而且在低信噪比条件下，本节算法更接近 CRLB，偏差更小。这进一步说明了本节所提算法适用于低信噪比信号环境下。

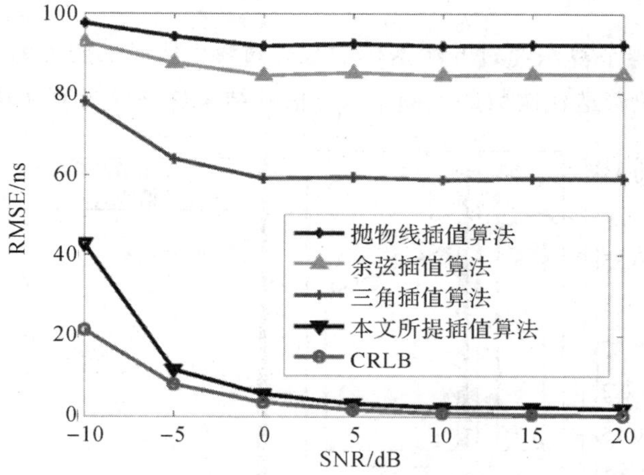

图 5-6　不同插值算法的时延估计 RMSE 比较

图 5-7 给出了本节算法与基于 FFT 算法的时延估计 RMSE 对比结果。可以看出，在低信噪比下本节算法展现了很好的估计性能，偏差更小，估计性能曲线更贴近 CRLB。

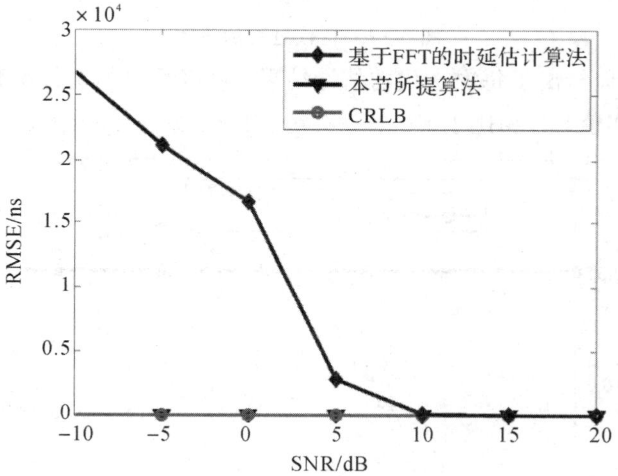

图 5-7　本节算法与基于 FFT 算法的时延估计 RMSE 比较

5.4　基于二阶锥规划的定位参数估计算法

传统插值算法只是在原有离散值的基础上实现精细求解，没有考虑曲线形状。如果原离散值与实际曲线形状差别较大，反而会事倍功半。因此接下来介绍一种将拟合和插值融为一体的高精度参数估计算法，该方法既考虑了离散值与平滑曲线之间的拟合程度，又不忽略平滑曲线值与原离散值之间的紧支撑性。

5.4.1 基于广义延拓逼近法的规划函数构建方法

现有一组离散数据$\{(x_i, y_i) | y_i=f(x_i), x_i\in\Omega, i=1, 2, \cdots, n\}$，该数据对应的表达式$f(x)$是未知的。根据科学实验或工程需要，我们经常需要构造一个较为简单的已知函数$U(x)$去逼近或者拟合$f(x)$，且已知离散点满足插值条件，即

$$U(x_i)=y_i \tag{5-12}$$

这种方式规定原始离散点都准确落在插值函数上，即原始离散点的值等于近似曲线上的值，称之为插值逼近，可以形象地称这种做法为一种"硬"数据处理的过程。

然而在一些其他的应用中，例如预测、估计等，我们不需要数据准确落在逼近函数上，只需要大致反映离散数据的变化趋势即可，因此允许离散点数值与逼近函数数值存在一定的误差，即原数据与逼近函数值的均方误差最小

$$\min \frac{1}{n}\sum_{i=1}^{n} \| U(x_1) - y_1 \| \tag{5-13}$$

这种方式只要求逼近函数与样本离散点数据接近，可以理解为一种不等式约束所形成的"软"数据处理的过程。现有基于上述理论的插值拟合方法有很多，常用的有二次拟合法、拉格朗日插值法、最小二乘拟合、加权平均法等。这些算法一般都是汲取拟合或者插值一方的优势，并没有将插值方式良好的协调性和拟合方式优越的自由度有机地结合在一起。为此，针对理论实验和实际问题的需要，结合拟合和插值方法各自的优势，我们将借助一种光滑的数值逼近方法(称之为广义延拓逼近法)，来构建所需的规划函数。

该方法采用剖分的思想，将整个定义域分解成若干个子定义域，分别对每个子定义域寻找逼近函数。通常适合子域的逼近函数易找且逼近精度较高，最终整合，使得整个定义域具有较好的连续性和协调性。下面将具体介绍GEA算法模型。

现将Ω域划分成m个互不重叠的子区域$\Omega_e(e=1, 2, \cdots, m)$，称之为单元域，则所有单元域的并集即为全域

$$\Omega=\bigcup_{e=1}^{m}\Omega_e \tag{5-14}$$

假设单元域Ω_e中共有r个离散采样点，其对应离散点坐标为(x_i^e, y_i^e) $(i=1, 2, \cdots, r)$。根据GEA算法思想，单元域中的采样点需满足插值条件式(5-12)。为了提高逼近函数与原数据的匹配程度，将单元域Ω_e延伸拓展，得到另一个子域Ω_e'，称之为延拓域，其与单元域以及全域的关系如下

$$\Omega=\bigcup_{e=1}^{m}\Omega'_e,\quad \Omega_e\subset\Omega'_e,\ e=1,2,\cdots,m \tag{5-15}$$

具体区域的定义如图5-8所示，图5-8(a)中以4个离散采样点为例清晰地划分了单元域和延拓域各自所在区域；图5-8(b)将各域的具体区域表示在了某个曲线中，能更形象地理解各域所指范围。

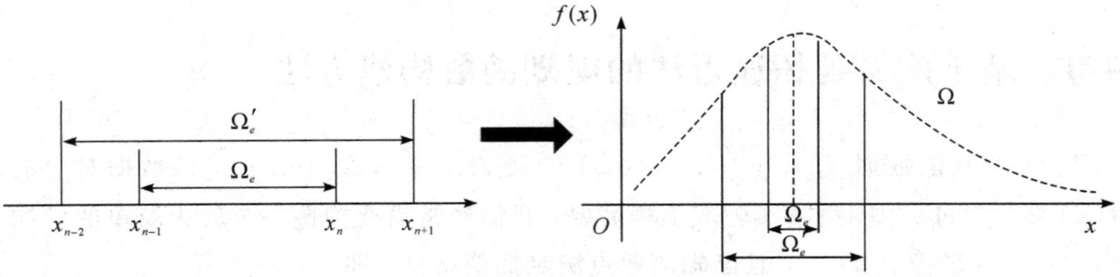

（a）二维平面广义延拓域的定义　　（b）具体应用中域的定义

图 5－8　域的定义以及曲线中域的应用示意图（以 4 个采样点为例）

假设延拓域 Ω_e' 内有 s 个采样点，其中 $r<s$，从而可以利用单元域和延拓域中的离散采样点建立逼近函数 $U(x)$，定义为

$$U(x)=\sum_{i=1}^{t}a_i g_i(x) \tag{5-16}$$

其中，$g_i(x)(i=1,2,\cdots,t)$是延拓域 Ω_e' 上的一组基函数；$a_i(i=1,2,\cdots,t)$代表逼近函数中的待定系数；t 为逼近函数项数。

对于延拓域，GEA 算法为了使得逼近函数在各离散点之间的变化具有一定的协调性，让离散点数值与拟合曲线值的均方误差最小，需满足如下关系式

$$\min \frac{1}{s}\sum_{i=1}^{s}\|U(x_i)-y_i\| \tag{5-17}$$

式(5－17)迎合了“软”数据处理的过程。为了使逼近曲面具有良好的匹配性，应使单元域中的采样点满足插值条件，即

$$U(x_i)=y_i,\quad x_i\in\Omega_e,\quad i=1,2,\cdots,r \tag{5-18}$$

式(5－18)使得单元域中的原始离散点准确落在逼近函数上，即为一种“硬”数据处理的过程。式(5－17)和式(5－18)的形式即为现有传统插值或者拟合算法的基本模型。现将“软”处理模型定义为目标函数，“硬”处理定义为限制条件，合并式(5－17)和式(5－18)可得

$$\begin{aligned}&\min \frac{1}{s}\sum_{i=1}^{s}\|U(x_i)-y_i\| \\ &\text{s. t.}\quad U(x_i)=y_i,\quad i=1,2,\cdots,r\end{aligned} \tag{5-19}$$

式(5－19)表明，通过高自由度的拟合算法求解逼近函数待定系数的同时有着插值条件的限制，一方面确保了逼近函数的正确性，另一方面集拟合插值两者之长，保证高精度逼近性。

5.4.2　二阶锥规划基础理论

随着优化理论的发展，现有求解式(5－19)这类典型规划函数的优化算法有很多。多数优化算法通过全局搜索和迭代进行逼近从而得到全局最优解，运算量大，效率低，已经不能完全满足现阶段对系统“快速”“高效”的处理要求。近几年，凸优化理论渐渐走入国内外学者的视线，并且得到了极大的关注程度，特别是最新的 SOCP (Second Order Cone

Programming，二介锥规划)理论，其具有以下特点：

(1) 凸优化理论实际上是基于梯度的优化算法，对于实际问题都有具体的数学解析表达式，便于利用严谨的数学推导进行理论分析实验。

(2) 适用性强。因为现有线性规划、二次规划、带约束的二次规划等一系列极大(极小)值问题都是 SOCP 理论的特例，因此 SOCP 包含了这类经典规划问题，对问题的描述、表达以及转化更灵活，更方便，适用性更强。

(3) 求解效率高。SOCP 理论求解算法，即内点法(Interior Point Method)，相比于半正定规划(Semi - Definite Programming，SDP)理论，内点法将每次迭代的运算量从 $\alpha^2\sum_i\beta_i^2$ 降低至 $\alpha^2\sum_i\beta_i$，其中 α 和 β 分别代表待解参数数量和空间维度，而且较现有全局优化算法相比，迭代次数少。由于凸优化问题的局部最优点即为全局最优点，因此 SOCP 理论在一些大规模的优化问题中优势更加明显，符合现阶段高效的无源定位系统。

基于上述优势，近几年该算法被广泛应用于波束形成、辐射源定位以及无线通信等领域。本章将 SOCP 理论应用于参数估计中，求解 5.4.1 节所建立的规划函数模型。下面将介绍 SOCP 问题的基本原理，该问题的实域标准形式可表示为

$$\begin{cases}\min \boldsymbol{q}_{\text{socp}}^{\mathrm{T}}\boldsymbol{y}_{\text{socp}}\\ \text{s. t.}\quad \|\boldsymbol{A}_{\text{socp},i}\boldsymbol{y}_{\text{socp}}+\boldsymbol{b}_{\text{socp},i}\|\leqslant \boldsymbol{c}_{\text{socp},i}^{\mathrm{T}}\boldsymbol{y}_{\text{socp}}+\boldsymbol{d}_{\text{socp},i},\quad i=1,2,\cdots,N_c\\ \boldsymbol{F}_{\text{socp}}\boldsymbol{y}_{\text{socp}}=\boldsymbol{g}_{\text{socp}}\end{cases}\tag{5-20}$$

其中，$\boldsymbol{y}_{\text{socp}}\in\boldsymbol{R}^{\alpha\times1}$ 为包含优化参数的未知向量；$\boldsymbol{q}_{\text{socp}}\in\boldsymbol{R}^{\alpha\times1}$，$\boldsymbol{b}_{\text{socp},i}\in\boldsymbol{R}^{(\beta_i-1)\times1}$，$\boldsymbol{c}_{\text{socp},i}\in\boldsymbol{R}^{\alpha\times1}$，$\boldsymbol{g}_{\text{socp},i}\in\boldsymbol{R}^{\gamma\times1}$ 分别为任意向量；$\boldsymbol{A}_{\text{socp},i}\in\boldsymbol{R}^{(\beta_i-1)\times\alpha}$，$\boldsymbol{F}_{\text{socp}}\in\boldsymbol{R}^{\gamma\times\alpha}$ 分别为任意矩阵；$\boldsymbol{R}$ 代表实数集；$\boldsymbol{R}^{\gamma\times1}$ 代表 $i\times j$ 维实数矩阵(向量)；N_c 代表二阶锥约束的个数(不等式约束个数)；α，β_i，γ 是正整数，用于表示各矩阵(向量)的维度；$\|\cdot\|$ 表示欧几里得范数。

式(5-20)中的 N_c 个不等式约束可以改写成如下二阶锥的形式

$$\begin{bmatrix}\boldsymbol{c}_{\text{socp},i}^{\mathrm{T}}\\ \boldsymbol{A}_{\text{socp},i}\end{bmatrix}y+\begin{bmatrix}\boldsymbol{d}_{\text{socp},i}\\ \boldsymbol{b}_{\text{socp},i}\end{bmatrix}\in \text{Qcone}^{\beta_i},\quad i=1,2,\cdots,N_c\tag{5-21}$$

其中，代表 $\boldsymbol{R}^{\alpha\times1}$ 空间的二阶锥，定义为

$$\text{Qcone}_i^{q_i}\triangleq\left\{\begin{bmatrix}\boldsymbol{t}\\ \boldsymbol{x}\end{bmatrix}\middle| t\in\boldsymbol{R},\ x\in\boldsymbol{R}^{(\beta_i-1)\times1},\ \|\boldsymbol{x}\|\leqslant t\right\}\tag{5-22}$$

式(5-22)中的等式约束同样可以改写成如下零锥的形式

$$\boldsymbol{g}_{\text{socp}}-\boldsymbol{F}_{\text{socp}}\boldsymbol{y}_{\text{socp}}\in\{\boldsymbol{0}\}^{\gamma}\tag{5-23}$$

其中，零锥 $\{\boldsymbol{0}\}^{\gamma}$ 定义为

$$\{\boldsymbol{0}\}^{\gamma}\triangleq\{\boldsymbol{x}\,|\,\boldsymbol{x}\in\boldsymbol{R}^{\gamma\times1},\boldsymbol{x}=\boldsymbol{0}\}\tag{5-24}$$

图 5-9 给出了实数域三维($\beta_i=3$)二阶锥的几何示意图，从图中可以更容易理解 SOCP 模型的几何意义。求解 SOCP 问题本质上是将规划问题中的约束条件转化为锥体，在锥体内搜索目标函数的最优值，并且找出使得目标函数最优时的锥体内最优点。

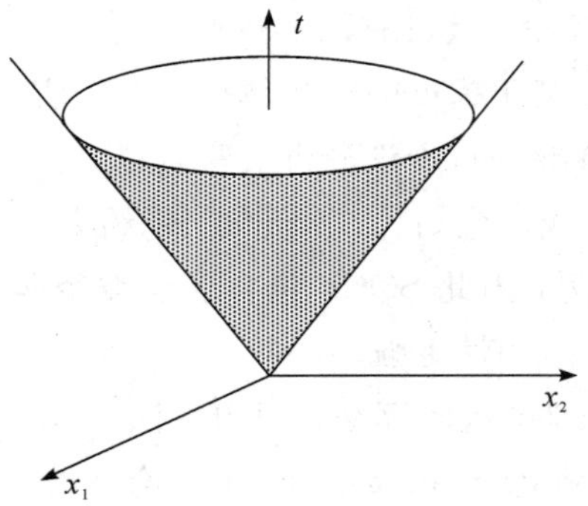

图 5-9 实数域三维二阶锥几何示意图

从式(5-20)中可以看出，当 $\boldsymbol{A}_{\text{socp},i}=0$ 时，SOCP 问题退化为一般的线性规划；当 $\boldsymbol{c}_{\text{socp},i}^T=0$ 时，SOCP 问题等同于二次约束二次规划问题，因此它具有很强的适用性。根据这一特征，本章可以对式(5-19)通过借助辅助参量的形式转化成标准的 SOCP 模型进行求解，其目标函数是待求解的线性表达式，约束条件是待求解的二阶锥约束、线性等式约束、线性不等式约束。

5.4.3 基于二阶锥的时延估计算法

1. 基于广义互相关的粗估计模型

随着现代信号处理理论的不断发展，时延估计一直是信号处理领域一个备受关注的问题。本节运用经典广义互相关(Generalized Cross-Correlation，GCC)时延估计算法得到粗估计结果。考虑分布式平台中某一组所接收到的辐射源辐射信号，可建模为

$$\begin{cases} s_1(t)=s(t)+n_1(t) \\ s_2(t)=A\cdot s(t-\tau_0)+n_2(t) \end{cases} \tag{5-25}$$

其中，$s(t)$代表原始发射信号；τ_0 为待估参数，代表两路信号的时延；A 代表信号幅值；$n_1(t)$和 $n_2(t)$为两路信号噪声项，均为服从零均值的高斯白噪声。

时延的产生是由距离差所引起的，因此算法的目的就是根据接收到的两路信号来估计出两路信号之间的时延。

对两路信号 $s_1(t)$、$s_2(t)$，以 T_s为采样间隔采样，即可得到接收信号的离散形式为

$$\begin{cases} s_1(n)=s(nT_s)+n_1(nT_s) \\ s_2(n)=A\cdot s(nT_s-\tau_0)+n_2(nT_s) \end{cases} \tag{5-26}$$

由于辐射源原始发射信号 $s(nT_s)$的形式是未知的，因此我们需要借助经典的广义互相关时延估计算法，对两路接收信号做互相关处理，即

$$\hat{R}(k) = \frac{1}{N}\sum_{n=0}^{N-1} s_1(n)\cdot s_2(n+k) \tag{5-27}$$

其中，N 代表信号采样点数。

图 5-10 给出了广义互相关结果示意图。

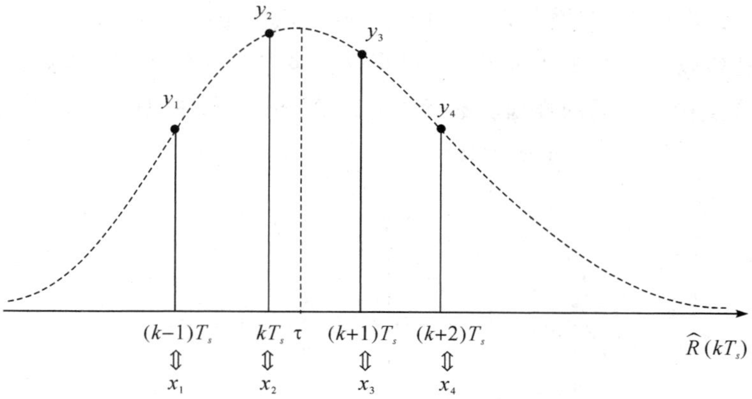

图 5-10　广义互相关时延估计原理示意图

可以看出时延估计的结果即为互相关函数峰值所在位置，表示为

$$\hat{\tau}_0 = T_s \cdot \arg\max_k |\hat{R}(k)| \tag{5-28}$$

图 5-10 标出了互相关结果中峰值点以及周围临近的 3 个采样点，分别表示为 (x_2, y_2)和(x_1, y_1)，(x_3, y_3)，(x_4, y_4)。由于结果为离散数据，即使在高 SNR 条件下，数据采样的精细程度依然受限于信号采样间隔 T_s，因此真正的峰值点(图中虚线标处)在多数情况下不能被采样到，极大程度上地影响了参数提取精度。针对上述问题，我们利用图 5-10所示的 4 个采样点，借助 5.4.1 节和 5.4.2 节的算法构建数学模型，提出了一种新的时延估计插值算法，以进一步提高定位参数提取精度。下面将详细阐述模型建立以及求解过程。

2. 平面曲线规划函数的建立

根据 GEA 算法模型，需要建立一个已知函数去逼近或者拟合原始离散点，因此可运用二次抛物线函数近似代替互相关函数峰值临近的离散点，即

$$\hat{R}(\tau) = a_1\tau^2 + a_2\tau + a_3 \tag{5-29}$$

其中，a_1、a_2、a_3 为逼近曲线的待定系数。

运用这个简单的近似，将原有离散数值连续化，通过运用二次抛物线顶点公式

$$\arg\max_\tau \hat{R}(\tau)_{\max} = -\frac{a_2}{2a_1} \tag{5-30}$$

即可得到峰值点坐标。

式(5-30)不仅节省了计算量，无需搜索峰值点，且能够直接精确得出峰值所在位置，大幅提高参数提取精度。综上，我们同样建立互相关函数的逼近曲线为

$$U_F(x) = a_1x^2 + a_2x + a_3 \tag{5-31}$$

其中，a_1、a_2、a_3 为逼近曲线的待定系数；x 为逼近函数的自变量。

与式(5-30)原理相同，求出 $U_F(x)$的顶点坐标即可得到时延精细估计值，即

$$\hat{\tau}_0 = \hat{x}_0 = \arg\max_x U_F(x) = -\frac{a_2}{2a_1} \tag{5-32}$$

为了得到逼近曲线的顶点坐标，求出逼近函数中的待定系数 a_1、a_2、a_3 是关键所在，因此可借助 GEA 算法思想，利用逼近函数和选取的 4 个采样点建立合理的规划函数，从而

求解。但是 GEA 算法思想具有一定的局限性，在选取区域中，不一定只有单元域中的点满足插值条件，延拓域中的点满足均方误差最小这一策略为最优策略，因此改进 GEA 算法，对所选取的采样点构建不同的规划函数 $F_i(i=1, 2, \cdots, 6)$，根据实验效果来选取最优采样点搭配策略，各策略如图 5-11 所示。

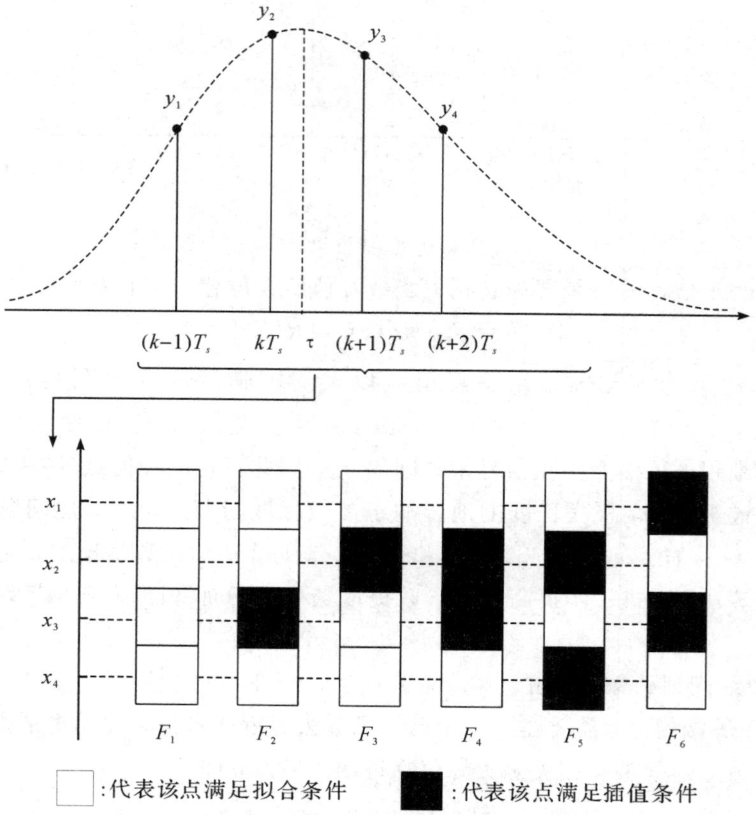

图 5-11　时延估计规划函数建立策略示意图

图 5-11 给出了利用互相关函数峰值点以及周围临近 3 个采样点，借助 GEA 算法思想，构建出的规划函数策略示意图。黑块和白块表示对应点分别满足插值和拟合条件，下面将依次给出各策略的具体数学模型。

图 5-11 中的 F_1 要求所有采样点的逼近函数值与原数值的均方误差最小，即

$$F_1 \quad \min_{a_1、a_2、a_3} \sum_{i=1}^{4} \| U_F(x_i) - y_i \| \tag{5-33}$$

F_2 和 F_3 分别要求原始离散点 x_3 和 x_2 准确落在逼近函数上，即

$$F_2 \quad \begin{cases} \min\limits_{a_1、a_2、a_3} \sum\limits_{i=1}^{4} \| U_F(x_i) - y_i \| \\ \text{s. t.} \quad y_3 = U_F(x_3) \end{cases} \tag{5-34}$$

$$F_3 \quad \begin{cases} \min\limits_{a_1、a_2、a_3} \sum\limits_{i=1}^{4} \| U_F(x_i) - y_i \| \\ \text{s. t.} \quad y_2 = U_F(x_2) \end{cases} \tag{5-35}$$

F_4、F_5 和 F_6 均需要某两个点满足插值条件，具体数学模型如下

$$F_4\begin{cases}\min\limits_{a_1、a_2、a_3}\sum\limits_{i=1}^{4}\|U_F(x_i)-y_i\| \\ \text{s. t.}\begin{cases}y_2=U_F(x_2)\\ y_3=U_F(x_3)\end{cases}\end{cases} \tag{5-36}$$

$$F_5\begin{cases}\min\limits_{a_1、a_2、a_3}\sum\limits_{i=1}^{4}\|U_F(x_i)-y_i\| \\ \text{s. t.}\begin{cases}y_2=U_F(x_2)\\ y_4=U_F(x_4)\end{cases}\end{cases} \tag{5-37}$$

$$F_6\begin{cases}\min\limits_{a_1、a_2、a_3}\sum\limits_{i=1}^{4}\|U(x_i)-y_i\| \\ \text{s. t.}\begin{cases}y_1=U(x_1)\\ y_3=U(x_3)\end{cases}\end{cases} \tag{5-38}$$

3. 二阶锥规划求解待估参数

为了得到最优的逼近曲线，本节将继构建规划函数后，利用 5.4.2 节所述 SOCP 模型的基础理论，对所建模型进行转化求解。由于推导原理相同，下面以 F_4 为例，详细介绍其转化过程，并最终列举出所有规划函数的转化结果。

根据式(5-36)，借助辅助变量 η_1、η_2、η_3、η_4 将目标函数转化成线性表达式，并且在限制条件中增加不等式约束，得到其初步变形表达式为

$$\begin{cases}\min\limits_{a_1、a_2、a_3}\quad \eta_1+\eta_4 \\ \text{s. t.}\begin{cases}\|U_F(x_1)-y_1\|\leqslant\eta_1\\ \|U_F(x_4)-y_4\|\leqslant\eta_4\\ U_F(x_2)=y_2\\ U_f(x_3)=y_3\end{cases}\end{cases} \tag{5-39}$$

对式(5-39)中的目标函数，构造系数向量 $\boldsymbol{q}_{F_4}$ 和待求向量 $\boldsymbol{y}_F$ 如下

$$\begin{aligned}&\boldsymbol{q}_{F_4}=[1\quad \boldsymbol{0}_{1\times 2}\quad 1\quad \boldsymbol{0}_{1\times 3}]^{\mathrm{T}}\\ &\boldsymbol{y}_F=[\boldsymbol{\eta}_F^{\mathrm{T}}\quad \boldsymbol{a}_F^{\mathrm{T}}]^{\mathrm{T}}\\ &\boldsymbol{\eta}_F=[\eta_1\quad \eta_2\quad \eta_3\quad \eta_4]^{\mathrm{T}}\\ &\boldsymbol{a}_F=[a_1\quad a_2\quad a_3]^{\mathrm{T}}\end{aligned} \tag{5-40}$$

其中，$\boldsymbol{\eta}_F$ 代表辅助变量向量；$\boldsymbol{a}_F$ 为待求参数向量；$\boldsymbol{0}_{1\times i}$ 和 $\boldsymbol{1}_{1\times i}$ 分别代表 $1\times i$ 维的全 0 和全 1 向量。

由于以 F_4 为例推导，系数向量定义为 $\boldsymbol{q}_{F_4}$。为表述方便，其余规划函数的系数向量定义方式相同。根据式(5-21)，对式(5-39)中的不等式约束条件构造二阶锥如下

$$\begin{bmatrix}(\boldsymbol{E}_4^i)^{\mathrm{T}} & \boldsymbol{0}_{1\times 3}\\ \boldsymbol{0}_{1\times 4} & \boldsymbol{n}_i^{\mathrm{T}}\end{bmatrix}\boldsymbol{y}_F+\begin{bmatrix}0\\ -y_i\end{bmatrix}\in \mathrm{Qcone}^2,\quad i=1,\ 4 \tag{5-41}$$

其中，$\boldsymbol{E}_j^i\in\boldsymbol{R}^{1\times j}$ 代表第 i 个元素为 1，其余元素为 0 的 $1\times j$ 维向量，且 $\boldsymbol{n}_i=[x_i^2\quad x_i\quad 1]^{\mathrm{T}}$。

然后对式(5-39)中的等式约束条件构造零锥如下

$$y_j - [\mathbf{0}_{1\times 4} \quad \boldsymbol{n}_j^{\mathrm{T}}]\boldsymbol{y}_F \in \{\mathbf{0}\}^1, \quad j=2, 3 \tag{5-42}$$

至此规划函数中的不等式约束和等式约束都已转化成标准的SOCP形式，最终将其整合，得到 F_4 完整的SOCP形式如下

$$F_4 \begin{cases} \min\limits_{y_F} \quad \boldsymbol{q}_{F_4}^{\mathrm{T}} \boldsymbol{y}_F \\ \text{s.t.} \begin{cases} \begin{bmatrix} (\boldsymbol{E}_4^i)^{\mathrm{T}} & \mathbf{0}_{1\times 3} \\ \mathbf{0}_{1\times 4} & \boldsymbol{n}_i^{\mathrm{T}} \end{bmatrix} \boldsymbol{y}_F + \begin{bmatrix} 0 \\ -y_i \end{bmatrix} \in \mathrm{Qcone}^2, & i=1, 4 \\ y_i - [\mathbf{0}_{1\times 4} \quad \boldsymbol{n}_j^{\mathrm{T}}]\boldsymbol{y}_F \in \{\mathbf{0}\}^1, & j=2, 3 \end{cases} \end{cases} \tag{5-43}$$

同理，式(5-33)的标准SOCP形式为

$$F_1 \begin{cases} \min\limits_{y_F} \quad \boldsymbol{q}_{F_1}^{\mathrm{T}} \boldsymbol{y}_F \\ \text{s.t.} \quad \begin{bmatrix} (\boldsymbol{E}_4^i)^{\mathrm{T}} & \mathbf{0}_{1\times 3} \\ \mathbf{0}_{1\times 4} & \boldsymbol{n}_i^{\mathrm{T}} \end{bmatrix} \boldsymbol{y}_F + \begin{bmatrix} 0 \\ -y_i \end{bmatrix} \in \mathrm{Qcone}^2, \quad i=1, 2, 3, 4 \end{cases} \tag{5-44}$$

其中，$\boldsymbol{q}_{F_1} = [\mathbf{1}_{1\times 4} \quad \mathbf{0}_{1\times 3}]^{\mathrm{T}}$。

式(5-34)的标准SOCP形式为

$$F_2 \begin{cases} \min\limits_{y_F} \quad \boldsymbol{q}_{F_2}^{\mathrm{T}} \boldsymbol{y}_F \\ \text{s.t.} \begin{cases} \begin{bmatrix} (\boldsymbol{E}_4^i)^{\mathrm{T}} & \mathbf{0}_{1\times 3} \\ \mathbf{0}_{1\times 4} & \boldsymbol{n}_i^{\mathrm{T}} \end{bmatrix} \boldsymbol{y}_F + \begin{bmatrix} 0 \\ -y_i \end{bmatrix} \in \mathrm{Qcone}^2, \quad i=1, 2, 4 \\ y_i - [\mathbf{0}_{1\times 4} \quad \boldsymbol{n}_3^{\mathrm{T}}]\boldsymbol{y}_F \in \{\mathbf{0}\}^1 \end{cases} \end{cases} \tag{5-45}$$

其中，$\boldsymbol{q}_{F_2} = [0 \quad 1 \quad \mathbf{0}_{1\times 5}]^{\mathrm{T}}$。

式(5-35)的标准SOCP形式为

$$F_3 \begin{cases} \min\limits_{y_F} \quad \boldsymbol{q}_{F_3}^{\mathrm{T}} \boldsymbol{y}_F \\ \text{s.t.} \begin{cases} \begin{bmatrix} (\boldsymbol{E}_4^i)^{\mathrm{T}} & \mathbf{0}_{1\times 3} \\ \mathbf{0}_{1\times 4} & \boldsymbol{n}_i^{\mathrm{T}} \end{bmatrix} \boldsymbol{y}_F + \begin{bmatrix} 0 \\ -y_i \end{bmatrix} \in \mathrm{Qcone}^2, \quad i=1, 3, 4 \\ y_2 - [\mathbf{0}_{1\times 4} \quad \boldsymbol{n}_2^{\mathrm{T}}]\boldsymbol{y}_F \in \{\mathbf{0}\}^1 \end{cases} \end{cases} \tag{5-46}$$

其中，$\boldsymbol{q}_{F_3} = [\mathbf{0}_{1\times 2} \quad 1 \quad \mathbf{0}_{1\times 4}]^{\mathrm{T}}$。

式(5-37)的标准SOCP形式为

$$F_5 \begin{cases} \min\limits_{y_F} \quad \boldsymbol{q}_{F_5}^{\mathrm{T}} \boldsymbol{y}_F \\ \text{s.t.} \begin{cases} \begin{bmatrix} (\boldsymbol{E}_4^i)^{\mathrm{T}} & \mathbf{0}_{1\times 3} \\ \mathbf{0}_{1\times 4} & \boldsymbol{n}_i^{\mathrm{T}} \end{bmatrix} \boldsymbol{y}_F + \begin{bmatrix} 0 \\ -y_i \end{bmatrix} \in \mathrm{Qcone}^2, & i=1, 3 \\ y_j - [\mathbf{0}_{1\times 4} \quad \boldsymbol{n}_j^{\mathrm{T}}]\boldsymbol{y}_F \in \{\mathbf{0}\}^1, & j=2, 4 \end{cases} \end{cases} \tag{5-47}$$

其中，$\boldsymbol{q}_{F_5} = [0 \quad 1 \quad 0 \quad 1 \quad \mathbf{0}_{1\times 3}]^{\mathrm{T}}$。

式(5-38)的标准SOCP形式为

$$F_6\begin{cases}\min\limits_{y_F} & \boldsymbol{q}_{F_6}^{\mathrm{T}}\boldsymbol{y}_F \\ \text{s. t.} & \begin{cases}\begin{bmatrix}(\boldsymbol{E}_4^i)^{\mathrm{T}} & \boldsymbol{0}_{1\times 3}\\ \boldsymbol{0}_{1\times 4} & \boldsymbol{n}_i^{\mathrm{T}}\end{bmatrix}\boldsymbol{y}_F+\begin{bmatrix}0\\ -y_i\end{bmatrix}\in \mathrm{Qcone}^2, & i=2,4\\ y_i-[\boldsymbol{0}_{1\times 4}\quad \boldsymbol{n}_j^{\mathrm{T}}]\boldsymbol{y}_F\in\{\boldsymbol{0}\}^1, & j=1,3\end{cases}\end{cases}\tag{5-48}$$

其中，$\boldsymbol{q}_{F_6}=[1\quad 0\quad 1\quad \boldsymbol{0}_{1\times 4}]^{\mathrm{T}}$。

6 个规划函数已全部转化成标准的 SOCP 模型，通过采用内点法工具箱 SeDuMi 或 CVX 对以上转化结果进行求解，即可以获取高精度定位参数的估计结果。下节将通过仿真实验来验证算法推导的正确性，并且与现有算法进行对比，分析其估计性能。

4. 仿真实验

本节通过仿真实验，评估基于 SOCP 的高精度时延估计算法的估计性能。实验选用一段二进制相移键控(Binary Phase Shift Keying，BPSK)信号作为接收信号进行仿真，信号参数设置为:信号载频 $f_0=3$ GHz，信号采样频率为 $f_s=\dfrac{1}{T_s}=9$ MHz，符号速率 $R_B=900$ kHz，成型滤波器系数 $\alpha=0.5$，信号快拍数 $N=5000$，两路信号之间的时延为 $\tau_0=2\ \mu$s，同时假设两路信号噪声均为服从零均值的高斯白噪声。规定对时延进行 5000 次独立的蒙特卡洛仿真估计，时延估计的均方根误差定义如下

$$\mathrm{RMSE}_{\tau_0}=\sqrt{\frac{1}{K}\sum_{k=1}^{K}\|\tau_k-\tau_0\|^2}\tag{5-49}$$

式中，$K=5000$；τ_0 代表真实时延；τ_k 代表算法第 k 次蒙特卡洛实验的时延估计结果。

为了能够直观地感受平面插值算法的过程，本小节首先通过仿真展示了平面插值算法的原理示意图，具体如图 5-12 所示。

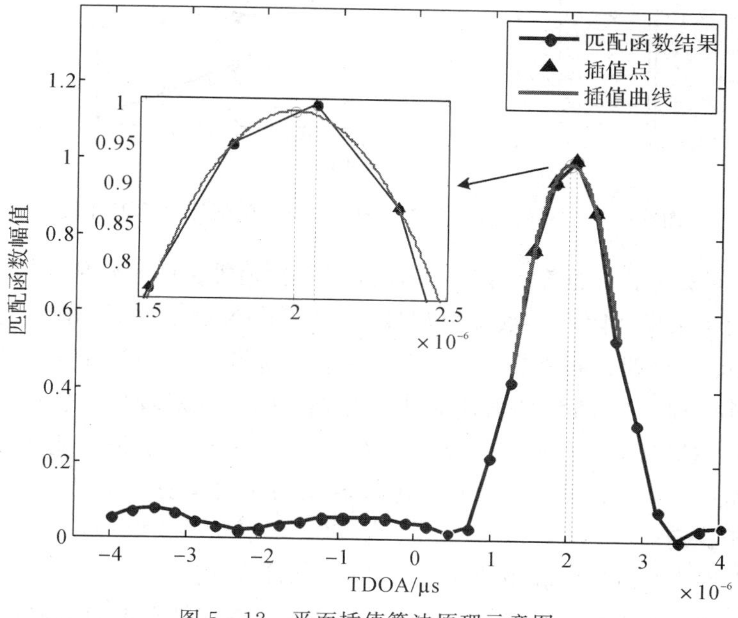

图 5-12 平面插值算法原理示意图

图 5-12 给出了两路接收信号互相关结果的示意图，同时展示出了基于 SOCP 的插值

曲线结果。根据 5.2 节所介绍的插值理论，借助广义互相关结果（圆形曲线）中的 4 个采样点（三角样点），构建规划函数，最终利用 SOCP 求解出了以 4 个采样点为基础的二次曲线（插值曲线）。从局部放大图中可以看出，逼近曲线的峰值点距真实时延 $\tau_0=2\ \mu s$ 更近。因此通过插值，能够较有效地提高时延估计精度，使其不再受到信号采样间隔的限制，实现了分数倍信号采样间隔的参数提取精度。根据上文所建立的 6 种插值策略，下面通过仿真评估各策略估计的 RMSE，从而选取最优插值策略。

图 5-13 给出了随着 SNR 变化时，各插值策略的时延估计 RMSE 比较。实验结果表明，各插值策略的估计性能均随着 SNR 的增大而提高，尤其是在低 SNR 条件下，各策略都展现了较好的估计性能。但是 F_2 和 F_4 在 SNR 增加至 10 dB 时，估计精度基本保持不变，不再随着 SNR 的增大而提高；F_1、F_5 和 F_6 在 SNR 大于 20 dB 时精度不再有明显的提高，只有 F_3 的估计性能一直随着 SNR 的增大而提高，没有出现稳定持平的现象，而且在低 SNR 条件下，也比其余策略的 RMSE 小。因此为了进一步突出所提算法的估计性能，我们选取 F_3 作为算法的最终插值策略，与现有插值算法对比，仿真了在不同信噪比条件下各算法的估计 RMSE，实验结果如图 5-14 所示。

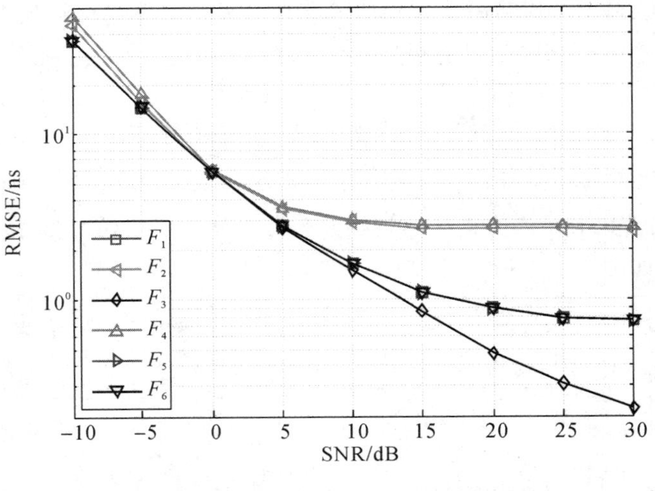

图 5-13　不同信噪比条件下的各策略时延估计 RMSE 比较

从图 5-14 可以看出，随着信噪比的增加，各类插值算法的时延估计精度均有提高，均实现了分数倍信号采样间隔的参数提取精度。但是当 SNR 大于 10 dB 左右时，余弦插值法、三角插值法、拉格朗日插值法以及二阶 LS 拟合的估计 RMSE 保持不变，性能不再有明显的提高；高阶 LS 拟合方法的估计 RMSE 偏离 CRLB 相对较晚。当 SNR 较低时，本节算法具有较小的 RMSE，误差曲线更贴近 CRLB，因此所提算法依然能够在信号信噪比较低时保证估计精度，具有较强的稳健性；在高 SNR 条件下，算法的估计精度不随 SNR 的增大性能而趋于稳定。

综上，所提算法在对比实验中凸显出了良好的估计性能。

另外，计算复杂度也是衡量算法优劣的重要指标。特别是在参数提取算法中，精度高、运算复杂度小的算法能够给整个定位系统减轻数据处理和传输负担，同时提高系统效率。

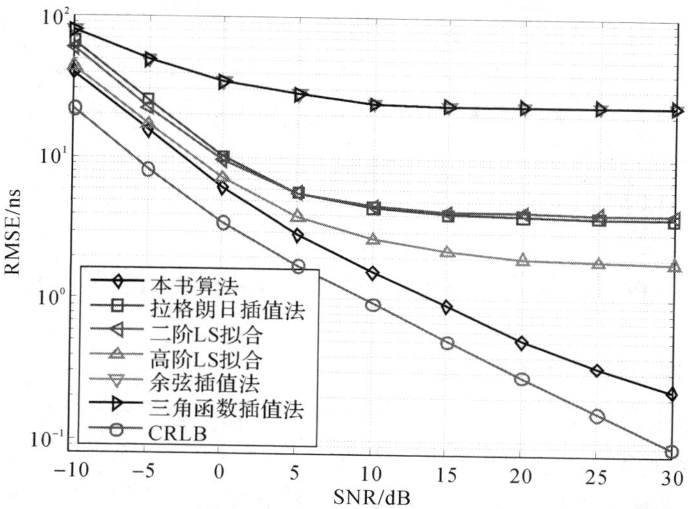

图 5-14　不同信噪比条件下各插值算法的估计 RMSE 比较

为此，本节又比较了各算法的计算复杂度。由于实际运算过程中运算量主要体现在乘法运算中，因此将算法中实数乘法的次数作为衡量的主要指标，结果如表 5-2 所示。

表 5-2　时延估计插值算法的计算复杂度对比表

插值算法	运算复杂度
拉格朗日插值法	$O[n(n+1)]$
最小二乘拟合法	$O[2(n+1)+(n+1)^3+(n+1)(n+1)]$
余弦插值法	$O(n)$
三角插值法	$O(n)$
本节算法	$O[2N_c\sqrt{N_c}(n+5)^2]$

表中，$O(\cdot)$代表计算复杂度；n 表示插值曲线的阶数，N_c 为 SOCP 中不等式限制条件的个数。

本节运用凸优化中的内点法进行求解，结合仿真条件，运算中内点法的最大迭代次数为 $O(\sqrt{N_c})$，每次迭代的运算量为

$$O\left(\alpha^2\sum_{i=1}^{N_c}\beta_i\right)=O[2N_c(n+5)^2] \tag{5-50}$$

因此，本书算法的计算量可以表示为

$$O_{本书算法}\left(\sqrt{N_c}\alpha^2\sum_{i=1}^{N_c}\beta_i\right)=O[2N_c\sqrt{N_c}(n+5)^2] \tag{5-51}$$

从表 5-2 中可以看出，虽然余弦插值法和三角插值法的计算复杂度最低，但是通过仿真来看其估计性能不理想，特别是在 SNR 较高时，估计性能远不如其余算法。本节算法计算复杂度低于最小二乘拟合，和拉格朗日插值法相当。综合性能实验结果可以表明，本节

算法运算量适中，估计性能更优，实现了高精度时延参数估计。然而在一些机动场景，接收信号之间会存在多普勒频差 FDOA，该参数中蕴含了丰富的目标信息，可以用来实现高精度目标定位，因此针对存在相对运动的场景，联合 TDOA 和 FDOA 估计也成为了参数估计问题中的焦点。为此，下节将本节二维平面中的 GEA 和 SOCP 模型扩展至三维曲面中，实现高精度 TDOA 和 FDOA 的联合估计。

5.4.4 基于二阶锥的 TDOA 和 FDOA 联合估计算法

1. 基于互模糊函数的粗估计模型

5.4.3 节实现了高精度的时延估计，但是对于一些移动目标，接收信号中会呈现多普勒频移效应，表现为在各观测站接收到的频率之间会存在 FDOA，可用于目标定位。因此对 FDOA 的估计也备受各国学者关注，对该参数的估计方法主要集中于联合 TDOA 和 FDOA 估计。本节利用经典的 CAF 算法初步得到 TDOA 和 FDOA 的粗估计结果。依然考虑分布式平台中某一组所接收到的辐射源辐射信号，拓展式(5-25)的接收信号模型，即

$$\begin{cases} s_1(t)=s(t)+n_1(t) \\ s_2(t)=A\cdot s(t-\tau_0)\mathrm{e}^{\mathrm{j}[2\pi f_d(t-\tau_0)+\varphi]}+n_2(t) \end{cases} \tag{5-52}$$

其中，$s(t)$ 代表原始发射信号；τ_0 和 f_d 为待估参数，分别代表两路信号的 TDOA 和 FDOA；A 代表信号幅值；$n_1(t)$ 和 $n_2(t)$ 为两路信号噪声项，均为服从零均值的高斯白噪声。

对式(5-52)的两路接收信号以 T_s 为采样间隔采样，得

$$\begin{cases} s_1(n)=s(nT_s)+n_1(nT_s) \\ s_2(n)=A\cdot s(nT_s-\tau_0)\mathrm{e}^{\mathrm{j}[2\pi f_d(nT_s-\tau_0)+\varphi]}+n_2(nT_s) \end{cases} \tag{5-53}$$

其中，$f_s=\dfrac{1}{T_s}$。

TDOA 和 FDOA 的产生分别是由距离差和相对运动所引起的，因此算法的目的就是根据接收到的两路信号来估计出 τ_0 和 f_d。我们借助经典的 CAF 算法，对接收信号做互模糊函数处理，即

$$\mathrm{CAF}(m,k)=\sum_{n=0}^{N-1}s_1(n)s_2^*(n+m)\mathrm{e}^{-\mathrm{j}2\pi\frac{kf_s}{N}nT_s} \tag{5-54}$$

其中，$\tau=mT_s$ 和 $f=\dfrac{kf_s}{N}$ 代表 TDOA 和 FDOA 变量；m 和 k 分别代表离散时延轴和多普勒频移轴标度；N 为信号快拍数；信号观测总时长为 $T=NT_s$，T_s 又代表 TDOA 的估计分辨率；$\Delta f=\dfrac{f_s}{N}$ 代表 FDOA 的估计分辨率。

经互模糊函数处理后(具体 CAF 算法结果示意图如图 5-15(a)所示)，TDOA 和 FDOA 的估计结果即为 CAF 三维曲面峰值点所在位置，可表示为

$$(mT_s,\ kf_s./N)=\arg\max_{m,k}|\mathrm{CAF}(m,k)| \tag{5-55}$$

图 5-15(b)和(c)分别给出了时延和多普勒频移轴的峰值点切割面二维平面图。不难

看出，TDOA 和 FDOA 的估计精度分别受限于信号的采样间隔 T_s 和观测时长 T。因此在实际运用中，峰值点极易被跳过，无法提取到真值，从而影响估计结果。针对上述问题，同样借助 GEA 算法思想，并且将传统平面 GEA 模型扩展至空间曲面，增强其适用性，并且转化至 SOCP 模型求解，实现 TDOA 和 FDOA 的高精度联合估计。

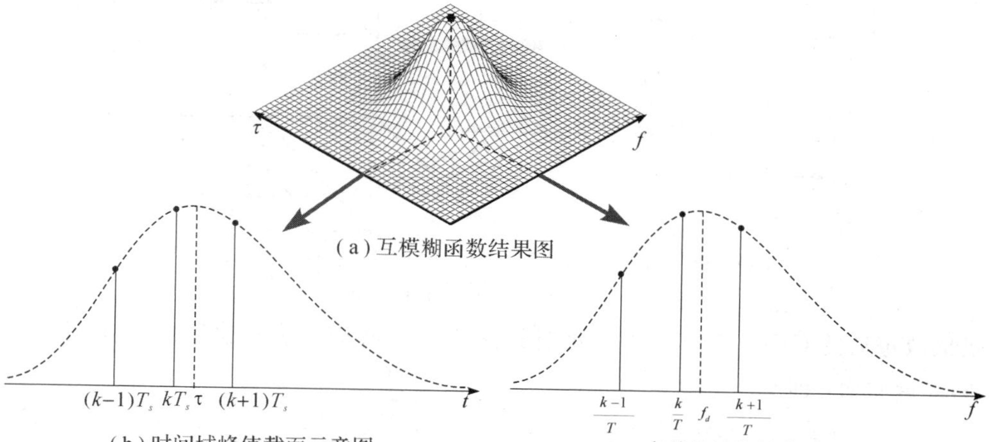

(a) 互模糊函数结果图

(b) 时间域峰值截面示意图　(c) 多普勒域峰值截面示意图

图 5－15　互模糊函数各个域峰值截面结果图

2. 空间曲面规划函数的建立

根据 CAF 结果曲面，我们同样要选取若干离散采样点用来构建规划函数，具体示意图如图 5－16 所示。图中分别给出了 CAF 结果曲面图以及其峰值点附近曲面俯视图，图 5－16(b)中红三角位置为 CAF 真峰值点，黑点为 CAF 曲面采样点。可以看出由于信号采样间隔以及观测时间的限制，真实峰值点并没有被采样到，与真峰值点存在一定的距离。我们选取离散曲面峰值点以及以该点为中心的周围 8 个采样点，统一表示为$\{(x_i, y_j, z_{ij}), i, j=1, 2, 3\}$，其中峰值点坐标为$(x_2, y_2, z_{22})$。

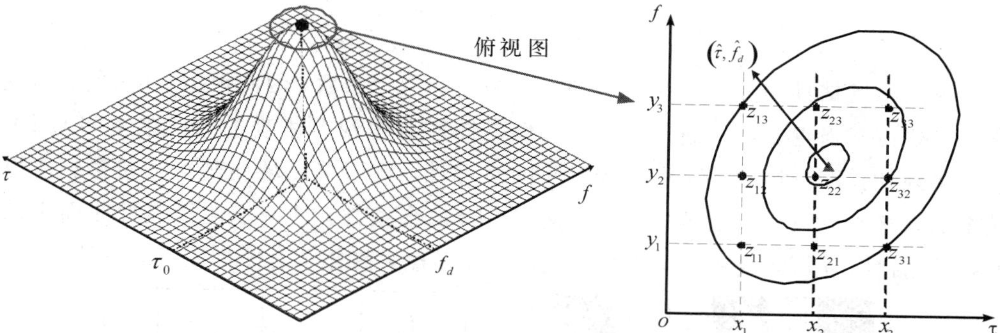

(a) 互模糊函数结果示意图　(b) 峰值点周围曲面俯视图

图 5－16　曲面选点示意图

而后，借助 GEA 算法构建关于所选采样点的规划函数。但是传统的 GEA 算法思想一般基于二维平面，为了能够将广义延拓思想运用在三维曲面插值拟合中，我们根据选取采样点的特点和 GEA 算法的思想，对其进行维度拓展，具体拓展示意图如图 5－17 所示。

由于本章算法遵循利用尽可能少的离散采样点实现高精度联合 TDOA 和 FDOA 估计

的原则，因此将二维平面中的单元域映射至三维曲面峰值点所在区域，平面中的延拓域映射至峰值点周边区域，原域即为全空间域。

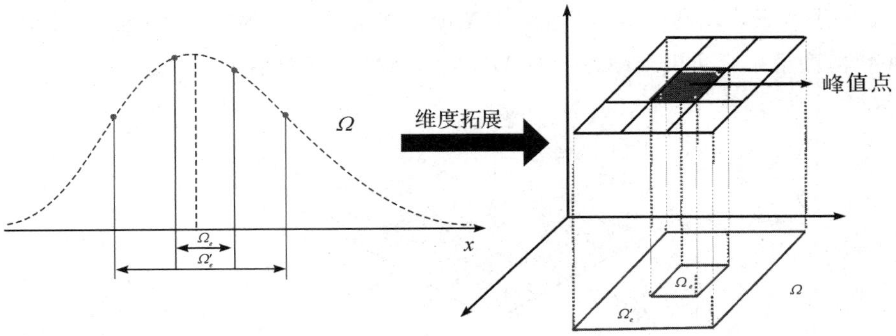

（a）二维平面域   （b）三维空间域

图 5-17   GEA 算法维度拓展示意图

借助改进后的 GEA 模型建立规划函数需要逼近曲面方程，利用二次曲面方程作为 CAF 的逼近曲面，即

$$U_G(x, y) = a_1 x^2 + a_2 y^2 + a_3 xy + a_4 x + a_5 y + a_6 \tag{5-56}$$

其中，a_1、a_2、a_3、a_4、a_5、a_6 为逼近曲面待定系数。

式（5-56）所代表的逼近曲面使原本离散采样的 CAF 峰值点附近的曲面连续化，通过求解其峰值点，能够更精准地估计出真实 TDOA 和 FDOA 的所在位置。因此分别对式（5-56）的自变量 x，y 求偏导得

$$\begin{cases} \dfrac{\partial U_G(x, y)}{\partial x} = 2a_1 x + a_3 y + a_4 = 0 \\ \dfrac{\partial U_G(x, y)}{\partial y} = 2a_2 y + a_3 x + a_5 = 0 \end{cases} \tag{5-57}$$

求解（5-57）方程组，可得到逼近曲面峰值点所在位置，即为 TDOA 和 FDOA 估计值

$$\hat{\tau}_0 = \frac{2a_2 a_4 - a_3 a_5}{a_3^2 - 4a_1 a_2}, \quad \hat{f}_d = \frac{2a_1 a_5 - a_3 a_4}{a_3^2 - 4a_1 a_2} \tag{5-58}$$

实现高精度估计的关键所在是得到逼近曲面的待定系数，因此根据 GEA 算法思想，利用所取采样点和逼近曲面构建规划函数，但是同样考虑到上述改进的三维空间 GEA 算法思想的局限性，我们利用所选采样点之间的对称性，将原单元域向延拓域扩散，使得原延拓域中的采样点既可以满足插值条件，又能符合拟合条件，进一步使得逼近曲面更贴近原曲面，因此我们对采样点建立了 4 种不同的搭配策略，具体示意图如图 5-18 所示

G_1 G_2 G_3 G_4

□：代表该点满足拟合条件   ■：代表该点满足插值条件

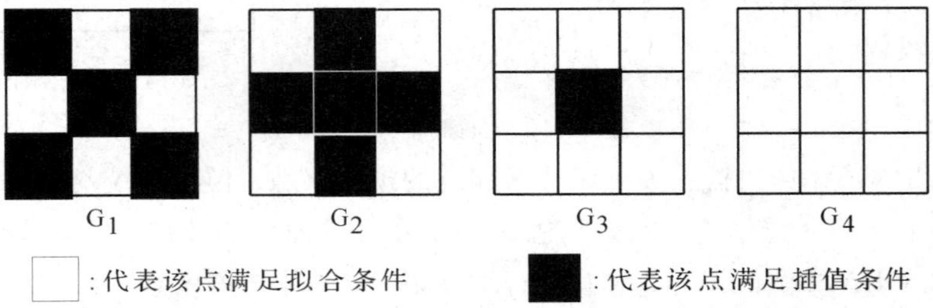

图 5-18   TDOA 和 FDOA 联合估计规划函数建立策略示意图

图 5-18 形象地给出了利用 CAF 曲面峰值点以及周围 8 个采样点，借助改进的类 *GEA* 思想，构建不同规划函数的策略示意图。所取采样点的对称性允许延拓域中的点满足插值条件，使逼近曲面更具有协调性和连续性，下面将依次给出各策略的具体数学模型。

图 5-18 中的 G_1 除了要求峰值点满足插值条件外，周围 4 个顶点同样需要满足，即

$$G_1\quad\begin{cases}\min\sum_{i=1}^{3}\sum_{j=1}^{3}\|U_G(x_i,\ y_j)-z_{ij}\| \\ \text{s. t.}\begin{cases}\sum_{i=1}^{3}\|U_G(x_1,\ y_1)-z_{ij}\|=0 \\ U_G(x_1,\ y_3)=z_{13},\ U_G(x_3,\ y_1)=z_{31}\end{cases}\end{cases}\tag{5-59}$$

G_2 要求峰值点以及相邻 4 个采样点均满足插值条件，即

$$G_2\quad\begin{cases}\min\sum_{i=1}^{3}\sum_{j=1}^{3}\|U_G(x_i,\ y_j)-z_{ij}\| \\ \text{s. t.}\begin{cases}U_G(x_1,\ y_2)=z_{12} \\ U_G(x_2,\ y_1)=z_{21} \\ U_G(x_2,\ y_2)=z_{22} \\ U_G(x_2,\ y_3)=z_{23} \\ U_G(x_3,\ y_2)=z_{32}\end{cases}\end{cases}\tag{5-60}$$

G_3 只需峰值点满足插值条件即可，数学模型如下

$$G_3\quad\begin{cases}\min\sum_{i=1}^{3}\sum_{j=1}^{3}\|U_G(x_i,\ y_j)-z_{ij}\| \\ \text{s. t.}\quad U_G(x_2,\ y_2)=z_{22}\end{cases}\tag{5-61}$$

G_4 要求所有采样点的逼近函数值与原数值的均方误差最小，即

$$G_4\quad \min\sum_{i=1}^{3}\sum_{j=1}^{3}\|U_G(x_i,\ y_j)-z_{ij}\|\tag{5-62}$$

根据式(5-62)规划函数的特殊性，可以对其做如下变形

$$\min\sum_{i=1}^{3}\sum_{j=1}^{3}\|U_G(x_i,\ y_j)-z_{ij}\|\Rightarrow\sum_{i=1}^{3}\sum_{j=1}^{3}\|U_G(x_i,\ y_j)-z_{ij}\|=0\tag{5-63}$$

因此可以将式(5-63)改写成如下矩阵的形式

$$G_4\quad \boldsymbol{M}\boldsymbol{a}_G=\boldsymbol{Z}\tag{5-64}$$

其中

$$\begin{cases}\boldsymbol{a}_G=[a_1\quad a_2\quad a_3\quad a_4\quad a_5\quad a_6]^{\mathrm{T}} \\ \boldsymbol{Z}=[Z_{11}\quad Z_{12}\quad Z_{13}\quad Z_{21}\quad Z_{22}\quad Z_{23}\quad Z_{31}\quad Z_{32}\quad Z_{33}]^{\mathrm{T}} \\ \boldsymbol{M}=[\boldsymbol{n}_{11}\quad \boldsymbol{n}_{12}\quad \boldsymbol{n}_{13}\quad \boldsymbol{n}_{21}\quad \boldsymbol{n}_{22}\quad \boldsymbol{n}_{23}\quad \boldsymbol{n}_{31}\quad \boldsymbol{n}_{32}\quad \boldsymbol{n}_{33}]^{\mathrm{T}} \\ \boldsymbol{n}_{ij}=[x_1^2\quad y_1^2\quad x_iy_j\quad x_i\quad y_j\quad 1]^{\mathrm{T}}\quad(i,\ j=1,\ 2,\ 3)\end{cases}\tag{5-65}$$

从式(5-64)和式(5-65)可以看出，变形的 G_4 方程为超定线性(Over-determined Linear)方程。利用经典的最小二乘求解式(5-64)，即可得到 G_4 策略中的插值曲面待定系数向量 $\boldsymbol{a}_G$ 为

$$\boldsymbol{a}_G = (\boldsymbol{M}^{\mathrm{T}}\boldsymbol{M})^{-1}\boldsymbol{M}^{\mathrm{T}}\boldsymbol{Z} \tag{5-66}$$

其中，$(\cdot)^{\mathrm{T}}$ 代表矩阵(向量)转置运算。

以上 4 种搭配策略均为凸函数，因此依然利用凸优化中的 SOCP 模型求解。下节将借助辅助参量以及 5.4.3 节转化思想，对本节所建规划函数转化至标准 SOCP 模型。

3. 二阶锥规划求解待估参数

本节借助 SOCP 模型的基础理论，将对上文构建的规划函数进行转化求解，实现最优估计。由于推导原理相同，下面以 G_1 为例，详细介绍其转化过程，并且最终列举出所有规划函数的转化结果。

根据式(5-59)，借助辅助变量 η_{21}、η_{12}、η_{23}、η_{32}、η_{11}、η_{13}、η_{31} 将目标函数转化成线性表达式，并且在限制条件中增加不等式约束，得到其初步变形表达式为

$$\begin{cases} \min\limits_{\boldsymbol{a}_G} \quad \eta_{21}+\eta_{12}+\eta_{23}+\eta_{32} \\ \text{s. t.} \begin{cases} \|U_G(x_1,y_2)-z_{12}\| \leqslant \eta_{12},\ \|U_G(x_2,y_1)-z_{21}\| \leqslant \eta_{21} \\ \|U_G(x_2,y_3)-z_{23}\| \leqslant \eta_{23},\ \|U_G(x_3,y_2)-z_{32}\| \leqslant \eta_{32} \\ U_G(x_1,y_1)=z_{11},\ U_G(x_1,y_3)=z_{13} \\ U_G(x_2,y_2)=z_{22},\ U_G(x_3,y_1)=z_{31} \\ U_G(x_3,y_3)=z_{33} \end{cases} \end{cases} \tag{5-67}$$

接着对式(5-67)中的目标函数，构造系数向量 $\boldsymbol{q}_{G_1}$ 和待求向量 $\boldsymbol{y}_G$

$$\begin{cases} \boldsymbol{q}_{G_1} = [\boldsymbol{1}_{1\times 4} \quad \boldsymbol{0}_{1\times 4} \quad \boldsymbol{0}_{1\times 6}]^{\mathrm{T}} \\ \boldsymbol{y}_G = [\boldsymbol{\eta}_G^{\mathrm{T}} \quad \boldsymbol{a}_G^{\mathrm{T}}]^{\mathrm{T}} \\ \boldsymbol{\eta}_G = [\boldsymbol{\eta}_{21} \quad \boldsymbol{\eta}_{12} \quad \boldsymbol{\eta}_{23} \quad \boldsymbol{\eta}_{32} \quad \boldsymbol{\eta}_{11} \quad \boldsymbol{\eta}_{13} \quad \boldsymbol{\eta}_{31} \quad \boldsymbol{\eta}_{33}]^{\mathrm{T}} \end{cases} \tag{5-68}$$

其中，$\boldsymbol{\eta}_G$ 代表辅助变量向量；$\boldsymbol{a}_G$ 为逼近曲面待定系数向量。

式(5-67)中的不等式约束即为“软”处理过程，满足拟合条件，对其构造二阶锥得

$$\begin{cases} \begin{bmatrix} \boldsymbol{E}_8^1 & \boldsymbol{0}_{1\times 6} \\ \boldsymbol{0}_{1\times 8} & \boldsymbol{n}_{12}^{\mathrm{T}} \end{bmatrix} \boldsymbol{y}_G + \begin{bmatrix} 0 \\ -z_{12} \end{bmatrix} \in \mathrm{Qcone}^2 \\ \begin{bmatrix} \boldsymbol{E}_8^2 & \boldsymbol{0}_{1\times 6} \\ \boldsymbol{0}_{1\times 8} & \boldsymbol{n}_{21}^{\mathrm{T}} \end{bmatrix} \boldsymbol{y}_G + \begin{bmatrix} 0 \\ -z_{21} \end{bmatrix} \in \mathrm{Qcone}^2 \\ \begin{bmatrix} \boldsymbol{E}_8^3 & \boldsymbol{0}_{1\times 6} \\ \boldsymbol{0}_{1\times 8} & \boldsymbol{n}_{23}^{\mathrm{T}} \end{bmatrix} \boldsymbol{y}_G + \begin{bmatrix} 0 \\ -z_{23} \end{bmatrix} \in \mathrm{Qcone}^2 \\ \begin{bmatrix} \boldsymbol{E}_8^4 & \boldsymbol{0}_{1\times 6} \\ \boldsymbol{0}_{1\times 8} & \boldsymbol{n}_{32}^{\mathrm{T}} \end{bmatrix} \boldsymbol{y}_G + \begin{bmatrix} 0 \\ -z_{32} \end{bmatrix} \in \mathrm{Qcone}^2 \end{cases} \tag{5-69}$$

其次对式(5-39)中满足插值条件的等式约束条件构造零锥

$$\begin{cases} z_{11} - [\boldsymbol{0}_{1\times 8} \quad \boldsymbol{n}_{11}^{\mathrm{T}}]\boldsymbol{y}_G \in \{\boldsymbol{0}\}^1 \\ z_{22} - [\boldsymbol{0}_{1\times 8} \quad \boldsymbol{n}_{22}^{\mathrm{T}}]\boldsymbol{y}_G \in \{\boldsymbol{0}\}^1 \\ z_{31} - [\boldsymbol{0}_{1\times 8} \quad \boldsymbol{n}_{31}^{\mathrm{T}}]\boldsymbol{y}_G \in \{\boldsymbol{0}\}^1 \\ z_{13} - [\boldsymbol{0}_{1\times 8} \quad \boldsymbol{n}_{13}^{\mathrm{T}}]\boldsymbol{y}_G \in \{\boldsymbol{0}\}^1 \\ z_{33} - [\boldsymbol{0}_{1\times 8} \quad \boldsymbol{n}_{33}^{\mathrm{T}}]\boldsymbol{y}_G \in \{\boldsymbol{0}\}^1 \end{cases} \tag{5-70}$$

上述推导已经将传统规划问题中的目标函数、不等式约束、等式约束转化成了标准的SOCP模型，最后组合各自转化结果，得到 G_1 的完整SOCP形式如下

$$\min_{\boldsymbol{y}_G} \quad \boldsymbol{q}_{G_1}^T \boldsymbol{y}_G$$

$$\text{s. t.} \begin{cases} \begin{bmatrix} \boldsymbol{E}_8^1 & \boldsymbol{0}_{1\times 6} \\ \boldsymbol{0}_{1\times 8} & \boldsymbol{n}_{12}^{\mathrm{T}} \end{bmatrix} \boldsymbol{y}_G + \begin{bmatrix} 0 \\ -z_{12} \end{bmatrix} \in \text{Qcone}^2, \begin{bmatrix} \boldsymbol{E}_8^2 & \boldsymbol{0}_{1\times 6} \\ \boldsymbol{0}_{1\times 8} & \boldsymbol{n}_{21}^{\mathrm{T}} \end{bmatrix} \boldsymbol{y}_G + \begin{bmatrix} 0 \\ -z_{21} \end{bmatrix} \in \text{Qcone}^2 \\ \begin{bmatrix} \boldsymbol{E}_8^3 & \boldsymbol{0}_{1\times 6} \\ \boldsymbol{0}_{1\times 8} & \boldsymbol{n}_{23}^{\mathrm{T}} \end{bmatrix} \boldsymbol{y}_G + \begin{bmatrix} 0 \\ -z_{23} \end{bmatrix} \in \text{Qcone}^2, \begin{bmatrix} \boldsymbol{E}_8^4 & \boldsymbol{0}_{1\times 6} \\ \boldsymbol{0}_{1\times 8} & \boldsymbol{n}_{32}^{\mathrm{T}} \end{bmatrix} \boldsymbol{y}_G + \begin{bmatrix} 0 \\ -z_{32} \end{bmatrix} \in \text{Qcone}^2 \\ z_{ii} - [\boldsymbol{0}_{1\times 8} \quad \boldsymbol{n}_{ii}^{\mathrm{T}}] \boldsymbol{y}_G \in \{\boldsymbol{0}\}^1 \qquad i=1, 2, 3 \\ z_{31} - [\boldsymbol{0}_{1\times 8} \quad \boldsymbol{n}_{31}^{\mathrm{T}}] \boldsymbol{y}_G \in \{\boldsymbol{0}\}^1 \quad z_{13} - [\boldsymbol{0}_{1\times 8} \quad \boldsymbol{n}_{13}^{\mathrm{T}}] \boldsymbol{y}_G \in \{\boldsymbol{0}\}^1 \end{cases} \tag{5-71}$$

同理，式(5-60)的标准SOCP形式为

$$\min_{\boldsymbol{y}_G} \quad \boldsymbol{q}_{G_2}^T \boldsymbol{y}_G$$

$$\text{s. t.} \begin{cases} \begin{bmatrix} \boldsymbol{E}_8^5 & \boldsymbol{0}_{1\times 6} \\ \boldsymbol{0}_{1\times 8} & \boldsymbol{n}_{11}^{\mathrm{T}} \end{bmatrix} \boldsymbol{y}_G + \begin{bmatrix} 0 \\ -z_{11} \end{bmatrix} \in \text{Qcone}^2 \\ \begin{bmatrix} \boldsymbol{E}_8^6 & \boldsymbol{0}_{1\times 6} \\ \boldsymbol{0}_{1\times 8} & \boldsymbol{n}_{13}^{\mathrm{T}} \end{bmatrix} \boldsymbol{y}_G + \begin{bmatrix} 0 \\ -z_{13} \end{bmatrix} \in \text{Qcone}^2 \\ \begin{bmatrix} \boldsymbol{E}_8^7 & \boldsymbol{0}_{1\times 6} \\ \boldsymbol{0}_{1\times 8} & \boldsymbol{n}_{31}^{\mathrm{T}} \end{bmatrix} \boldsymbol{y}_G + \begin{bmatrix} 0 \\ -z_{31} \end{bmatrix} \in \text{Qcone}^2 \\ \begin{bmatrix} \boldsymbol{E}_8^8 & \boldsymbol{0}_{1\times 6} \\ \boldsymbol{0}_{1\times 8} & \boldsymbol{n}_{33}^{\mathrm{T}} \end{bmatrix} \boldsymbol{y}_G + \begin{bmatrix} 0 \\ -z_{33} \end{bmatrix} \in \text{Qcone}^2 \\ z_{i2} - [\boldsymbol{0}_{1\times 8} \quad \boldsymbol{n}_{i2}^{\mathrm{T}}] \boldsymbol{y}_G \in \{\boldsymbol{0}\}^1, \qquad i=1, 2, 3 \\ z_{2j} - [\boldsymbol{0}_{1\times 8} \quad \boldsymbol{n}_{21}^{\mathrm{T}}] \boldsymbol{y}_G \in \{\boldsymbol{0}\}^1, \qquad j=1, 3 \end{cases} \tag{5-72}$$

其中，$\boldsymbol{q}_{G_2} = [\boldsymbol{0}_{1\times 4} \quad \boldsymbol{1}_{1\times 4} \quad \boldsymbol{0}_{1\times 6}]^{\mathrm{T}}$。

式(5-61)的标准SOCP形式为

$$\min_{\boldsymbol{y}_G} \quad \boldsymbol{q}_{G_3}^T \boldsymbol{y}_G$$

$$\text{s. t.} \begin{cases} \begin{bmatrix} \boldsymbol{E}_8^1 & \boldsymbol{0}_{1\times 6} \\ \boldsymbol{0}_{1\times 8} & \boldsymbol{n}_{21}^{\mathrm{T}} \end{bmatrix} \boldsymbol{y}_G + \begin{bmatrix} 0 \\ -z_{21} \end{bmatrix} \in \text{Qcone}^2, \begin{bmatrix} \boldsymbol{E}_8^2 & \boldsymbol{0}_{1\times 6} \\ \boldsymbol{0}_{1\times 8} & \boldsymbol{n}_{12}^{\mathrm{T}} \end{bmatrix} \boldsymbol{y}_G + \begin{bmatrix} 0 \\ -z_{12} \end{bmatrix} \in \text{Qcone}^2 \\ \begin{bmatrix} \boldsymbol{E}_8^3 & \boldsymbol{0}_{1\times 6} \\ \boldsymbol{0}_{1\times 8} & \boldsymbol{n}_{23}^{\mathrm{T}} \end{bmatrix} \boldsymbol{y}_G + \begin{bmatrix} 0 \\ -z_{23} \end{bmatrix} \in \text{Qcone}^2, \begin{bmatrix} \boldsymbol{E}_8^4 & \boldsymbol{0}_{1\times 6} \\ \boldsymbol{0}_{1\times 8} & \boldsymbol{n}_{32}^{\mathrm{T}} \end{bmatrix} \boldsymbol{y}_G + \begin{bmatrix} 0 \\ -z_{32} \end{bmatrix} \in \text{Qcone}^2 \\ \begin{bmatrix} \boldsymbol{E}_8^5 & \boldsymbol{0}_{1\times 6} \\ \boldsymbol{0}_{1\times 8} & \boldsymbol{n}_{11}^{\mathrm{T}} \end{bmatrix} \boldsymbol{y}_G + \begin{bmatrix} 0 \\ -z_{11} \end{bmatrix} \in \text{Qcone}^2, \begin{bmatrix} \boldsymbol{E}_8^6 & \boldsymbol{0}_{1\times 6} \\ \boldsymbol{0}_{1\times 8} & \boldsymbol{n}_{13}^{\mathrm{T}} \end{bmatrix} \boldsymbol{y}_G + \begin{bmatrix} 0 \\ -z_{13} \end{bmatrix} \in \text{Qcone}^2 \\ \begin{bmatrix} \boldsymbol{E}_8^7 & \boldsymbol{0}_{1\times 6} \\ \boldsymbol{0}_{1\times 8} & \boldsymbol{n}_{31}^{\mathrm{T}} \end{bmatrix} \boldsymbol{y}_G + \begin{bmatrix} 0 \\ -z_{31} \end{bmatrix} \in \text{Qcone}^2, \begin{bmatrix} \boldsymbol{E}_8^8 & \boldsymbol{0}_{1\times 6} \\ \boldsymbol{0}_{1\times 8} & \boldsymbol{n}_{33}^{\mathrm{T}} \end{bmatrix} \boldsymbol{y}_G + \begin{bmatrix} 0 \\ -z_{33} \end{bmatrix} \in \text{Qcone}^2 \\ z_{22} - [\boldsymbol{0}_{1\times 8} \quad \boldsymbol{n}_{22}^{\mathrm{T}}] \boldsymbol{y}_G \in \{\boldsymbol{0}\}^1 \end{cases} \tag{5-73}$$

其中，$q_{G_3}=[\mathbf{1}_{1\times4}\quad \mathbf{1}_{1\times4}\quad \mathbf{0}_{1\times6}]^{\mathrm{T}}$。

以上各策略中的逼近曲面待定系数 a_G 可以通过待优化变量 y_G，运用凸优化工具箱中的 SeDuMi 进行求解，最后运用式(5-58)得到逼近曲面真实峰值点的所在位置，即为 TDOA 和 FDOA 高精度估计结果。

下节通过仿真实验来验证模型的正确性，并且通过比较各搭配策略在信噪比和信号快拍数变化条件下的估计性能，选取最优搭配策略后与现有插值算法进行估计性能比较，并分析结果。

4. 仿真实验

本节给出了在信号 SNR 和快拍数变化的条件下联合 TDOA 和 FDOA 估计算法的仿真分析。首先为了直观体现以及更好理解曲面插值算法在参数提取中的应用，实验 1 画出了互模糊函数结果和插值曲面结果示意图；实验 2 对比了上文所建立的 4 种插值策略各自的估计性能；实验 3 为了突出本节算法，通过运用实验 2 中选取的最优插值策略与现有二维和三维插值算法的估计性能做对比。

实验条件设置如下：仿真信号载频同样为 3 GHz，信号采样频率为 9 MHz，符号速率为 900 MHz，成型滤波器系数为 $\alpha=0.5$ 的 BPSK 信号，信号中的 TDOA 和 FDOA 真实值分别设置为 2 μs 和 1 kHz，两路信号噪声依然为服从零均值的高斯白噪声。规定对 TDOA 和 FDOA 进行 5000 次独立的蒙特卡洛仿真估计，各自的均方根误差定义如下

$$\begin{cases}\mathrm{RMSE}_{\tau_0}=\sqrt{\dfrac{1}{K}\sum\limits_{k=1}^{K}\|\tau_k-\tau_0\|^2}\\ \mathrm{RMSE}_{f_d}=\sqrt{\dfrac{1}{K}\sum\limits_{k=1}^{K}\|f_{d_k}-f_d\|^2}\end{cases}\tag{5-74}$$

其中，$K=5000$；τ_0 和 f_d 分别代表真实 TDOA 和 FDOA；τ_k 和 f_{d_k} 分别代表算法第 k 次蒙特卡洛实验的 TDOA 和 FDOA 估计结果。

实验 1　三维曲面插值算法原理仿真

实验 1 较直观地画出了对 CAF 曲面插值前后的结果示意图，信号快拍数为 5000，信噪比为 0dB，其余仿真条件与上文相同，具体如图 5-19 所示。

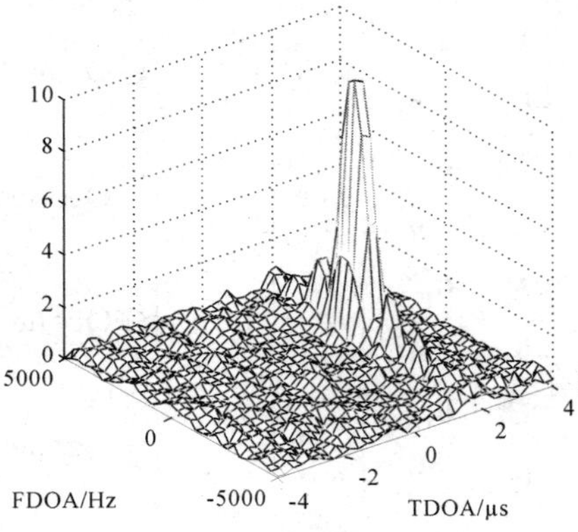

(a) 互模糊函数结果图

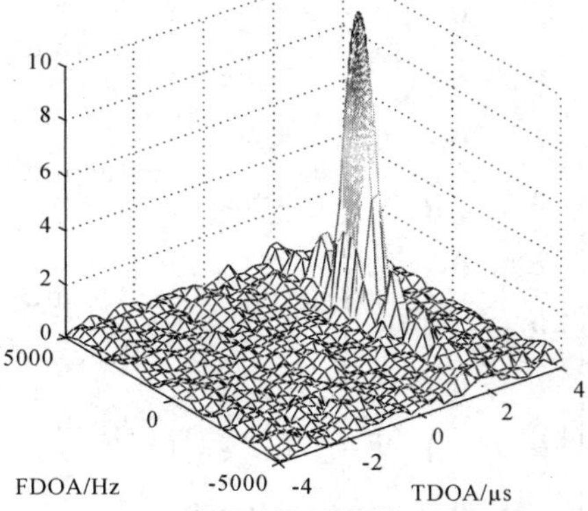

(b) 曲面插值结果图

图 5-19　三维曲面插值原理示意图

图 5－19(a)和(b)分别给出了两路接收信号互模糊函数处理后以及对其峰值曲面插值后的结果图，信号 SNR 设置为 0dB。实验通过选取图 5－19(a)中的峰值点以及周围 8 个采样点，构建关于逼近曲面的规划函数并求解，最终得到图 5－19(b)中的插值曲面。可以看出，插值曲面将原本离散的 CAF 曲面转化成已知函数关系和峰值点坐标的连续曲面，其峰值点对应坐标更接近 TDOA 和 FDOA 真实值，使精度不再受限于信号采样间隔和观测时间，从而有效地提高了定位参数提取精度。

实验 2 各插值策略估计性能的比较

根据图 5－18 中所建立的 4 种插值策略，实验 2 分别考察了各策略随 SNR 和信号快拍数变化条件下的估计性能，并且需要通过综合衡量选取最优策略，在实验 3 中与现有算法做性能对比分析。

图 5－20 给出了不同信噪比条件下，各插值策略的 TDOA 和 FDOA 估计 RMSE 比较结果，信号快拍数设置为 5000。从图中可以看出，G_3 和 G_4 插值策略无论是对 TDOA 还是 FDOA 估计时，其估计性能都劣于其余策略，而且随着信噪比的逐渐升高，G_3 和 G_4 的估计性能趋于稳定，不再有明显的提高，因此在高 SNR 条件下，二者估计性能有限。而 G_1 和 G_2 插值策略的估计性能都随 SNR 的增大而提高，两者变化趋势相同，但是 G_1 的估计性能更加优于 G_2，尤其是在高 SNR 条件下。为了进一步考察 4 种插值策略的估计性能，下面又在信号快拍数变化条件下进行了对比实验。

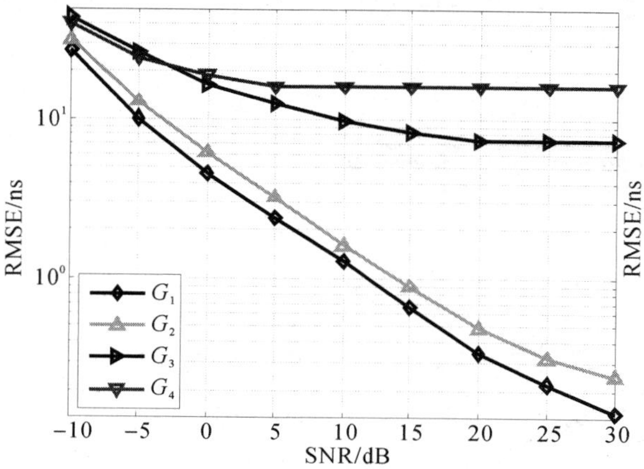

(a) TDOA估计误差

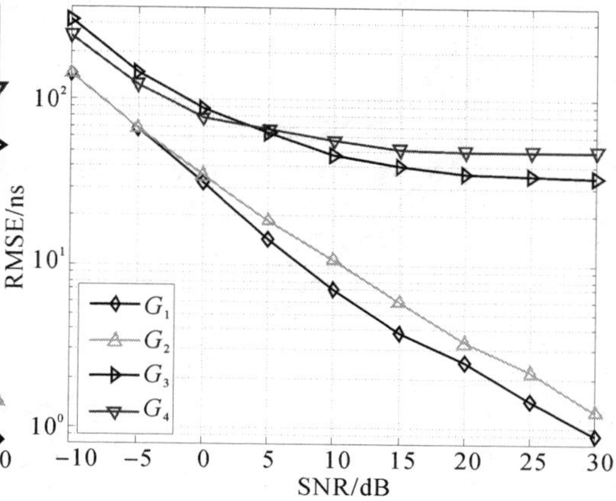

(b) FDOA估计误差

图 5－20 不同信噪比条件下的各插值策略 TDOA 和 FDOA 估计 RMSE

图 5－21 给出了不同信号快拍数条件下，各插值策略的 TDOA 和 FDOA 估计 RMSE 比较结果，仿真中 SNR 设置为 0 dB。实验结果表明，G_3 和 G_4 的估计 RMSE 变化趋势与图 5－20中大致相同，当快拍数增加到一定程度时，估计性能趋于稳定，不再提高。对于 FDOA 估计结果中的 G_2 在快拍数大于 10 000 时估计性能也趋于稳定，只有 G_1 在整个快拍数取值范围内估计性能逐渐提高，稳定现象出现较晚。综上所述，实验 2 结果表明，G_1 策略无论是在 SNR 还是快拍数变化的条件下，与其余算法相比都能够保持良好的估计性能。因此在后续实验中，选取 G_1 为最优策略，与现有插值算法进行估计性能比较。

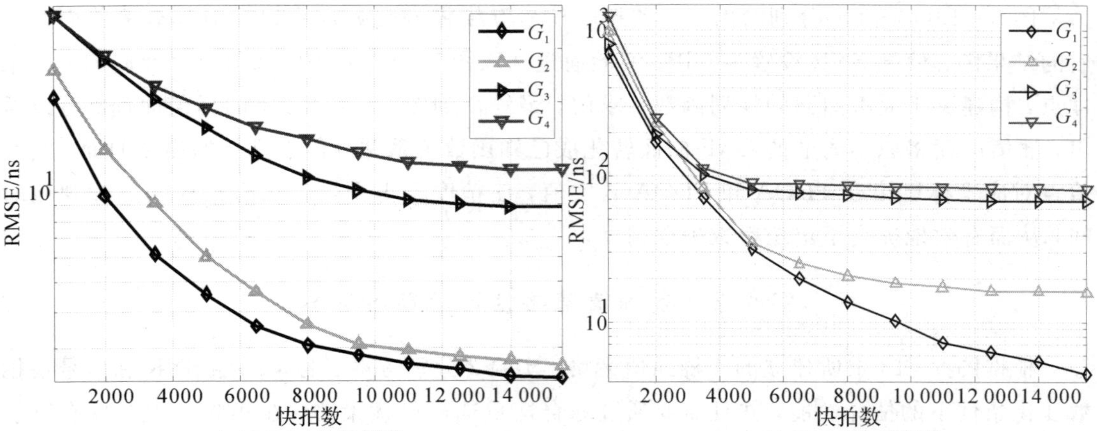

(a) TDOA估计误差　　(b) FDOA估计误差

图 5-21　不同快拍数条件下的各插值策略 TDOA 和 FDOA 估计 RMSE

实验 3　不同 SNR 和快拍数条件下算法的估计性能

为了进一步突出本节算法的估计性能，利用 G_1 和现有插值算法对比，仿真了在不同信噪比和信号快拍数条件下各算法的估计 RMSE。其中平面插值算法有余弦插值法、三角插值法、LS 拟合以及拉格朗日插值法；三维曲面插值算法有小波变换插值法、B 样条插值法、三次样条插值法和移动最小二乘拟合。

图 5-22(a)和(b)分别给出了不同算法随信号 SNR 变化时，TDOA 和 FDOA 估计 RMSE

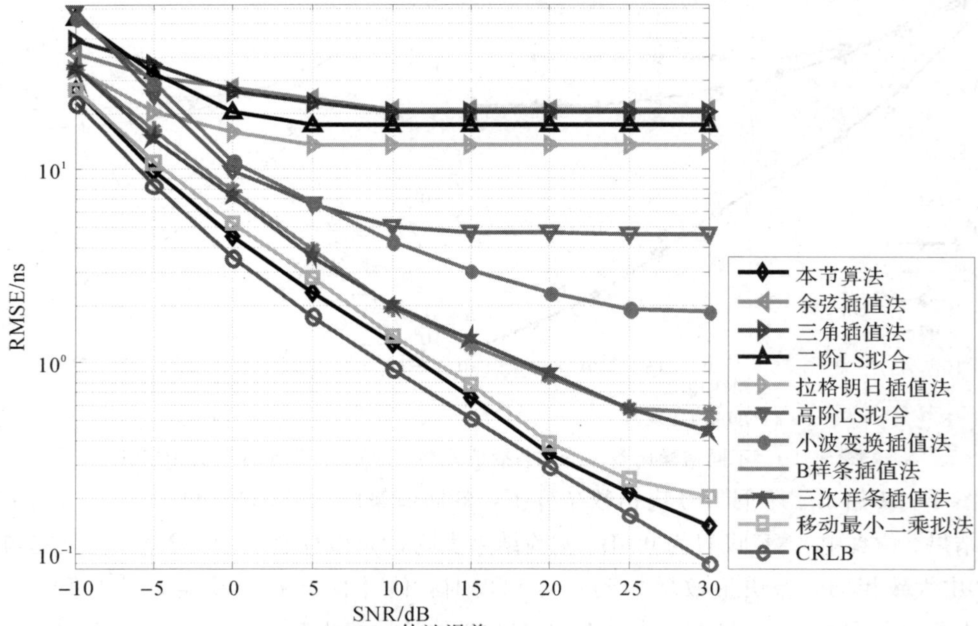

(a) TDOA估计误差

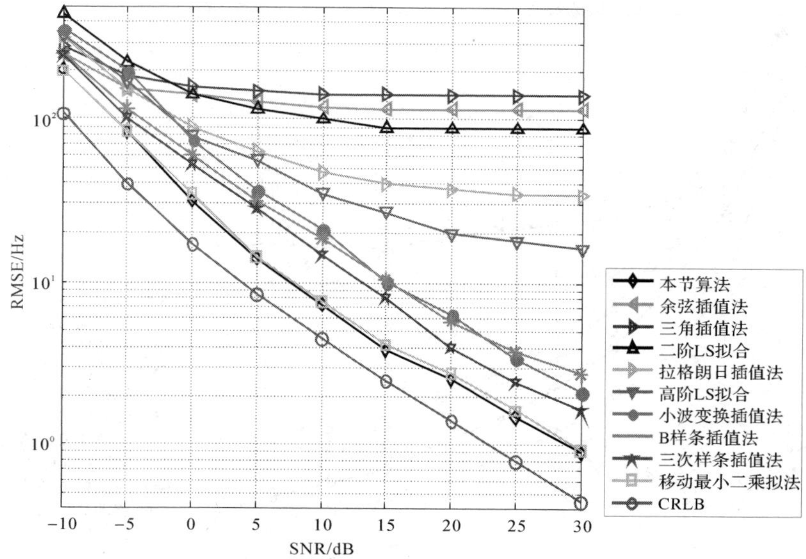

(b) FDOA估计误差

图 5-22　不同信噪比条件下各算法 TDOA 和 FDOA 估计 RMSE

的比较结果，信号快拍数设置为 5000，图中右侧注释适用于(a)(b)两图。从二者的估计结果可以看出，当 SNR 分别增加到 5 dB 和 10 dB 左右，平面插值算法的估计 RMSE 趋于稳定，性能不再有明显提高；高阶 LS 拟合略优，但是与三维曲面插值算法相比，估计性能不理想。对于曲面插值算法，由于考虑到了时差和频差的关联性，因此估计性能优于平面插值拟合算法，估计 RMSE 随着 SNR 的升高而降低。特别地，移动最小二乘算法和本节算法在 SNR 变化时，始终可以保持良好的估计性能，但是本节算法的估计 RMSE 更贴近 CRLB，性能更优，因此在不同 SNR 条件下展现了良好的估计性能。为了进一步评估算法，下面考察算法随信号快拍数变化时的估计性能。

图 5-23 给出了不同信号快拍数条件下，各插值算法的 TDOA 和 FDOA 估计 RMSE

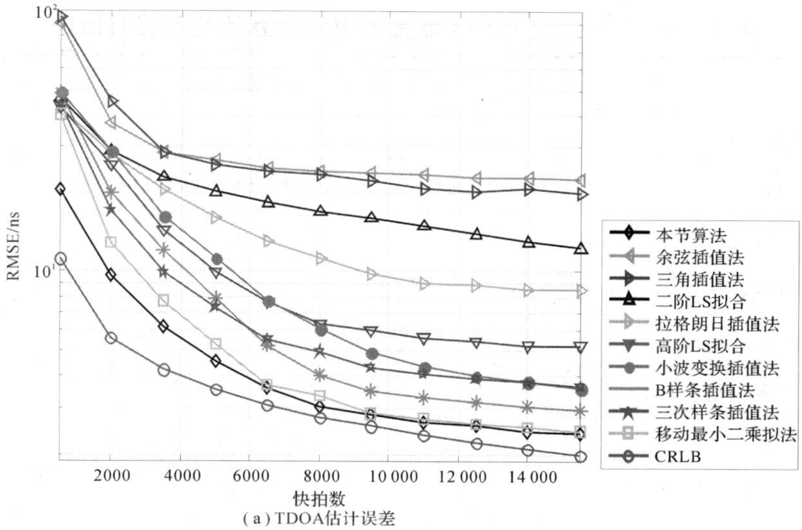

(a) TDOA估计误差

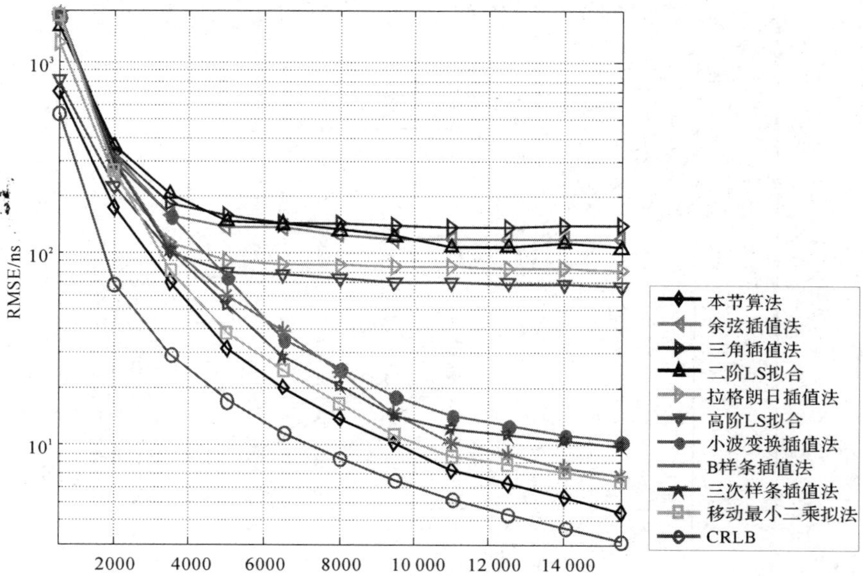

(b)FDOA估计误差

图 5-23 不同快拍数条件下各算法 TDOA 和 FDOA 估计 RMSE

比较结果，仿真中信号 SNR 设置为 0 dB，图中右侧注释适用于(a)(b)两图。实验结果表明，各类算法的估计 RMSE 变化趋势与图 5-22 大致相同，平面插值算法的估计 RMSE 距 CRLB 较远。5 种曲面插值算法的估计性能随着快拍数的增加逐渐提高，但是本节算法 RMSE 总是低于对比算法，估计 RMSE 更贴近 CRLB，因此估计性能更优。

算法的估计性能和运算复杂度一般存在矛盾关系，因此在系统实现中多数情况只能保证一方，影响了整个系统的工作效能。因此，为了能够全面评估算法的综合性能，下面又对比分析了实验中各类算法的计算复杂度。由于实际运算过程中运算量主要体现在乘法运算中，因此将算法中实数乘法的次数作为衡量的主要指标，结果如表 5-3 所示。

表 5-3 TDOA 和 FDOA 联合插值估计算法复杂度对比表

插值算法	运算复杂度
拉格朗日插值法	$O(6n)$
最小二乘拟合	$O(2(n+1)+(n+1)^3+(n+1)(n+1))\approx O(n^3+n^2)$
余弦插值法	$O(2n)$
三角插值法	$O(2n)$
三次样条插值法	$O[2(n+1)+(n+1)6n]\approx O(12n^3)$
移动最小二乘拟合	$O[(N_tN_f)^3M]$
B 样条插值法	$O(N_tN_fM^2)$
小波变换插值法	$O(N_tN_f)$
本节算法	$O[2N_c\sqrt{N_c}(M+8)^2]$

表中，$O(\cdot)$代表计算复杂度；n 表示插值曲面的阶数；N_t、N_f 分别表示为 CAF 曲面的时延轴和频差轴的总采样点数；M 为曲面函数待定系数的个数；N_c 为 SOCP 中不等式限制条件的个数。

结合本节具体参数可知，运算中内点法的最大迭代次数为 $O\sqrt{N_c}$，每次迭代的运算量为

$$O\left(\alpha^2\sum_{i=1}^{N_c}\beta_i\right)=O[2N_c(M+8)^2] \tag{5-75}$$

因此，总的计算复杂度可以表示为

$$O_{本节算法}\left(\sqrt{N_c}\alpha^2\sum_{i=1}^{N_c}\beta_i\right)=O[2N_c\sqrt{N_c}(M+8)^2] \tag{5-76}$$

从表 5-3 可以看出，本节算法的计算复杂度要略高于平面插值法，但如果要实现高精度的联合 TDOA 和 FDOA 估计，需要进行两次全运算，工作效率较低，割裂了时差和频差的关联性。又因为本节算法只采用 CAF 曲面中的 9 个采样点，且 $N_t \gg 3$，$N_f \gg 3$，因此进一步减小了参数估计整体的运算量。综上所述，本节算法的计算复杂度适中，估计性能较优，实现了高精度 TDOA 和 FDOA 的联合估计。

本章小结

提高定位参数提取精度是实现时频差无源定位的关键一环。本章针对该问题，研究了两种定位参数提取插值的方法。本章首先研究了基于带通采样的时延估计算法，利用二分搜索法的思想提高时延估计精度。其次，本章研究了基于二阶锥规划的时延估计方法，构建了“软”“硬”准则相结合的规划函数，进一步提高了时延估计精度。最后本章将平面二阶锥规划扩展至三维曲面，实现了时频差联合精细估计。

参考文献

[1] Jacovitti G, Scarano G. Discrete time techniques for time delay estimation [J]. IEEE Transactions on Signal Processing, 1993, 41(2): 525-533.

[2] C spedes I, Huang Y, OPHIR J, et al. Methods for estimation of subsample time delays of digitized echo signals [J]. Ultrasonic imaging, 1995, 17(2): 142-171.

[3] DE Jong P G, Arts T, Hoeks A P, et al. Determination of tissue motion velocity by correlation interpolation of pulsed ultrasonic echo signals [J]. Ultrasonic imaging, 1990, 12(2): 84-98.

[4] Benedetto F, GIUNTA G. A Fast Time－Delay Estimator of PN Signals [J]. IEEE Transactions on Communications, 2011, 59(8): 2057－2062.

[5] Wang G, Cai S, Li Y, et al. Second－Order Cone Relaxation for TOA－Based Source Localization With Unknown Start Transmission Time[J]. IEEE Transactions on Vehicular Technology, 2014, 63(6):2973－2977.

[6] Wang Y, Wu Y. An Efficient Semidefinite Relaxation Algorithm for Moving Source Localization Using TDOA and FDOA Measurements[J]. IEEE Communications Letters, 2016(99):1－1.

[7] Knapp C H, G C Carter. The generalized correlation method for estimation of time delay [J]. IEEE Transaction on Acoustics, Speech, Signal Processing, 1976, 24(8): 320－327.

[8] Fowler M L, Hu X. Signal models for TDOA/FDOA estimation[J]. Aerospace & IEEE Transactions on Electronic Systems , 2008, 44(4):1543－1550.

[9] Jacovitti, G. , Scarano, G. : 'Discrete time techniques for time delay estimation', IEEE Transactions on signal processing, 1993, 41(2):525－533.

[10] Sturm J F. Using SeDuMi 1. 02, a MATLAB toolbox for optimization over symmetric cones[J]. Optimization methods and software, 1999, 11(1):625－653.

[11] Lobo M S, Vandenberghe L, Boyd S, et al. Applications of second－order cone programming [J]. Linear algebra and its applications, 1998, 284(1):193－228.

[12] Nesterov I E, Nemirovskiĭ A S. Interior Point Polynomial Algorithms in Convex Programming, SAM[J]. Studies in Applied Mathematics Philadelphia Siam, 1994 (3):78－91.

[13] Fowler M L, Hu X. Signal models for TDOA/FDOA estimation [J]. IEEE Transactions on Aerospace & Electronic Systems , 2008, 44(4): 1543－1550.

[14] Stein S. Algorithms for ambiguity function processing[J]. IEEE Transactions on Acoustics, Speech, and Signal Processing, 1981, 29(3): 588－599.

[15] Tao R. Two－stage method for joint time delay and Doppler shift estimation [J]. IET Radar Sonar Navigation, 2008, 2(1): 71－77.

第 6 章　多平台集中式无源定位

6.1　引　　言

在完成时频差参数的高精度估计之后，就可以利用这些定位参数，进行目标的位置速度解算。根据平台结构的不同，需要分别在多平台集中式结构和多平台分布式结构条件下完成定位计算。本章主要总结介绍多平台集中式结构条件下的定位解算方法。

由于目标状态与观测量之间存在高度非线性关系，且需要将频差变化率高阶参数纳入定位解算，而定位解算的难点在于解决非线性问题。在此条件下，快速稳健高精度的定位解算方法就成为动目标无源定位的关键。

6.2　时频差定位

在精确地进行时频差参数估计之后，还需要完成最终的定位解算问题。相对于联合时差、频差以及频差变化率的定位来说，基于时差和频差的定位是其特例。因此，在上章详细介绍了时差、频差、频差变化率联合定位的基础上，本节简单介绍基于时差、频差的定位方法。该方法主要分为两步，第一步是利用最小二乘方法得到目标位置、速度初值，第二步是利用梯度算法去除相关。

6.2.1　加权最小二乘初值解

现考虑对猝发短时跳频辐射源目标的三维测速定位问题，所用到的观测量包括时差、频差，具体的观测量估计方法可以参考第 4 章的研究内容。

假设各参量定义如下：参考站的位置、速度分别为 $\boldsymbol{s}_0=[s_{0x}, s_{0y}, s_{0z}]^{\mathrm{T}}=[x_0, y_0, z_0]^{\mathrm{T}}$ 、$\dot{\boldsymbol{s}}_0=[\dot{s}_{0x}, \dot{s}_{0y}, \dot{s}_{0z}]^{\mathrm{T}}=[\dot{x}_0, \dot{y}_0, \dot{z}_0]^{\mathrm{T}}$ ，第 $i(i=1, \cdots, N-1)$个观测站的位置、速度分别为 $\boldsymbol{s}_i=[s_{ix}, s_{iy}, s_{iz}]^{\mathrm{T}}=[x_i, y_i, z_i]^{\mathrm{T}}$ 、$\dot{\boldsymbol{s}}_i=[\dot{s}_{ix}, \dot{s}_{iy}, \dot{s}_{iz}]^{\mathrm{T}}=[\dot{x}_i, \dot{y}_i, \dot{z}_i]^{\mathrm{T}}$ ，目标辐射源的位置和速度为 $\boldsymbol{x}=[x, y, z]^{\mathrm{T}}$ 、$\dot{\boldsymbol{x}}=[\dot{x}, \dot{y}, \dot{z}]^{\mathrm{T}}$ 。在此条件下，第 i 个$(i=0, 1, \cdots, N-1)$

观测站相对于目标的距离、速度为

$$\begin{cases} r_i = \| \boldsymbol{s}_i - \boldsymbol{x} \| \\ \dot{r}_1 = \dfrac{(\dot{\boldsymbol{s}} - \dot{\boldsymbol{x}})^{\mathrm{T}}(\boldsymbol{s}_i - \boldsymbol{x})}{r_i} \end{cases} \tag{6-1}$$

由定位模型(6－1)可知，待定位的参数与观测量之间存在着高度的非线性关系。若采用全空间网格搜索法求解，由于维数较高，将需要较大的计算量。为了解决该问题，可利用解析方法解决时频差定位问题。首先要实现观测方程的线性化处理，根据方程(6－1)中第一个等式可知

$$d_i^2 + \boldsymbol{s}_0^{\mathrm{T}}\boldsymbol{s}_0 - \boldsymbol{s}_i^{\mathrm{T}}\boldsymbol{s}_i - n_{i,1} = 2(\boldsymbol{s}_0 - \boldsymbol{s}_i)^{\mathrm{T}}\boldsymbol{x} - 2d_i r_0 \tag{6-2}$$

其中，n_{i1} 表示噪声。

显然，方程(6－2)含有 $\boldsymbol{x}$ 的线性项。进一步利用方程(6－2)，对时间取微分可得

$$2d_i\dot{d}_i + 2\dot{\boldsymbol{s}}_0^{\mathrm{T}}\boldsymbol{s}_0 - 2\dot{\boldsymbol{s}}_i^{\mathrm{T}}\boldsymbol{s}_i - n_{i,2} = 2(\boldsymbol{s}_0 - \boldsymbol{s}_i)^{\mathrm{T}}\dot{\boldsymbol{x}} + 2(\dot{\boldsymbol{s}}_0 - \dot{\boldsymbol{s}}_i)^{\mathrm{T}}\boldsymbol{x} - 2\dot{d}_i r_0 - 2d_i\dot{r}_0 \tag{6-3}$$

式中，$n_{i,2}$ 表示噪声。

在经过式(6－2)和式(6－3)的变换之后，可以看出，方程中关于目标位置、速度的参数已经转变成线性项，且时差、频差、频差变化率信息也包含在方程中。然而，除了所需要的参数 $\boldsymbol{x}$、$\dot{\boldsymbol{x}}$ 之外，方程中也包含着其他未知参数 r_0、$\dot{r}_0$ 。为此，将 r_0、$\dot{r}_0$ 作为附加参数，定义 $\boldsymbol{u} = [\boldsymbol{x}^{\mathrm{T}}, r_0, \dot{x}^{\mathrm{T}}, \dot{r}_0]^{\mathrm{T}}$ ，联立方程(6－2)、(6－3)，则方程组可以被线性化为

$$G_1\boldsymbol{u} = \boldsymbol{b}_1 + \boldsymbol{n} \tag{6-4}$$

其中，

$$\boldsymbol{G}_1 = 2\begin{bmatrix} (\boldsymbol{s}_0 - \boldsymbol{s}_1)^{\mathrm{T}} & -d_1 & \boldsymbol{0}_{1\times 3} & 0 \\ \vdots & \vdots & \vdots & \vdots \\ (\boldsymbol{s}_0 - \boldsymbol{s}_{N-1})^{\mathrm{T}} & -d_{N-1} & \boldsymbol{0}_{1\times 3} & 0 \\ (\boldsymbol{s}_0 - \boldsymbol{s}_1)^{\mathrm{T}} & -\dot{d}_1 & (\boldsymbol{s}_0 - \boldsymbol{s}_1)^{\mathrm{T}} & -d_1 \\ \vdots & \vdots & \vdots & \vdots \\ (\boldsymbol{s}_0 - \boldsymbol{s}_{N-1})^{\mathrm{T}} & -\dot{d}_{N-1} & (\boldsymbol{s}_0 - s_{N-1})^{\mathrm{T}} & -d_{N-1} \end{bmatrix} \tag{6-5}$$

$$\boldsymbol{b}_1 = \begin{bmatrix} d_1^2 + \boldsymbol{s}_0^{\mathrm{T}}\boldsymbol{s}_0 - \boldsymbol{s}_1^{\mathrm{T}}\boldsymbol{s}_1 \\ \vdots \\ d_{N-1}^2 + \boldsymbol{s}_0^{\mathrm{T}}\boldsymbol{s}_0 - \boldsymbol{s}_{N-1}^{\mathrm{T}}\boldsymbol{s}_{N-1} \\ \vdots \\ 2d_1\dot{d}_1 + 2\dot{\boldsymbol{s}}_0^{\mathrm{T}}\boldsymbol{s}_0 - 2\dot{\boldsymbol{s}}_1^{\mathrm{T}}\boldsymbol{s}_1 \\ \vdots \\ 2d_{N-1}\dot{d}_{N-1} + 2\dot{\boldsymbol{s}}_0^{\mathrm{T}}\boldsymbol{s}_0 - 2\dot{\boldsymbol{s}}_{N-1}^{\mathrm{T}}\boldsymbol{s}_{N-1} \end{bmatrix} \tag{6-6}$$

$$\boldsymbol{n} = [n_{1,1}, \cdots, n_{N-1,1}, n_{1,2}, \cdots, n_{N-1,2}]^{\mathrm{T}} \tag{6-7}$$

由方程(6－4)可知，$\boldsymbol{u}$ 的加权最小二乘解为

$$\boldsymbol{u}_{\mathrm{WLS}} = (G_1^{\mathrm{T}}W_1G_1)^{-1}G_1^{\mathrm{T}}W_1\boldsymbol{b}_1 \tag{6-8}$$

其中，$W_1 = [\mathrm{cov}(\boldsymbol{n})]^{-1} = (B_1QB_1^{\mathrm{T}})^{-1}$ 表示权系数。

6.2.2 加权梯度法精确解

在如方程(6-8)所给出的最小二乘解中，假设了 $\boldsymbol{u}$ 中各元素是相互独立的。然而实际上，其中的 $\boldsymbol{x}$、$\dot{\boldsymbol{x}}$ 和 r_0、$\dot{r}_0$ 之间存在着相关性。利用这种相关特性，可以进一步提升对于 $\boldsymbol{x}$、$\dot{\boldsymbol{x}}$ 的估计精度。$\boldsymbol{x}$、$\dot{\boldsymbol{x}}$ 和 r_0、$\dot{r}_0$ 之间的关系可以表述为

$$\begin{cases}\boldsymbol{u}_{\mathrm{WLS}}(1:3)=\boldsymbol{x}+\boldsymbol{e}_{1:3}\\ \boldsymbol{u}_{\mathrm{WLS}}(5:7)=\dot{\boldsymbol{x}}+\boldsymbol{e}_{4:6}\\ \boldsymbol{u}_{\mathrm{WLS}}^2(4)=(\boldsymbol{s}_0-\boldsymbol{x})^{\mathrm{T}}(\boldsymbol{s}_0-\boldsymbol{x})+e_7\\ \boldsymbol{u}_{\mathrm{WLS}}(4)\boldsymbol{u}_{\mathrm{WLS}}(8)=(\dot{\boldsymbol{s}}_0-\dot{\boldsymbol{x}})^{\mathrm{T}}(\boldsymbol{s}_0-\boldsymbol{x})+e_8\end{cases}\tag{6-9}$$

其中，$\boldsymbol{e}=[e_1, e_1, \cdots, e_8]^{\mathrm{T}}$ 是误差向量。

定义

$$\begin{cases}\boldsymbol{z}=[\boldsymbol{x}^{\mathrm{T}}, \dot{\boldsymbol{x}}^{\mathrm{T}}, r_1^2, \dot{r}_1r_1]^{\mathrm{T}}\\ \boldsymbol{y}=[\boldsymbol{x}^{\mathrm{T}}, \boldsymbol{x}^{\mathrm{T}}]^{\mathrm{T}}\end{cases}\tag{6-10}$$

显然，$\boldsymbol{z}$ 既可以看做是变量 $\boldsymbol{y}$ 的函数，也可以看做是变量 $\boldsymbol{u}$ 的函数。当 $\boldsymbol{z}$ 看做是 $\boldsymbol{u}$ 的函数时，$\boldsymbol{z}$ 对 $\boldsymbol{u}$ 的偏导数为

$$F_1=\frac{\partial\boldsymbol{z}}{\partial\boldsymbol{u}^{\mathrm{T}}}=\begin{bmatrix}I_3 & \boldsymbol{0}_{3\times1} & \boldsymbol{0}_{3\times3} & \boldsymbol{0}_{3\times1}\\ \boldsymbol{0}_{3\times3} & \boldsymbol{0}_{3\times1} & I_3 & \boldsymbol{0}_{3\times1}\\ \boldsymbol{0}_{1\times3} & 2r_1 & \boldsymbol{0}_{1\times3} & 0\\ \boldsymbol{0}_{1\times3} & \dot{r}_1 & \boldsymbol{0}_{1\times3} & r_1\end{bmatrix}\tag{6-11}$$

由于 $\boldsymbol{e}\approx F_1\partial\boldsymbol{u}$，因此，$\boldsymbol{e}=[e_1, e_2, \cdots, e_8]^{\mathrm{T}}$ 的均值为 0，协方差矩阵为

$$\mathrm{var}(\boldsymbol{e})=E[\boldsymbol{e}\boldsymbol{e}^{\mathrm{T}}]=F_1\mathrm{var}(\boldsymbol{u}_{\mathrm{WLS}})F_1^{\mathrm{T}}\tag{6-12}$$

其中，$\mathrm{var}(\boldsymbol{u}_{\mathrm{WLS}})$ 表示 $\boldsymbol{u}_{\mathrm{WLS}}$ 的协方差矩阵，且根据式(6-12)，有

$$\mathrm{var}[\boldsymbol{u}_{\mathrm{WLS}}]=(\boldsymbol{G}_1^{\mathrm{T}}W_1\boldsymbol{G}_1)^{-1}\tag{6-13}$$

另一方面，当将 $\boldsymbol{z}$ 看做是 $\boldsymbol{y}$ 的函数时，式(6-9)可以表示为

$$\boldsymbol{z}(\boldsymbol{u}_{\mathrm{WLS}})=\boldsymbol{z}(\boldsymbol{y})+\boldsymbol{e}\tag{6-14}$$

由此，$\boldsymbol{z}(\boldsymbol{u}_{\mathrm{WLS}})$ 可以视作一组带噪声的测量量，$\boldsymbol{z}(\boldsymbol{y})$ 是 $\boldsymbol{y}$ 的非线性函数，$\boldsymbol{y}$ 的初值可以从 $\boldsymbol{u}_{\mathrm{WLS}}$ 获得，也即 $\boldsymbol{y}_1=[\boldsymbol{u}_{\mathrm{WLS}}(1:3)^{\mathrm{T}}, \boldsymbol{u}_{\mathrm{WLS}}(5:7)^{\mathrm{T}}]^{\mathrm{T}}$ 是 $\boldsymbol{y}$ 的初值，$\boldsymbol{z}$ 对 $\boldsymbol{y}$ 的偏导数 F_2 为

$$F_2=\frac{\partial\boldsymbol{z}}{\partial\boldsymbol{y}^{\mathrm{T}}}=\begin{bmatrix}I_3 & 0_{3\times3}\\ 0_{3\times3} & I_3\\ 2(\boldsymbol{x}-\boldsymbol{s}_0)^{\mathrm{T}} & 0_{1\times3}\\ (\dot{\boldsymbol{x}}-\dot{\boldsymbol{s}}_0)^{\mathrm{T}} & (\boldsymbol{x}-\boldsymbol{s}_0)^{\mathrm{T}}\end{bmatrix}\tag{6-15}$$

利用加权梯度法可以对 $\boldsymbol{y}$ 进行迭代估计，其迭代估计公式为

$$\hat{\boldsymbol{y}}=(F_2W_2F_2^{\mathrm{T}})^{-1}F_2^{\mathrm{T}}W_2[\boldsymbol{z}(\boldsymbol{u}_{\mathrm{WLS}})-\boldsymbol{z}(\boldsymbol{y}_1)]+\boldsymbol{y}_1\tag{6-16}$$

其中，W_2 表示权值，有

$$W_2=\mathrm{var}(\boldsymbol{e})^{-1}\tag{6-17}$$

利用式(6-16)，经过若干次迭代之后，$\boldsymbol{y}$ 可以达到其最优解。

6.2.3 性能仿真分析

仿真 1：定位算法的稳健性、精度分析

本仿真对上述基于 WLS 和梯度算法的定位算法进行仿真分析。假设一共有 6 个观测平台参与对目标的测速定位，平台的坐标分别为 $\boldsymbol{s}_1=[0, 0, -30]^{\mathrm{T}}\mathrm{km}$，$\boldsymbol{s}_2=[48, 0, 0]^{\mathrm{T}}\mathrm{km}$，$\boldsymbol{s}_3=[0, 48, 0]^{\mathrm{T}}\mathrm{km}$，$\boldsymbol{s}_4=[-47, 29, 0]^{\mathrm{T}}\mathrm{km}$，$\boldsymbol{s}_5=[-30, -30, 0]^{\mathrm{T}}\mathrm{km}$，$\boldsymbol{s}_6=[29, -48, 0]^{\mathrm{T}}\mathrm{km}$，如图 6-1 所示，其中将第一个观测站作为参考站。所有的观测平台都具有相同的速度，$\dot{\boldsymbol{s}}=[7.9, 0, 0]^{\mathrm{T}}\mathrm{km/s}$。假设辐射源信号是符号速率为 $B=100$ kHz、载频为1 GHz、信噪比为 3 dB 的 BPSK 信号，积累时间为 $T=1$ s。在此条件下，可以获得较好的观测量估计精度，从而达到高精度定位。假设目标的位置和速度分别为

$$\begin{cases}\boldsymbol{x}=[R\cos(\theta), R\sin(\theta), 400]^{\mathrm{T}}(\mathrm{km})\\ \dot{\boldsymbol{x}}=[0.5, 0.5, 0]^{\mathrm{T}}(\mathrm{km/s})\end{cases} \tag{6-18}$$

在不同的半径 R 和方位角 θ 条件下，对目标的测速定位精度进行分析。

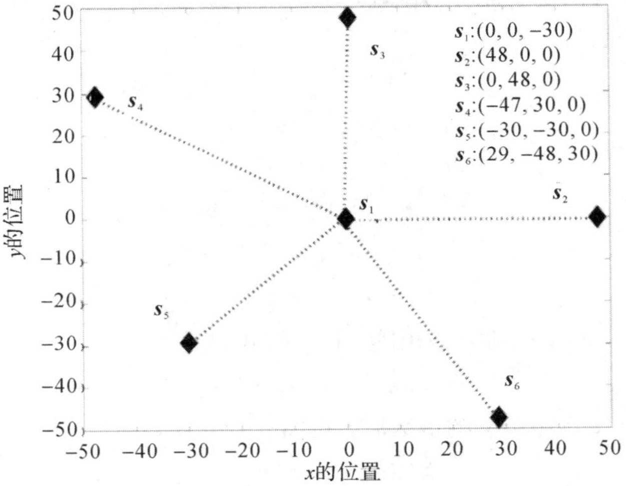

图 6-1 时频差条件下各观测站位置示意图

图 6-2 给出了在距离 $R=50$ km 条件下，定位精度随着方位角的变化和测速精度随着方位角的变化；图 6-3 给出了在距离 $R=150$ km 条件下，定位精度随着方位角的变化和测速精度随着方位角的变化；图 6-4 给出了在距离 $R=300$ km 条件下，定位精度随着方位角的变化和测速精度随着方位角的变化。在以上所有的子图中，都绘制了两步最小二乘方法的 RMSE、所提方法的 RMSE、CRLB。需要说明的是，RMSE 曲线是通过 1000 次蒙特卡罗实验得到的。

对以上仿真结果分析如下：

(1) 对于所有的仿真结果图，当方位角 θ 远离 0、0.5π、π 和 1.5π 时，所提方法和已有方法都能够接近 CRLB。其主要原因是：① 当方位角 θ 远离 0、0.5π、π 和 1.5π 时，在两步 WLS 中没有缺秩问题，它可以达到其理想性能。② 在所提方法中，梯度过程在第一步中获

得了良好的初始值，因此可以找到最优解，精度接近 CRLB。③ 观测量噪声水平相对较低，算法都可以达到 CRLB。

（2）对于所有的仿真结果图，可以看出当方位角 θ 接近 0、0.5π、π 和 1.5π 时，传统方法的 RMSE 远远大于 CRLB，出现不稳健的情况。其主要原因是：当 $\theta = 0$、0.5π、π 或者 1.5π 时，$[\boldsymbol{x}-\boldsymbol{s}_0]=[R\cos\theta, R\sin\theta, 430]$ 包含 0 元素，例如当 $\theta=0$、$R=50$ 时，$[\boldsymbol{x}-\boldsymbol{s}_0]$ 为 $[50, 0, 430]^{\mathrm{T}}$。显然，在此情况下，传统算法中用到的 $\boldsymbol{B}_2$ 矩阵出现缺秩问题，导致算法不稳健。相比于传统方法，所提方法在所有的位置上均能够有效收敛，算法的稳健性大大提高，主要原因是算法避免了使用 B_2 矩阵，从而避免了矩阵缺秩问题。

（3）从不同半径 R 下的纵向对比可以看出，当 R 较小时，不稳健的区域较宽；当 R 较大时，不稳健区域较窄，其原因仍然是矩阵的缺秩问题。可以看出，$[\boldsymbol{x}-\boldsymbol{s}_1]$ 中的第三个元素为 430，当半径 R 较小时，x、y 两个方向的坐标相对 R 较小，因此在矩阵求逆时，数值计算更容易出现不稳健问题。

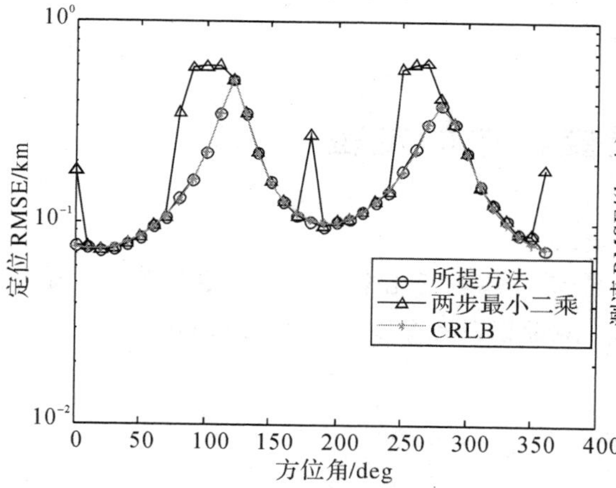

（a）R=50 km条件下的位置精度对比

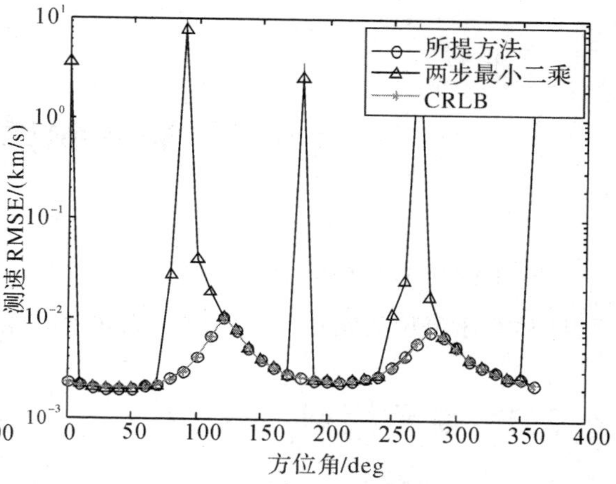

（b）R=50 km条件下的速度精度对比

图 6-2　$R=50$ km 条件下的位置速度精度

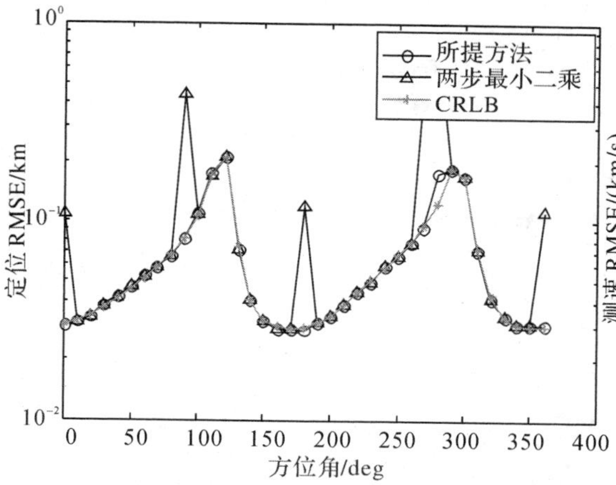

（a）R=150 km条件下的位置精度对比

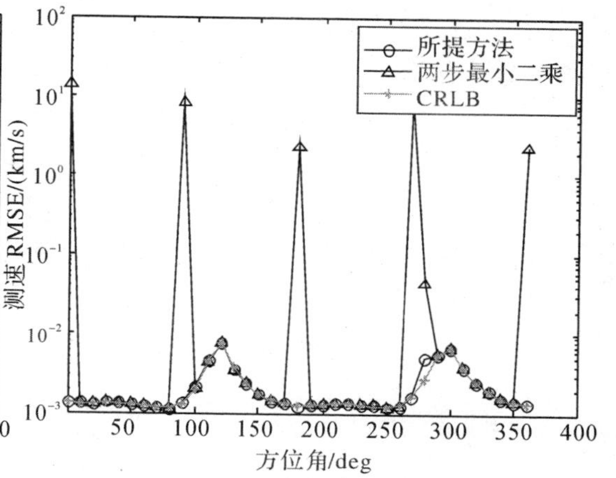

（b）R=150 km条件下的速度精度对比

图 6-3　$R=150$ km 条件下的位置速度精度

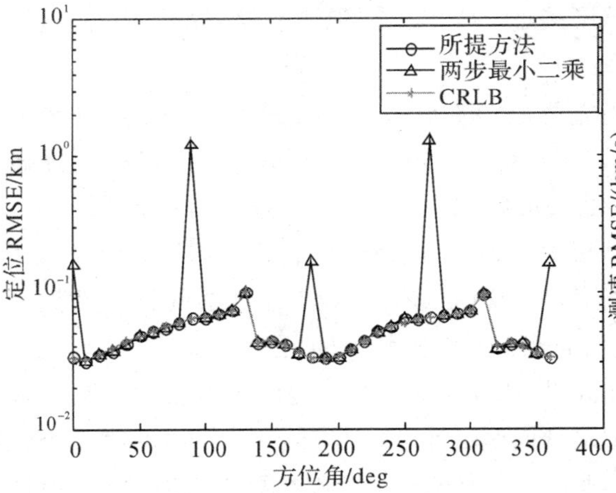

(a) R=300 km条件下的位置精度对比

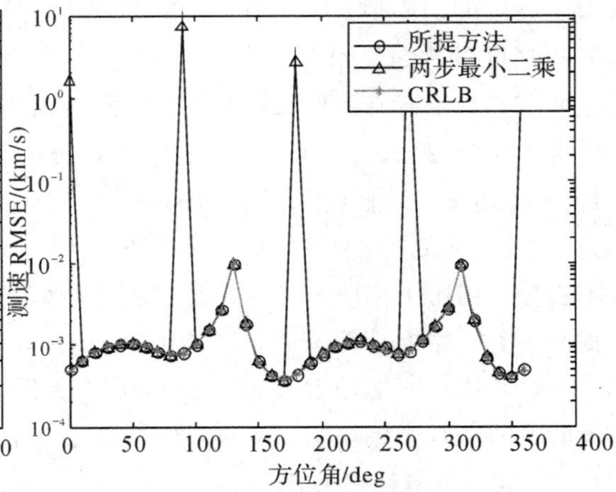

(b) R=300 km条件下的速度精度对比

图 6-4　R=300 km 条件下的位置速度精度

6.3　联合频差变化率的定位

在包含频差变化率的高动态定位场景下，需要将频差变化率信息纳入定位解算，提升对目标测速定位的精度，也即要完成联合时差、频差以及频差变化率的无源定位。

6.3.1　定位模型

现考虑对窄带遥测信号辐射源目标的三维测速定位问题，如图 6-5 所示。图中给出了进行空中目标辐射源定位的一个典型场景，参与定位的卫星包含绳系编队与双星自然编队。双星系统的轨道高度为 700 km，星间距离为 70 km；绳系旋转编队的轨道高度为500 km，

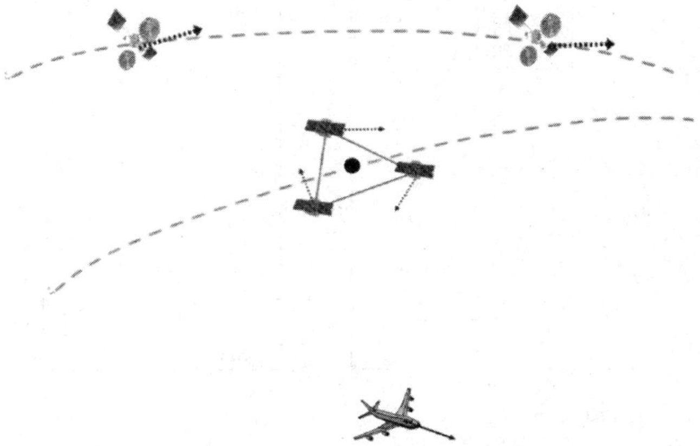

图 6-5　机动目标定位与测速示意图

旋转半径为 3 km，旋转周期为 50 s。针对遥测信号的定位，所用到的观测量包括时差、频差、频差变化率，具体的观测量估计方法可以参考第 3 章的研究内容。

一般情况下，假设参与定位的传感器共有 N 个，传感器自身的位置、速度、加速度已知，N 个观测平台对目标共视，能够同时收到目标辐射源的信号。不失一般性，选取其中任意一个观测站作为参考站，将其编号为第 0 个观测站，其余观测站编号为 1，2，…，$N-1$。通过传感器平台之间的通信链路，可以测量各个观测站相对于参考站的时差、频差以及频差变化率观测量。

假设各参量如下：参考站的位置、速度、加速度分别为 $\boldsymbol{s}_0=[s_{0x},\ s_{0y},\ s_{0z}]^{\mathrm{T}}$、$\dot{\boldsymbol{s}}=[\dot{s}_{0x},\ \dot{s}_{0y},\ \dot{s}_{0z}]^{\mathrm{T}}$、$\ddot{\boldsymbol{s}}_0=[\ddot{s}_{0x},\ \ddot{s}_{0y},\ \ddot{s}_{0z}]^{\mathrm{T}}$，第 $i(i=1,\ \cdots,\ N-1)$ 个观测站的位置、速度、加速度分别为 $\boldsymbol{s}_i=[s_{ix},\ s_{iy},\ s_{iz}]^{\mathrm{T}}$、$\dot{\boldsymbol{s}}_i=[\dot{s}_{ix},\ \dot{s}_{iy},\ \dot{s}_{iz}]^{\mathrm{T}}$、$\ddot{\boldsymbol{s}}_i=[\ddot{s}_{ix},\ \ddot{s}_{iy},\ \ddot{s}_{iz}]^{\mathrm{T}}$，目标辐射源的位置和速度为 $\boldsymbol{x}=[x,\ y,\ z]^{\mathrm{T}}$、$\dot{\boldsymbol{x}}=[\dot{x},\ \dot{y},\ \dot{z}]^{\mathrm{T}}$。在此条件下，第 i 个（$i=0,\ 1,\ \cdots,\ N-1$）观测站相对于目标的距离、速度、加速度为

$$\begin{cases} r_i=\|\boldsymbol{s}_i-\boldsymbol{x}\| \\ \dot{r}=\dfrac{(\dot{\boldsymbol{s}}-\dot{\boldsymbol{x}})^{\mathrm{T}}(\boldsymbol{s}_i-\boldsymbol{x})}{r_i} \\ \ddot{r}=\dfrac{(\ddot{\boldsymbol{s}}_i)^{\mathrm{T}}(\boldsymbol{s}_i-\boldsymbol{x})-(\dot{\boldsymbol{s}}-\dot{\boldsymbol{x}})^{\mathrm{T}}(\dot{\boldsymbol{s}}_i-\dot{\boldsymbol{x}})-\dot{r}_i^2}{r_i} \end{cases} \tag{6-19}$$

第 i 个观测站（$i=1,\ \cdots,\ N-1$）相对于第一个观测站的距离差、速度差、加速度差为

$$\begin{cases} d_i^0=r_i-r_0 \\ \dot{d}_i^0=\dot{r}_i-\dot{r}_0 \\ \ddot{d}_i^0=\ddot{r}_i-\ddot{r}_0 \end{cases} \tag{6-20}$$

由观测量时差、频差以及频差变化率推理可得，含有观测噪声的距离差、速度差、加速度差为

$$\begin{cases} d_i=d_i^0+\Delta_{d_i}=c(\tau_i+\Delta_{\tau_i}) \\ \dot{d}_i=\dot{d}_i^0+\Delta_{\dot{d}_i}=\lambda(f_i+\Delta_{f_i}) \\ \ddot{d}_i=\ddot{d}_i^0+\Delta_{\ddot{d}_i}=\lambda(\dot{f}_i+\Delta_{\dot{f}_i}) \end{cases} \tag{6-21}$$

其中，c 表示光速；λ 表示辐射源信号的波长；τ_i、f_i、$\dot{f}_i$ 分别表示时差、频差以及频差变化率观测量；Δ_{τ_i}、Δ_{f_i}、$\Delta_{\dot{f}_i}$ 分别表示时差、频差以及频差变化率的测量误差，服从零均值高斯分布。

由于观测量的测量误差对系统的性能有着至关重要的影响，在此，对观测量的测量误差协方差矩阵进行分析。定义

$$\begin{cases} \Delta\triangleq[\Delta_{\tau_1},\ \cdots,\ \Delta_{\tau_{N-1}},\ \Delta_{f_1},\ \cdots,\ \Delta_{f_{N-1}},\ \Delta_{\dot{f}_2},\ \cdots,\ \Delta_{\dot{f}_N}]^{\mathrm{T}} \\ \Delta\triangleq[\Delta_{d_1},\ \cdots,\ \Delta_{d_{N-1}},\ \Delta_{\dot{d}_1},\ \cdots,\ \Delta_{\dot{d}_{N-1}},\ \Delta_{\ddot{d}_1},\ \cdots,\ \Delta_{\ddot{d}_{N-1}}]^{\mathrm{T}} \end{cases} \tag{6-22}$$

假设 Δ_0 的协方差矩阵为 $\boldsymbol{Q}_0$，Δ 的协方差矩阵为 $\boldsymbol{Q}$，从以下三个角度可以对 $\boldsymbol{Q}_0$ 和 $\boldsymbol{Q}$ 进行分析。

(1) 根据第 3 章的推导，第 i 个观测站相对于参考站的 TDOA、FDOA 以及 Doppler Rate 的协方差矩阵为

$$\mathrm{CRLB}(\tau,\ f,\ \dot{f})=\frac{1}{B_{\mathrm{n}}Tr}\begin{bmatrix}\frac{1}{\beta_{\mathrm{s}}^{2}} & 0 & 0\\ 0 & \frac{3}{\pi^{2}T^{2}} & 0\\ 0 & 0 & 0\ \frac{180}{\pi^{2}T^{4}}\end{bmatrix} \tag{6-23}$$

(2) 对于第 i 个观测站和第 j 个观测站 $(i\neq j)$ 之间属性不同的观测量，如 τ_i 和 f_j 、τ_i 和 $\dot{f}_j$ 、τ_i 和 f_j ，其测量相互独立，互协方差为 0。

(3) 对于第 i 个观测站和第 j 个观测站 $(i\neq j)$ 之间属性相同的观测量，如 τ_i 和 τ_j，由于它们都是用同一个参考基准测量得到的结果，因此具有一定的相关性，τ_i 和 τ_j 的相关系数近似为 0.5。

由以上分析可知 Δ_0 的协方差矩阵为 $\boldsymbol{Q}_0$ ，Δ 的协方差矩阵为 $\boldsymbol{Q}$ 。协方差矩阵 $\boldsymbol{Q}$ 可以写为：

$$\boldsymbol{Q}=\begin{bmatrix}\boldsymbol{Q}_d & \boldsymbol{0} & \boldsymbol{0}\\ \boldsymbol{0} & \boldsymbol{Q}_v & \boldsymbol{0}\\ \boldsymbol{0} & \boldsymbol{0} & \boldsymbol{Q}_a\end{bmatrix} \tag{6-24}$$

其中，$\boldsymbol{Q}_d$ 表示距离差的协方差矩阵；$\boldsymbol{Q}_v$ 表示速度差的协方差矩阵；$\boldsymbol{Q}_a$ 是加速度差的协方差矩阵。

6.3.2 定位的 CRLB 及其分析

在实现对目标的高精度测速定位之前，首先需要对目标所能够达到的精度的理论边界进行讨论，也即给出定位精度的 CRLB，它是预测定位精度、评价定位性能的最主要工具。

1. 偏导数矩阵

为了方便后续推导过程，首先给出如下的符号定义

$$\begin{cases}\dot{\boldsymbol{y}}=[\boldsymbol{x}^{\mathrm{T}},\ \dot{\boldsymbol{x}}^{\mathrm{T}}]^{\mathrm{T}}\\ \boldsymbol{d}(\boldsymbol{y})=[d_1^0,\ d_2^0,\ \cdots,\ d_{N-1}^0]^{\mathrm{T}}\\ \dot{\boldsymbol{d}}(\boldsymbol{y})=[\dot{d}_1^0,\ \dot{d}_2^0,\ \cdots,\ \dot{d}_{N-1}^0]^{\mathrm{T}}\\ \ddot{\boldsymbol{d}}(\boldsymbol{y})=[\ddot{d}_1^0,\ \ddot{d}_2^0,\ \cdots,\ \ddot{d}_{N-1}^0]^{\mathrm{T}}\\ \boldsymbol{h}(\boldsymbol{y})=[\boldsymbol{d}(\boldsymbol{y})^{\mathrm{T}},\ \dot{\boldsymbol{d}}(\boldsymbol{y})^{\mathrm{T}},\ \ddot{\boldsymbol{d}}(\boldsymbol{y})^{\mathrm{T}}]^{\mathrm{T}}\end{cases} \tag{6-25}$$

其中，$\boldsymbol{y}$ 表示目标的状态参数；$\boldsymbol{h}(\boldsymbol{y})$ 表示观测量。

$\boldsymbol{y}$ 的费舍尔信息矩阵为

$$\mathrm{FIM}(\boldsymbol{y})=\boldsymbol{P}^{\mathrm{T}}\boldsymbol{Q}^{-1}\boldsymbol{P} \tag{6-26}$$

其中，$\boldsymbol{Q}$ 表示观测量的误差矩阵；$P \triangleq \dfrac{\partial \boldsymbol{h}(\boldsymbol{y})}{\partial \boldsymbol{y}}$ 表示 $\boldsymbol{h}(\boldsymbol{y})$ 对 $\boldsymbol{y}$ 的偏导数矩阵。

将 P 展开可得

$$P \triangleq \frac{\partial \boldsymbol{h}(\boldsymbol{y})}{\partial \boldsymbol{y}} = \begin{bmatrix} \dfrac{\partial \boldsymbol{d}(\boldsymbol{y})}{\partial \boldsymbol{x}} & \dfrac{\partial \boldsymbol{d}(\boldsymbol{y})}{\partial \dot{\boldsymbol{x}}} \\ \dfrac{\partial \dot{\boldsymbol{d}}(\boldsymbol{y})}{\partial \boldsymbol{x}} & \dfrac{\partial \dot{\boldsymbol{d}}(\boldsymbol{y})}{\partial \dot{\boldsymbol{x}}} \\ \dfrac{\partial \ddot{\boldsymbol{d}}(\boldsymbol{y})}{\partial \boldsymbol{x}} & \dfrac{\partial \ddot{\boldsymbol{d}}(\boldsymbol{y})}{\partial \dot{\boldsymbol{x}}} \end{bmatrix} \tag{6-27}$$

2. 偏导数矩阵化简

下面对偏导数矩阵 $\boldsymbol{P}$ 进行必要的化简。根据方程(6-19)可得

$$\frac{\partial \boldsymbol{r}_i}{\partial \boldsymbol{x}} = \frac{(\boldsymbol{x} - \boldsymbol{s}_i)^{\mathrm{T}}}{\boldsymbol{r}_i} \tag{6-28}$$

$$\frac{\partial \boldsymbol{r}_i}{\partial \dot{\boldsymbol{x}}} = \boldsymbol{0}_{1\times 3} \tag{6-29}$$

$$\frac{\partial \dot{\boldsymbol{r}}_i}{\partial \boldsymbol{x}} = \frac{(\boldsymbol{x} - \boldsymbol{s})^{\mathrm{T}} \dot{\boldsymbol{r}}_i}{\boldsymbol{r}_1^2} + \frac{(\dot{\boldsymbol{x}} - \dot{\boldsymbol{s}}_i)^{\mathrm{T}}}{\boldsymbol{r}_i} \tag{6-30}$$

$$\frac{\partial \dot{\boldsymbol{r}}_i}{\partial \dot{\boldsymbol{x}}} = \frac{(\boldsymbol{x} - \boldsymbol{s}_i)^{\mathrm{T}}}{\boldsymbol{r}_i} \tag{6-31}$$

$$\frac{\partial \ddot{\boldsymbol{r}}}{\partial \boldsymbol{x}} = \frac{\ddot{\boldsymbol{r}}_i}{\boldsymbol{r}_i}\frac{\partial \boldsymbol{r}_i}{\partial \boldsymbol{x}} - 2\frac{\dot{\boldsymbol{r}}_i}{\boldsymbol{r}_i}\frac{\partial \dot{\boldsymbol{r}}_i}{\partial \boldsymbol{x}} - \frac{(\ddot{\boldsymbol{s}}_i)^{\mathrm{T}}}{\boldsymbol{r}_i} \tag{6-32}$$

$$\frac{\partial \ddot{\boldsymbol{r}}_i}{\partial \dot{\boldsymbol{x}}} = \frac{2(\dot{\boldsymbol{x}} - \dot{\boldsymbol{s}}_i)^{\mathrm{T}}}{\boldsymbol{r}_i} - 2\frac{\dot{\boldsymbol{r}}_i}{\boldsymbol{r}_i}\frac{\partial \dot{\boldsymbol{r}}_i}{\partial \dot{\boldsymbol{x}}} \tag{6-33}$$

$$\frac{\partial \boldsymbol{d}(\boldsymbol{y})}{\partial \boldsymbol{x}} = \begin{bmatrix} \dfrac{\partial \boldsymbol{r}_1}{\partial \boldsymbol{x}} - \dfrac{\partial \boldsymbol{r}_0}{\partial \boldsymbol{x}} \\ \vdots \\ \dfrac{\partial \boldsymbol{r}_{N-1}}{\partial \boldsymbol{x}} - \dfrac{\partial \boldsymbol{r}_0}{\partial \boldsymbol{x}} \end{bmatrix}_{(N-1)\times 3} \tag{6-34}$$

$$\frac{\partial \boldsymbol{d}(\boldsymbol{y})}{\partial \dot{\boldsymbol{x}}} = \boldsymbol{0}_{(N-1)\times 3} \tag{6-35}$$

$$\frac{\partial \dot{\boldsymbol{d}}(\boldsymbol{y})}{\partial \boldsymbol{x}} = \begin{bmatrix} \dfrac{\partial \dot{\boldsymbol{r}}_1}{\partial \boldsymbol{x}} - \dfrac{\partial \dot{\boldsymbol{r}}_0}{\partial \boldsymbol{x}} \\ \vdots \\ \dfrac{\partial \dot{\boldsymbol{r}}_{N-1}}{\partial \boldsymbol{x}} - \dfrac{\partial \dot{\boldsymbol{r}}_0}{\partial \boldsymbol{x}} \end{bmatrix}_{(N-1)\times 3} \tag{6-36}$$

$$\frac{\partial \dot{\boldsymbol{d}}(\boldsymbol{y})}{\partial \boldsymbol{x}} = \begin{bmatrix} \dfrac{\partial \dot{\boldsymbol{r}}_1}{\partial \dot{\boldsymbol{x}}} - \dfrac{\partial \dot{\boldsymbol{r}}_0}{\partial \dot{\boldsymbol{x}}} \\ \vdots \\ \dfrac{\partial \dot{\boldsymbol{r}}_{N-1}}{\partial \dot{\boldsymbol{x}}} - \dfrac{\partial \dot{\boldsymbol{r}}_0}{\partial \dot{\boldsymbol{x}}} \end{bmatrix}_{(N-1)\times 3} \tag{6-37}$$

$$\frac{\partial\ddot{\boldsymbol{d}}(\boldsymbol{y})}{\partial\boldsymbol{x}}=\begin{bmatrix}\dfrac{\partial\ddot{\boldsymbol{r}}_1}{\partial\boldsymbol{x}}-\dfrac{\partial\ddot{\boldsymbol{r}}_0}{\partial\boldsymbol{x}}\\ \vdots\\ \dfrac{\partial\ddot{\boldsymbol{r}}_{N-1}}{\partial\boldsymbol{x}}-\dfrac{\partial\ddot{\boldsymbol{r}}_0}{\partial\boldsymbol{x}}\end{bmatrix}_{(N-1)\times 3}\tag{6-38}$$

$$\frac{\partial\ddot{\boldsymbol{d}}(\boldsymbol{y})}{\partial\dot{\boldsymbol{x}}}=\begin{bmatrix}\dfrac{\partial\ddot{\boldsymbol{r}}_1}{\partial\ddot{\boldsymbol{x}}}-\dfrac{\partial\ddot{\boldsymbol{r}}_0}{\partial\dot{\boldsymbol{x}}}\\ \vdots\\ \dfrac{\partial\ddot{\boldsymbol{r}}_{N-1}}{\partial\ddot{\boldsymbol{x}}}-\dfrac{\partial\ddot{\boldsymbol{r}}_0}{\partial\dot{\boldsymbol{x}}}\end{bmatrix}_{(N-1)\times 3}\tag{6-39}$$

3. CRLB 分析

根据方程(6-27)，进一步地将 $\boldsymbol{P}$ 写成

$$\boldsymbol{P}=[\boldsymbol{P}_d,\ \boldsymbol{P}_y,\ \boldsymbol{P}_a]^{\mathrm{T}}\tag{6-40}$$

其中，$\boldsymbol{P}_d$、$\boldsymbol{P}_y$、$\boldsymbol{P}_a$ 分别表示距离差、速度差、加速度差对于目标状态的偏导数。将式(6-40)代入式(6-26)可得

$$\mathrm{FIM}(\boldsymbol{y})=\boldsymbol{P}_d^{\mathrm{T}}Q_d^{-1}\boldsymbol{P}_d+\boldsymbol{P}_v^{\mathrm{T}}Q_v^{-1}\boldsymbol{P}_v+P_a^{\mathrm{T}}Q_a^{-1}\boldsymbol{P}_a\tag{6-41}$$

从(6-41)可以看出，目标状态的费舍尔信息矩阵由三部分构成，第一部分 $\boldsymbol{P}_d^{\mathrm{T}}Q_d^{-1}\boldsymbol{P}_d$ 是距离差(时差)观测量所提供的信息量；第二部分 $\boldsymbol{P}_y^{\mathrm{T}}Q_y^{-1}\boldsymbol{P}_v$ 是速度差(频差)提供的信息量；第三部分 $\boldsymbol{P}_a^{T}Q_a^{-1}\boldsymbol{P}_a$ 是加速度差(频差变化率)提供的信息量。由于 $\boldsymbol{P}_a^{\mathrm{T}}Q_a^{-1}\boldsymbol{P}_a$ 具有正定性，频差变化率所提供的信息量总为正，则纳入频差频差变化率之后的费舍尔信息量大于仅考虑时差、频差的费舍尔信息量。进一步地，目标状态的 CRLB 是其费舍尔信息矩阵的逆矩阵，即

$$\mathrm{CRLB}(\boldsymbol{y})=\mathrm{FIM}^{-1}(\boldsymbol{y})=(\boldsymbol{P}^{\mathrm{T}}Q^{-1}\boldsymbol{P})^{-1}\tag{6-42}$$

因此，考虑频差变化率高阶量之后将具有更好的测速定位精度。

6.3.3 加权最小二乘初值解

由定位模型可知，待定位的参数与观测量之间存在着高度的非线性关系，若采用全空间网格搜索法求解，由于维数较高，将需要较大的计算量。为了解决该问题，本书采用加权最小二乘法来求解初值。在该问题中，首先要实现观测方程的线性化处理。根据方程(6-19)中第一个等式可知

$$d_i^2+\boldsymbol{s}_0^{\mathrm{T}}\boldsymbol{s}_0-\boldsymbol{s}_i^{\mathrm{T}}\boldsymbol{s}_i-n_{i,1}=2(\boldsymbol{s}_0-\boldsymbol{s}_i)^{\mathrm{T}}\boldsymbol{x}-2d_ir_0\tag{6-43}$$

其中 n_{i1} 表示噪声。

显然，方程(6-43)含有 $\boldsymbol{x}$ 的线性项。进一步利用方程(6-43)，对时间取微分可得

$$2d_i\dot{d}_i+2\dot{\boldsymbol{s}}_0^{\mathrm{T}}\boldsymbol{s}_0-2\dot{\boldsymbol{s}}_s^{\mathrm{T}}{}_i\boldsymbol{s}_i-n_{i,2}=2(\boldsymbol{s}_0-\boldsymbol{s}_i)^{\mathrm{T}}\dot{\boldsymbol{x}}+2(\dot{\boldsymbol{s}}_0-\dot{\boldsymbol{s}}_i)^{\mathrm{T}}\boldsymbol{x}-2\dot{d}_ir_0-2d_i\dot{r}_0\tag{6-44}$$

式中，$n_{i,2}$ 表示噪声。

为了进一步利用频差变化率信息，对方程(6-44)进一步取微分，可得

$$\begin{aligned}&2d_i\ddot{d}_i+2\dot{d}_i\dot{d}_i+2\dot{\boldsymbol{s}}_0^{\mathrm{T}}\dot{\boldsymbol{s}}_0+2\ddot{\boldsymbol{s}}_0^{\mathrm{T}}\boldsymbol{s}_0-2\dot{\boldsymbol{s}}_i^{\mathrm{T}}\dot{\boldsymbol{s}}_i-2\ddot{\boldsymbol{s}}_i^{\mathrm{T}}\boldsymbol{s}_i-n_{3,i}\\&=2(\ddot{\boldsymbol{s}}_0-\ddot{\boldsymbol{s}}_i)^{\mathrm{T}}\boldsymbol{x}+4(\dot{\boldsymbol{s}}_0-\dot{\boldsymbol{s}}_i)\dot{\boldsymbol{x}}-2\ddot{d}_ir_0-4\dot{d}_i\dot{r}_0-2d_i\ddot{r}_0\end{aligned}\tag{6-45}$$

在经过式(6－43)～(6－45)的变换之后，可以看出，方程中关于目标位置、速度的参数已经转变成线性项，且时差、频差、频差变化率信息也包含在方程中。然而，除了所需要的参数 $\boldsymbol{x}$ 、$\dot{\boldsymbol{x}}$ 之外，方程中也包含着其他几个未知参数：r_0 、$\dot{r}_0$ 、$\ddot{r}_0$ 。为此，将 r_0 、$\dot{r}_0$ 、$\ddot{r}_0$ 作为附加参数，定义 $\boldsymbol{u}=[\boldsymbol{x}^{\mathrm{T}}, r_0, \dot{\boldsymbol{x}}^{\mathrm{T}}, \dot{r}_0, \ddot{r}_0]^{\mathrm{T}}$ ，联立方程(6－43)～(6－45)可得

$$G_1\boldsymbol{u}=\boldsymbol{b}_1+\boldsymbol{n} \tag{6-46}$$

其中，

$$\boldsymbol{G}_1=2\begin{pmatrix}(\boldsymbol{s}_0-\boldsymbol{s}_1)^{\mathrm{T}} & -d_1 & \boldsymbol{0}_{1\times 3} & 0 & 0\\ \vdots & \vdots & \vdots & \vdots & \vdots\\ (\boldsymbol{s}_0-\boldsymbol{s}_{N-1})^{\mathrm{T}} & -d_{N-1} & \boldsymbol{0}_{1\times 3} & 0 & 0\\ (\dot{\boldsymbol{s}}_0-\dot{\boldsymbol{s}}_1)^{\mathrm{T}} & -\dot{d}_1 & (\boldsymbol{s}_0-\boldsymbol{s}_1)^{\mathrm{T}} & -d_1 & 0\\ \vdots & \vdots & \vdots & \vdots & \vdots\\ (\dot{\boldsymbol{s}}_0-\dot{\boldsymbol{s}}_{N-1})^{\mathrm{T}} & -\dot{d}_{N-1} & (\boldsymbol{s}_0-\boldsymbol{s}_{N-1})^{\mathrm{T}} & -d_{N-1} & 0\\ (\ddot{\boldsymbol{s}}_0-\ddot{s}_1)^{\mathrm{T}} & -\ddot{d}_1 & 2(\dot{s}_0-\dot{\boldsymbol{s}}_1)^{\mathrm{T}} & -2\dot{d}_1 & -d_1\\ \vdots & \vdots & \vdots & \vdots & \vdots\\ (\ddot{\boldsymbol{s}}_0-\ddot{\boldsymbol{s}}_{N-1})^{\mathrm{T}} & -\ddot{d}_{N-1} & 2(\dot{\boldsymbol{s}}_0-\dot{\boldsymbol{s}}_{N-1})^{\mathrm{T}} & -2\dot{d}_{N-1} & -d_{N-1}\end{pmatrix} \tag{6-47}$$

$$\boldsymbol{b}_1=\begin{pmatrix}d_1^2+\boldsymbol{s}_0^{\mathrm{T}}\boldsymbol{s}_0-\boldsymbol{s}_1^{\mathrm{T}}\boldsymbol{s}_1\\ \vdots\\ d_{N-1}^2+\boldsymbol{s}_0^{\mathrm{T}}\boldsymbol{s}_0-\boldsymbol{s}_{N-1}^{\mathrm{T}}\boldsymbol{s}_{N-1}\\ 2d_1\dot{d}_1+2\dot{\boldsymbol{s}}_0^{\mathrm{T}}\boldsymbol{s}_0-2\dot{\boldsymbol{s}}_1^{\mathrm{T}}\boldsymbol{s}_1\\ \vdots\\ 2d_{N-1}\dot{d}_{N-1}+2\dot{\boldsymbol{s}}_0^{\mathrm{T}}\boldsymbol{s}_0-2\dot{\boldsymbol{s}}_{N-1}^{\mathrm{T}}\boldsymbol{s}_{N-1}\\ 2d_1\ddot{d}_1+2\dot{d}_1\dot{d}_1+2\dot{\boldsymbol{s}}_0^{\mathrm{T}}\dot{\boldsymbol{s}}_0+2\ddot{\boldsymbol{s}}_0^{\mathrm{T}}\boldsymbol{s}_0-2\dot{\boldsymbol{s}}_1^{\mathrm{T}}\dot{\boldsymbol{s}}_1-2\ddot{\boldsymbol{s}}_1^{\mathrm{T}}\boldsymbol{s}_1\\ 2d_{N-1}\ddot{d}_{N-1}+2\dot{d}_{N-1}\dot{d}_{N-1}+2\dot{\boldsymbol{s}}_0^{\mathrm{T}}\dot{\boldsymbol{s}}_0+2\ddot{\boldsymbol{s}}_0^{\mathrm{T}}\boldsymbol{s}_0-2\dot{\boldsymbol{s}}_{N-1}^{\mathrm{T}}\dot{\boldsymbol{s}}_{N-1}^{\mathrm{T}}-2\ddot{\boldsymbol{s}}_{N-1}^{\mathrm{T}}\boldsymbol{s}_{N-1}^{\mathrm{T}}\end{pmatrix} \tag{6-48}$$

$$\boldsymbol{n}=[n_{1,1}, \cdots, n_{N-1,1}, n_{1,2}, \cdots, n_{N-1,2}, n_{1,3}, \cdots, n_{N-1,3}]^{\mathrm{T}} \tag{6-49}$$

方程(6－46)给出了关于未知数 $\boldsymbol{u}$ 的线性化方程。要得到方程组的最小二乘解，还需要考虑误差 $\boldsymbol{n}$ 的统计特性。造成方程(6－43)～(6－45)存在误差的主要原因是观测量中存在着误差。根据式(6－43)～(6－45)可知

$$n_{1,i}=2(2d_i+2r_0)\Delta_{d_i}+o(\cdot) \tag{6-50}$$

$$n_{2,i}=(2\dot{d}_i+2\dot{r}_0)\Delta_{d_i}+(2d_i+2r_0)\Delta_{\dot{d}_i}+0(\cdot) \tag{6-51}$$

$$n_{3,i}=(2\ddot{d}_i+2\ddot{r}_0)\Delta_{d_i}+(4\dot{d}_i+4\dot{r}_0)\Delta_{\dot{d}_i}+(2d_i+2r_0)\Delta_{\ddot{d}_i}+o(\cdot) \tag{6-52}$$

其中，$o(\cdot)$ 表示高阶小量。

联立式(6－50)～(6－52)可知，

$$\boldsymbol{n}=\boldsymbol{B}_1\Delta \tag{6-53}$$

其中：

$$\boldsymbol{B}_i = \begin{bmatrix} \boldsymbol{B} & \boldsymbol{0}_{3\times3} & \boldsymbol{0}_{3\times3} \\ \dot{\boldsymbol{B}} & \boldsymbol{B} & \boldsymbol{0}_{3\times3} \\ \ddot{\boldsymbol{B}} & 2\dot{\boldsymbol{B}} & \boldsymbol{B} \end{bmatrix} \tag{6-54}$$

$$\begin{cases} \boldsymbol{B} = 2\text{diag}(d_1 + r_0, d_2 + r_0, \cdots, d_{N-1} + r_0) \\ \dot{\boldsymbol{B}} = 2\text{diag}(\dot{d}_1 + \dot{r}_0, \dot{d}_2 + \dot{r}_0, \cdots, \dot{d}_{N-1} + \dot{r}_0) \\ \ddot{\boldsymbol{B}} = 2\text{diag}(\ddot{d}_1 + \ddot{r}_0, \ddot{d}_2 + \ddot{r}_0, \cdots, \ddot{d}_{N-1} + \ddot{r}_0) \end{cases} \tag{6-55}$$

进一步地

$$\begin{cases} E[\boldsymbol{n}] = \boldsymbol{0} \\ \text{cov}(\boldsymbol{n}) = \boldsymbol{B}_1\boldsymbol{Q}\boldsymbol{B}_1^{\text{T}} \end{cases} \tag{6-56}$$

由方程(6-46)、(6-56)可知，$\boldsymbol{u}$ 的加权最小二乘解为

$$\boldsymbol{u}_{\text{WLS}} = (\boldsymbol{G}_1^{\text{T}}\boldsymbol{W}_1\boldsymbol{G}_1)^{-1}\boldsymbol{G}_1^{\text{T}}\boldsymbol{W}_1\boldsymbol{b}_1 \tag{6-57}$$

其中，$\boldsymbol{W}_1 = [\text{cov}(\boldsymbol{n})]^{-1} = (\boldsymbol{B}_1\boldsymbol{Q}\boldsymbol{B}_1^{\text{T}})^{-1}$ ，表示权系数。

6.3.4 加权梯度法精确解

在如式(6-57)所给出的最小二乘解中，假设了 $\boldsymbol{u}$ 中各元素是相互独立的。然而实际上，其中的 $\boldsymbol{x}$、$\dot{\boldsymbol{x}}$ 和 r_0、$\dot{r}_0$、$\ddot{r}_0$ 之间存在着相关性。利用这种相关特性，可以进一步提升对 $\boldsymbol{x}$、$\dot{\boldsymbol{x}}$ 的估计精度。$\boldsymbol{x}$、$\dot{\boldsymbol{x}}$ 和 r_0、$\dot{r}_0$、$\ddot{r}_0$ 之间的关系可以表述为

$$\begin{cases} \boldsymbol{u}_{\text{WLS}}(1:3) = \boldsymbol{x} + \boldsymbol{e}_{1:3} \\ \boldsymbol{u}_{\text{WLS}}(5:7) = \dot{\boldsymbol{x}} + \boldsymbol{e}_{4:6} \\ \boldsymbol{u}_{\text{WLS}}^2(4) = (\boldsymbol{s}_0 - \boldsymbol{x})^{\text{T}} + (\boldsymbol{s}_0 - \boldsymbol{x}) + e_7 \\ \boldsymbol{u}_{\text{WLS}}(4)\boldsymbol{u}_{\text{WLS}}(8) = (\dot{\boldsymbol{s}}_0 - \dot{\boldsymbol{x}})^{\text{T}}(\boldsymbol{s}_0 - \boldsymbol{x}) + e_8 \\ \boldsymbol{u}_{\text{WLS}}(4)\boldsymbol{u}_{\text{WLS}}(9) + \boldsymbol{u}_{\text{WLS}}^2(8) = (\dot{\boldsymbol{s}}_0 - \dot{\boldsymbol{x}})^{\text{T}}(\dot{\boldsymbol{s}}_0 - \dot{\boldsymbol{x}}) + e_9 \end{cases} \tag{6-58}$$

其中，$\boldsymbol{e} = [e_1, e_2, \cdots, e_9]^{\text{T}}$ 是误差向量。

最终的 $\boldsymbol{x}$、$\dot{\boldsymbol{x}}$ 的解应当使得误差向量 $\boldsymbol{e}$ 最小的同时，保持与 $\boldsymbol{u}_{\text{WLS}}$ 给出的解最为接近。通过重新定义参数 $(\boldsymbol{s}_1 - \boldsymbol{x}) \cdot (\boldsymbol{s}_1 - \boldsymbol{x})$ 和 $(\dot{\boldsymbol{s}}_1 - \dot{\boldsymbol{x}}) \cdot (\boldsymbol{s}_1 - \boldsymbol{x})$ 可实现方程的线性化，然而该方法对于方程(6-58)难以适用，其原因是同时包含额外的交叉项 $(\dot{\boldsymbol{s}}_1 - \dot{\boldsymbol{x}})^{\text{T}}(\dot{\boldsymbol{s}}_1 - \dot{\boldsymbol{x}})$ 。对此，本书利用梯度算法对该问题进行求解。首先定义

$$\begin{cases} \boldsymbol{z} = [\boldsymbol{x}^{\text{T}}, \dot{\boldsymbol{x}}^{\text{T}}, r_1^2, \dot{r}_1 r_1, \ddot{r}_1 r_1 + \dot{r}_1^2]^{\text{T}} \\ \boldsymbol{y} = [\boldsymbol{x}^{\text{T}}, \dot{\boldsymbol{x}}^{\text{T}}]^{\text{T}} \end{cases} \tag{6-59}$$

显然，$\boldsymbol{z}$ 既可以看做是变量 $\boldsymbol{y}$ 的函数，也可以看做是变量 $\boldsymbol{u}$ 的函数。当把 $\boldsymbol{z}$ 看做是 $\boldsymbol{u}$ 的函数时，$\boldsymbol{z}$ 对 $\boldsymbol{u}$ 的偏导数为

$$\boldsymbol{F}_1 = \frac{\partial \boldsymbol{z}}{\partial \boldsymbol{u}^{\text{T}}} = \begin{bmatrix} I_3 & \boldsymbol{0}_{3\times1} & \boldsymbol{0}_{3\times3} & \boldsymbol{0}_{3\times1} & \boldsymbol{0}_{3\times1} \\ \boldsymbol{0}_{3\times3} & \boldsymbol{0}_{3\times1} & I_3 & \boldsymbol{0}_{3\times1} & \boldsymbol{0}_{3\times1} \\ \boldsymbol{0}_{1\times3} & 2r_1 & \boldsymbol{0}_{1\times3} & 0 & 0 \\ \boldsymbol{0}_{1\times3} & \dot{r}_1 & \boldsymbol{0}_{1\times3} & r_1 & 0 \\ \boldsymbol{0}_{1\times3} & \ddot{r}_1 & \boldsymbol{0}_{1\times3} & 2\dot{r}_1 & r_1 \end{bmatrix} \tag{6-60}$$

由于 $e \approx F_1 \partial u$，因此 $e = [e_1, e_2, \cdots, e_9]^T$ 的均值和协方差矩阵为

$$\begin{cases} E[\boldsymbol{e}] = \boldsymbol{0} \\ \mathrm{var}(\boldsymbol{e}) = E[\boldsymbol{e}\boldsymbol{e}^T] = F_1 \mathrm{var}(\boldsymbol{u}_{\mathrm{WLS}}) F_1^T \end{cases} \tag{6-61}$$

其中，$\mathrm{var}(\boldsymbol{u}_{\mathrm{WLS}})$ 表示 $\boldsymbol{u}_{\mathrm{WLS}}$ 的协方差矩阵。

根据方程(6-57)，$\boldsymbol{u}_{\mathrm{WLS}}$ 的均值为 $\boldsymbol{u}$，其协方差矩阵为

$$\begin{aligned} \mathrm{var}[\boldsymbol{u}_{\mathrm{WLS}}] &= E[(\boldsymbol{u}_{\mathrm{WLS}} - \boldsymbol{u})(\boldsymbol{u}_{\mathrm{WLS}} - \boldsymbol{u})^T] \\ &= E[\boldsymbol{u}_{\mathrm{WLS}}\boldsymbol{u}_{\mathrm{WLS}}^T] - \boldsymbol{u}\boldsymbol{u}^T \\ &= (\boldsymbol{G}_1^T\boldsymbol{W}_1\boldsymbol{G}_1)^{-1}\boldsymbol{G}_1^T\boldsymbol{W}_1 \times E[\boldsymbol{b}_1\boldsymbol{b}_1^T] \times [(\boldsymbol{G}_1^T\boldsymbol{W}_1\boldsymbol{G}_1)^{-1}\boldsymbol{G}_1^T\boldsymbol{W}_1]^T - \boldsymbol{u}\boldsymbol{u}^T \\ &= (\boldsymbol{G}_1^T\boldsymbol{W}_1\boldsymbol{G}_1)^{-1}\boldsymbol{G}_1^T\boldsymbol{W}_1 \times E[\boldsymbol{n}\boldsymbol{n}^T] \times [(\boldsymbol{G}_1^T\boldsymbol{W}_1\boldsymbol{G}_1)^{-1}\boldsymbol{G}_1^T\boldsymbol{W}_1]^T \\ &= (\boldsymbol{G}_1^T\boldsymbol{W}_1\boldsymbol{G}_1)^{-1} \end{aligned} \tag{6-62}$$

另一方面，$\boldsymbol{z}$ 也可以看做是 $\boldsymbol{y}$ 的函数，在此情况下，式(6-58)可以表示为

$$\boldsymbol{z}(\boldsymbol{u}_{\mathrm{WLS}}) = \boldsymbol{z}(\boldsymbol{y}) + \boldsymbol{e} \tag{6-63}$$

由此，$\boldsymbol{z}(\boldsymbol{u}_{\mathrm{WLS}})$ 可以视作一组带噪声的测量量，$\boldsymbol{z}(\boldsymbol{y})$ 是 $\boldsymbol{y}$ 的非线性函数，$\boldsymbol{y}$ 的初值可以从 $\boldsymbol{u}_{\mathrm{WLS}}$ 获得，方程(6-58)的一阶近似为

$$\boldsymbol{z}(\boldsymbol{u}_{\mathrm{WLS}}) - \boldsymbol{z}(\boldsymbol{y}_1) \approx F_2(\boldsymbol{y} - \boldsymbol{y}_1) + \boldsymbol{e} \tag{6-64}$$

其中，$\boldsymbol{y}_1 = [\boldsymbol{u}_{\mathrm{WLS}}(1:3)^T;\ \boldsymbol{u}_{\mathrm{WLS}}(5:7)^T]^T$ 是 $\boldsymbol{y}$ 的初值；F_2 是 $\boldsymbol{z}$ 对 $\boldsymbol{y}$ 的偏导数，即

$$\boldsymbol{F}_2 = \frac{\partial \boldsymbol{z}}{\partial \boldsymbol{y}^T} = \begin{bmatrix} I_3 & \boldsymbol{0}_{3\times 3} \\ \boldsymbol{0}_{3\times 3} & I_3 \\ 2(\boldsymbol{x} - \boldsymbol{s}_0)^T & \boldsymbol{0}_{1\times 3} \\ (\dot{\boldsymbol{x}} - \dot{\boldsymbol{s}}_0)^T & (\boldsymbol{x} - \boldsymbol{s}_0)^T \\ \boldsymbol{0}_{1\times 3} & 2(\dot{\boldsymbol{x}} - \dot{\boldsymbol{s}}_0)^T \end{bmatrix} \tag{6-65}$$

利用加权梯度法可以对 $\boldsymbol{y}$ 进行迭代估计，其迭代估计公式为

$$\hat{\boldsymbol{y}} = (\boldsymbol{F}_2\boldsymbol{W}_2\boldsymbol{F}_2^T)^{-1}\boldsymbol{F}_2^T\boldsymbol{W}_2[\boldsymbol{z}(\boldsymbol{u}_{\mathrm{WLS}}) - \boldsymbol{z}(\boldsymbol{y}_1)] + \boldsymbol{y}_1 \tag{6-66}$$

其中，$\boldsymbol{W}_2$ 表示权值，有

$$\boldsymbol{W}_2 = \mathrm{var}(\boldsymbol{e})^{-1} \tag{6-67}$$

利用式(6-66)，经过若干次迭代之后，$\boldsymbol{y}$ 可以达到其最优解。

6.3.5　算法主要步骤

最终的联合 TDOA、FDOA 以及 Doppler Rate 的定位算法如表 6-1 所示。整个估计流程分为两个较大的步骤。在步骤 1 中，主要将非线性方程线性化，得到较好的初始解；在步骤 2 中，主要以得到的初始解为起点，迭代得到更好的目标位置速度估计。需要说明的是：① 对于 $\boldsymbol{W}_1$ 的初始化，根据公式(6-55)需要用到 r_0、$\dot{r}_0$、$\ddot{r}_0$ 的值。在初始条件下，可以根据先验信息进行设置，最简单的是将其设置为参考卫星相对于的星下点的距离、速度、加速度。在 $\boldsymbol{W}_1$ 的更新过程中，可以根据估计得到的 r_0、$\dot{r}_0$、$\ddot{r}_0$ 进行更新，从而得到更为精确的加权最小二乘解。② 在对 $\boldsymbol{F}_2$ 的计算或者更新过程中，需要代入当前时刻最新的 $\boldsymbol{y}$ 进行求导。

表 6-1 联合时频、频差、频差变化率的目标定位算法流程

步骤 1 加权最小二乘初值解
(1)初始化权系数 $\boldsymbol{W}_1$ ；
(2)利用公式(6-57)；得到 $\boldsymbol{u}_{\mathrm{WLS}}$ 的估计值；
(3)重复以下过程 2-3 次：
• 更新权值 $\boldsymbol{W}_1$ ；
• 更新 $\boldsymbol{u}_{\mathrm{WLS}}$ 。
步骤 2 梯度加权精确解
(1)初始化 $\boldsymbol{y}$ 为 $\boldsymbol{y}=[\boldsymbol{u}_{\mathrm{WLS}}(1:3)^{\mathrm{T}}, \boldsymbol{u}_{\mathrm{WLS}}(5:7)^{\mathrm{T}}]^{\mathrm{T}}$；
(2)利用式(6-65)，计算 $\boldsymbol{F}_2$ ；
(3)利用式(6-66)，更新 $\boldsymbol{y}$ ；
(4)重复以下过程 2～3 次：
• 更新 $\boldsymbol{F}_2$ ；
• 更新 $\boldsymbol{y}$ 。

与传统的算法相比，本书给出的联合 TDOA、FDOA 以及 Doppler Rate 的定位算法主要有以下几个特点：

(1) 在定位过程中首次用到了频差变化率信息，提高了目标的定位、测速精度。从定位的性能来说，根据 5.2.2 节中的分析，由于频差变化率能够提供新的观测量，大大增加了目标位置和速度的费舍尔信息量。由于定位的 CRLB 与费舍尔信息量成反比，因此频差变化率的应用可以极大地提升对目标的测速定位精度。从定位算法来说，频差变化率与目标的位置和速度之间存在着高度的非线性关系，本书在步骤 1 中对频差变化率的方程进行了线性化，能够较为简单有效地利用好频差变化率信息。

(2) 在定位过程中避免了传统算法的矩阵缺秩问题，从而提升了对目标的定位稳健性。传统方法用到了矩阵 $\boldsymbol{B}_2$

$$\boldsymbol{B}_2=\begin{bmatrix} 2\mathrm{diag}(\boldsymbol{x}-\boldsymbol{s}_0) & \boldsymbol{0}_{3\times 1} & \boldsymbol{0}_{3\times 3} & \boldsymbol{0}_{3\times 1} \\ \boldsymbol{0}_{1\times 3} & 2r_0 & \boldsymbol{0}_{1\times 3} & 0 \\ 2\mathrm{diag}(\dot{\boldsymbol{x}}-\dot{\boldsymbol{s}}_1) & \boldsymbol{0}_{3\times 1} & 2\mathrm{diag}(\boldsymbol{x}-\boldsymbol{s}_0) & \boldsymbol{0}_{3\times 1} \\ \boldsymbol{0}_{1\times 3} & \dot{r}_0 & \boldsymbol{0}_{1\times 3} & r_0 \end{bmatrix} \tag{6-68}$$

可以看出，当向量 $\boldsymbol{x}-\boldsymbol{s}_0$ 中的任意一个元素为 0，也即 $\boldsymbol{x}$ 和 $\boldsymbol{s}_0$ 中的任何一个坐标相同时，都会导致矩阵 $\boldsymbol{B}_2$ 缺秩，造成其算法中的求逆不收敛，从而造成算法不稳健。

在本书给出的算法中，相应地用到了矩阵 $\boldsymbol{F}_2$ ，如式(6-65)所示。可以看出，只有当 $\boldsymbol{x}=\boldsymbol{s}_0$ 或者 $\dot{\boldsymbol{x}}=\dot{\boldsymbol{s}}_0$ 的条件下，才能造成 $\boldsymbol{F}_2$ 的缺秩。然而，在实际情况下，$\boldsymbol{x}=\boldsymbol{s}_0$ 或 $\dot{\boldsymbol{x}}=\dot{\boldsymbol{s}}_0$ 成立的可能几乎为 0。因此，相比于传统的定位算法，表 6-1 给出的算法在步骤 2 中的稳健性明显提升。

6.3.6 性能仿真分析

本小节主要包含相关的仿真实验，验证前面各小节的理论推理，并对联合定位方法的

性能进行评价。

仿真 1：算法的稳健性分析

仿真 1 主要对定位算法的稳健性进行分析。假设接收信号是速率为 100 kHz 的 BPSK 信号，载频为 1 GHz，信噪比为 3 dB，信号积累时间为 0.25 s。根据以上条件，可以利用第 3 章内容计算得到时差、频差、频差变化率的估计误差，进而得到 $\boldsymbol{Q}$ 。观测平台数一共有 6 个，其位置速度如表 6-2 所示。目标的位置和速度分别为

$$\begin{cases} \boldsymbol{x} = [R\cos\theta,\ R\sin\theta,\ 400]^{\mathrm{T}}(\mathrm{km}) \\ \dot{\boldsymbol{x}} = \left[\cos\left(\theta+\dfrac{\pi}{2}\right),\ \sin\left(\theta+\dfrac{\pi}{2}\right),\ 0\right]^{\mathrm{T}}(\mathrm{km/s}) \end{cases} \tag{6-69}$$

其中 R 、θ 分别表示半径和方位角。

可以看出，目标所在的位置是在高度为 400 km、半径为 R 的圆上，速度沿着圆的切线方向，大小为 1 km/s。整个观测站与目标的相对位置关系如图 6-6 所示。

表 6-2　观测平台位置速度

	位置/km			速度/km/s		
编号	S_x	S_y	S_z	S_x	S_y	S_z
0	0	0	−30	7.9	0	0
1	50cos0	50sin0	0	7.9	0	0
2	50cos(2π/5)	50sin(2π/5)	0	7.9	0	0
3	50cos(4π/5)	50sin(4π/5)	0	7.9	0	0
4	50cos(6π/5)	50sin(6π/5)	0	7.9	0	0
5	50cos(8π/5)	50sin(8π/5)	0	7.9	0	0

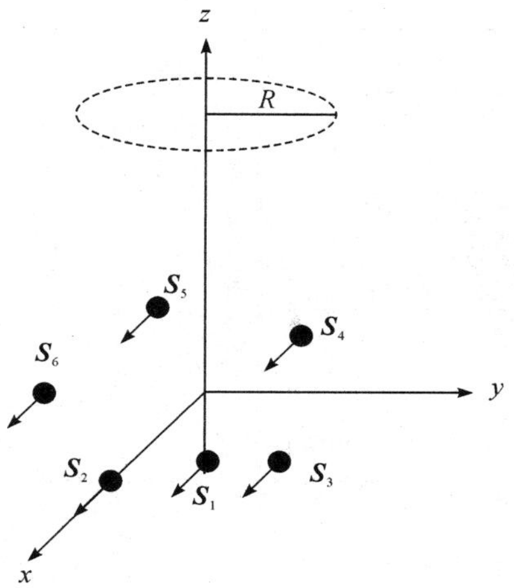

图 6-6　各观测站位置示意图

图 6-7 给出了在 $R=80$ km 条件下，目标定位精度对比和目标测速精度对比。通过对比可以看出：在不同的方位角上，所提方法均能够有效收敛，并且精度接近其 CRLB。相比之下，两步最小二乘方法在个别区域不能有效收敛，远远无法达到联合时频差定位的 CRLB，主要原因是矩阵缺秩。例如 $\theta=0$ 时，$[\boldsymbol{s}_1-\boldsymbol{x}]^{\mathrm{T}}$ 为$[-80, 0, -430]$，根据方程(6-68)，两步最小二乘方法用到的 $\boldsymbol{B}_2$ 矩阵缺秩，导致算法出现不稳健的情况；当 $\theta=\pi/2$、π、$3\pi/2$ 时情况类似。由于缺秩问题，两步最小二乘方法的收敛性难以保证。相比之下，本书所提方法避免使用该缺秩矩阵，因此算法的稳健性得到提升，与理论分析一致。

以上实验结果均与理论分析结果相吻合。

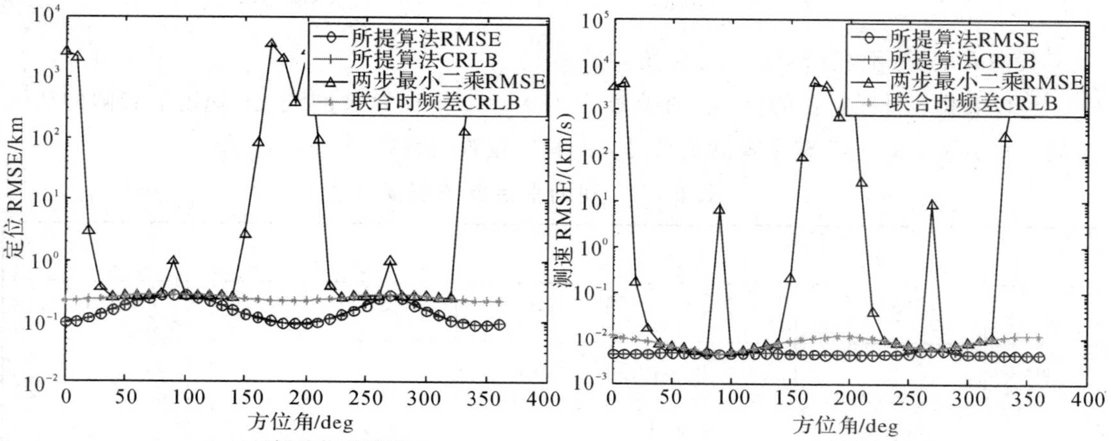

(a) 目标的位置精度　　(b) 目标测速精度

图 6-7　定位稳健性比较

仿真 2：算法的精度分析

本仿真主要对所提方法和传统方法的精度进行对比。仿真条件与仿真 1 保持一致，并且由于传统两步最小二乘方法存在不稳健问题，本仿真为了对比定位精度，已经将这些不稳健区域从仿真中剔除，也即仿真中的定位区域不包含 0、0.5π、π 和 1.5π 及其附近区域。

图 6-8 给出了在目标运动半径 $R=20$ km 条件下，定位精度随着方位角的变化和测速

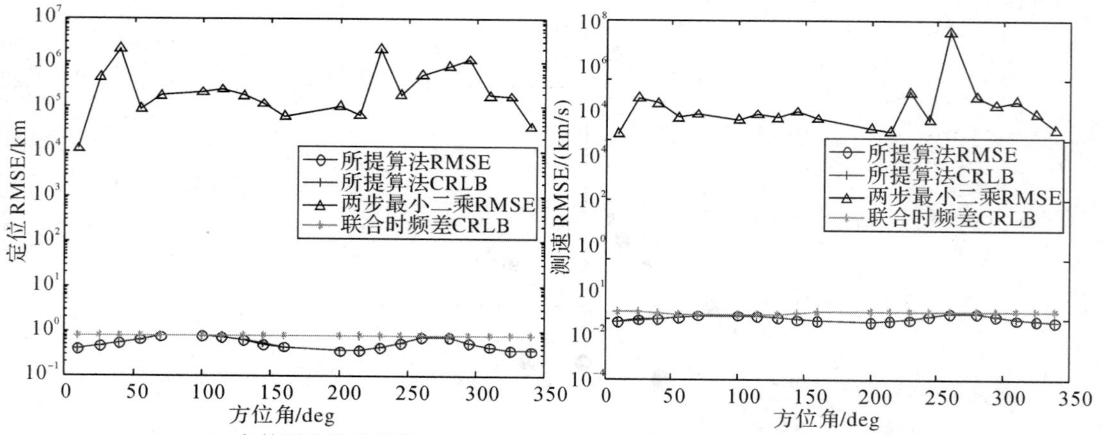

(a) R=20 km条件下的位置精度对比　　(b) R=20 km条件下的速度精度对比

图 6-8　$R=20$ km 条件下的位置速度精度

精度随着方位角的变化；图 6-9 给出了在目标运动半径 $R=100$ km 条件下，定位精度随着方位角的变化和测速精度随着方位角的变化；图 6-10 给出了在目标运动半径 $R=200$ km 条件下，定位精度随着方位角的变化和测速精度随着方位角的变化。在以上所有的子图中，都绘制了两步最小二乘方法的 RMSE、所提方法的 RMSE、联合时频差定位的 CRLB、联合时频差与频差变化率定位的 CRLB。需要说明的是，RMSE 曲线是通过 1000 次蒙特卡罗实验得到的。

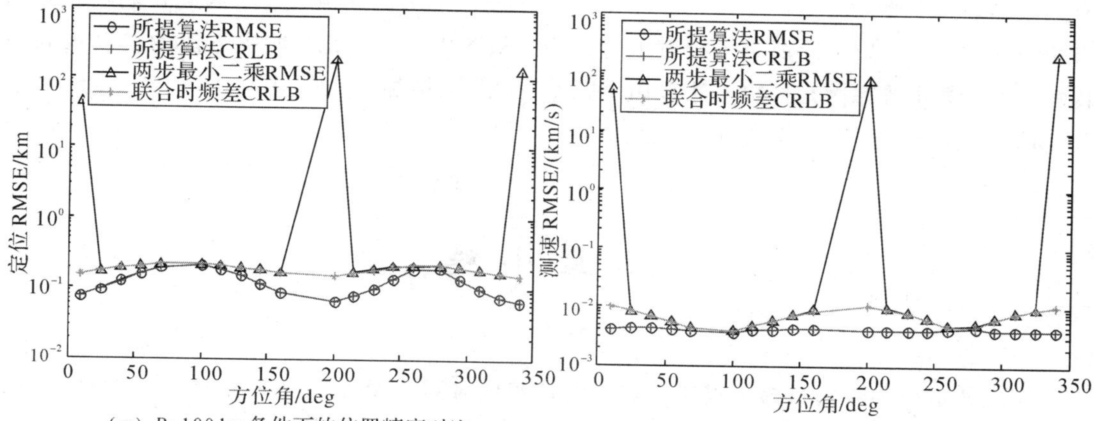

(a) R=100 km条件下的位置精度对比　(b) R=100 km条件下的速度精度对比

图 6-9　$R=100$ km 条件下的位置速度精度

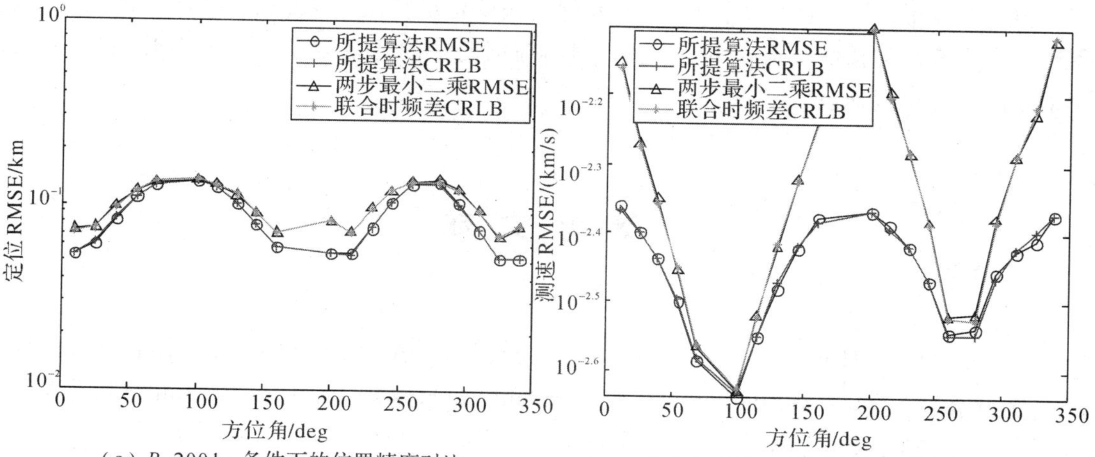

(a) R=200 km条件下的位置精度对比　(b) R=200 km条件下的速度精度对比

图 6-10　$R=200$ km 条件下的位置速度精度

对以上仿真结果的分析如下：

(1) 在 $R=20$ km 条件下，两步最小二乘方法不能进行有效定位，而所提方法能够有效定位，且精度逼近其 CRLB，主要原因仍在稳健性问题上。虽然传统方法已经剔除了方位角为 0、0.5π、π 和 1.5π 的不稳健区域，但是由于 $[\boldsymbol{x}-\boldsymbol{s}_0]$ 中的第三个元素为 430，当半径 R 较小时，x、y 方向上的数值远远小于 430，因此在矩阵 $\boldsymbol{B}_2$ 求逆过程中，仍然会出现数值不稳定的情况，导致无法对目标完成有效定位。

(2) 在 R =100 km 条件下，在个别方位角上，传统方法仍然会出现不稳健的情况，其主要原因仍然在于传统矩阵求逆的数值计算不稳健，但是不稳健区域相比 R =20 的情况明显减少。在定位稳健区域，可以看出本书所提方法的测速定位精度能够接近其 CRLB，远远高于联合 TDOA/FDOA 的测速定位精度，其主要原因是本书所提方法多用了频差变化率，增加了信息量。

(3) 在 R =200 km 条件下，可以看出，在剔除不稳健区域之后，其余的定位区域能够有效收敛。其主要原因是，当 R =200 km 时，不稳健的方位区域变窄，因此在剔除相同的方位角区域后，可以去除所有不稳健的定位点。从图中可以看出，所提方法的精度远高于传统方法，其主要原因是所提方法多用了频差变化率，增加了信息量。

以上仿真结果均符合理论分析结果。

本章小结

完成从定位参数到目标位置速度的解算是实现时频差无源定位的关键。本章针对该问题，从两种情况入手研究了定位的结算问题。第一种是有时差、频差的情况。对此，本章给出了基于 WLS 和梯度算法的动目标定位算法。第二种是同时具有时差、频差以及频差变化率的情况。对此，本章给出了基于 WLS 和梯度法的定位算法。该方法通过线性化观测方程得到速度位置的初值解；通过梯度算法，利用辅助变量的冗余信息进一步提升精度，得到了最终的目标位置速度。

参考文献

[1] Dexiu H U, Huang Z, Zhang S, et al. Joint TDOA, FDOA and differential Doppler rate estimation: Method and its performance analysis [J]. Chinese Journal of Aeronautics, 2018(1): 78-81.

[2] Zhong X, Tay W P, Leng M, et al. TDOA-FDOA based multiple target detection and tracking in the presence of measurement errors and biases[C]//IEEE 17th International Workshop on Signal Processing Advances in Wireless Communications (SPAWC), 2016: 1-6.

[3] Liu Z, Zhao Y, Hu D, et al. A Moving Source Localization Method for Distributed Passive Sensor Using TDOA and FDOA Measurements [J]. International Journal of Antennas & Propagation, 2016, 2016(4): 1-12.

[4] Ho K C, Wenwei X. An accurate algebraic solution for moving source location using

TDOA and FDOA measurements [J]. IEEE Transactions on, Signal Processing, 2004, 52(9): 2453-63.

[5] Hu D, Huang Z, Chen X, et al. A Moving Source Localization Method Using TDOA, FDOA and Doppler Rate Measurements [J]. IEICE Transactions on Communications, 2016(99): 31-33.

[6] Torrieri D J. Statistical Theory of Passive Location Systems [J]. Aerospace and Electronic Systems, IEEE Transactions on, 1984, AES-20(2): 183-98.

[7] 苏飞，翟光，张景瑞，等. 辐射开环绳系卫星编队自旋展开动力学与控制策略 [J]. 航空学报，2016，37(9)：2809-2819.

[8] 庞兆君. 绳系卫星状态保持阶段运动分析与控制 [D]. 南京：南京航空航天大学，2015.

[9] Weinstein E, Kletter D. Delay and Doppler estimation by time-space partition of the array data [J]. IEEE Transactions on Acoustics, Speech and Signal Processing, 1983, 31(6): 1523-35.

[10] 邹黎敏，胡兴凯，伍俊良. 正定矩阵的性质及判别法 [J]. 中山大学学报(自然科学版)，2009，48(5)：16-23.

第7章 多平台分布式时频差无源定位

7.1 引　　言

近年来集中式定位算法趋于成熟，广大学者相继提出了在不同场景下的集中式定位算法，对于分布式平台定位算法研究成果较少。现阶段解决分布式时频差定位问题一般还停留在迭代类算法上。然而，由于分布式时频差定位体制的非线性度较强，解算目标位置时，非线性时频差定位方程的近似求解使得结果偏差较大。本章为了进一步提高分布式定位精度，借助渐进无偏的极大似然估计器，分别研究了是否考虑站址误差两种场景下的分布式平台时频差定位算法。

7.2 基于极大似然的分布式平台目标定位算法

本节介绍基于时频差的分布式平台目标定位算法。由于分布式平台无公共参考站的特点，不仅提高了原本观测方程的非线性度，而且使得传统集中式平台的定位算法无法直接移植运用在分布式平台中，因此本章主要运用 MLE 算法实现分布式平台的目标定位。其次，考虑到观测方程的非线性以及小噪声条件下的局限性使得定位结果存在偏差，本章详细推导了 MLE 的理论偏差，最后利用 MLE 估计结果减去理论偏差，得到了经过偏差补偿后的高精度目标位置及速度估计结果。下面详细介绍该算法的具体数学模型。

7.2.1 目标定位算法模型

考虑 TDOA 和 FDOA 的分布式平台定位方程组，为便于表示，将其组合成向量的形式为

$$\boldsymbol{m} = \boldsymbol{F}(\boldsymbol{\theta}^{\circ}) + \boldsymbol{n} \tag{7-1}$$

其中，$\boldsymbol{m}=[\boldsymbol{r}^{\mathrm{T}}, \dot{\boldsymbol{r}}^{\mathrm{T}}]^{\mathrm{T}}$，表示 $M\times 1$ 维的 TDOA 和 FDOA 观测向量；$\boldsymbol{\theta}^{\circ}=[\boldsymbol{u}^{\circ\mathrm{T}}, \dot{\boldsymbol{u}}^{\circ\mathrm{T}}]^{\mathrm{T}}$ 为待估参数，表示目标的真实位置和速度；$\boldsymbol{F}(\boldsymbol{\theta}^{\circ})=[\boldsymbol{r}^{\circ\mathrm{T}}, \dot{\boldsymbol{r}}^{\circ\mathrm{T}}]^{\mathrm{T}}$ 表示 $\boldsymbol{\theta}^{\circ}$ 与各观测量之间的非线性

函数关系；$\boldsymbol{n}=[\Delta\boldsymbol{r}^{\mathrm{T}},\Delta\dot{\boldsymbol{r}}^{\mathrm{T}}]^{\mathrm{T}}$，为噪声向量，服从零均值高斯分布，且协方差矩阵为 $E[\boldsymbol{n}\boldsymbol{n}^{\mathrm{T}}]=\boldsymbol{Q}$。同时假设观测时间足够长，噪声项互不相关。

MLE 是最常用且有效的估计方法之一，很多学者在评价所提算法时，都会对比 MLE 估计结果。其基本思想是在对待估参量没有任何先验知识的情况下，利用已知的若干观测值估计该参数，因此根据式(7-1)所建模型和噪声 $\boldsymbol{n}$ 的统计特性，得到在给定参数 $(\boldsymbol{m},\boldsymbol{\theta})$ 的条件下，取自然对数后的 $\boldsymbol{F}(\boldsymbol{\theta}^{\circ})$ 概率密度函数为

$$\ln f(\boldsymbol{m},\boldsymbol{\theta})=-\frac{1}{2\ln[(2\pi)^{M}\mid\boldsymbol{Q}\mid]}-\frac{1}{2}[\boldsymbol{m}-\boldsymbol{F}(\boldsymbol{\theta}^{\circ})]^{\mathrm{T}}\boldsymbol{Q}^{-1}[\boldsymbol{m}-\boldsymbol{F}(\boldsymbol{\theta}^{\circ})] \tag{7-2}$$

其中，$|\cdot|$ 代表行列式。

根据 MLE 理论，即可得到待估参量的极大似然解为

$$\hat{\boldsymbol{\theta}}=\arg\max(I) \tag{7-3}$$

其中，I 代表 MLE 的似然函数，即

$$I\underline{\underline{\Delta}}-\frac{1}{2}[\boldsymbol{m}-\boldsymbol{F}(\boldsymbol{\theta}^{\circ})]^{\mathrm{T}}\boldsymbol{Q}^{-1}[\boldsymbol{m}-\boldsymbol{F}(\boldsymbol{\theta}^{\circ})] \tag{7-4}$$

接着对式(7-4)中的 $\boldsymbol{\theta}$ 求偏导，并且代入式(7-3)的 MLE 估计结果 $\hat{\boldsymbol{\theta}}$，得

$$\left.\frac{\partial I}{\partial\boldsymbol{\theta}}\right|_{\hat{\boldsymbol{\theta}}}=0 \tag{7-5}$$

假设与 TDOA 和 FDOA 观测值大小相比，噪声项较小，则二阶以上噪声项可以忽略。对式(7-5)二阶泰勒级数展开，得

$$\left.\frac{\partial I}{\partial\theta}\right|_{\hat{\theta}}\approx\boldsymbol{H}'+\boldsymbol{H}''(\hat{\boldsymbol{\theta}}-\boldsymbol{\theta}^{\circ})+\boldsymbol{g}(\boldsymbol{\theta}^{\circ})=0 \tag{7-6}$$

其中

$$\begin{cases}\boldsymbol{H}'=\left.\dfrac{\partial I}{\partial\theta}\right|_{\theta=\theta^{\circ}}\\ \boldsymbol{H}''=\left.\dfrac{\partial^{2}I}{\partial\boldsymbol{\theta}\partial\boldsymbol{\theta}^{\mathrm{T}}}\right|_{\theta=\theta^{\circ}}\\ \boldsymbol{H}'''_{l}=\left.\dfrac{\partial}{\partial\theta_{1}}\left(\dfrac{\partial^{2}I}{\partial\boldsymbol{\theta}\partial\boldsymbol{\theta}^{\mathrm{T}}}\right)\right|_{\theta=\theta^{\circ}}\quad l=1,2,\cdots,6\\ \boldsymbol{g}(\boldsymbol{\theta}^{\circ})=\dfrac{1}{2}\begin{bmatrix}\mathrm{tr}(\boldsymbol{H}'''_{1}\cdot[\hat{\boldsymbol{\theta}}-\boldsymbol{\theta}^{\circ}][\hat{\boldsymbol{\theta}}-\boldsymbol{\theta}\cdot]^{\mathrm{T}})\\ \mathrm{tr}(\boldsymbol{H}'''_{2}\cdot[\hat{\boldsymbol{\theta}}-\boldsymbol{\theta}^{\circ}][\hat{\boldsymbol{\theta}}-\boldsymbol{\theta}^{\circ}]^{\mathrm{T}})\\ \vdots\\ \mathrm{tr}(\boldsymbol{H}'''_{6}\cdot[\hat{\boldsymbol{\theta}}-\boldsymbol{\theta}^{\circ}][\hat{\boldsymbol{\theta}}-\boldsymbol{\theta}^{\circ}]^{\mathrm{T}})\end{bmatrix}\end{cases} \tag{7-7}$$

式中，$\mathrm{tr}(\cdot)$ 代表矩阵的迹。

如果给予 MLE 算法良好的初值后，通过式(7-6)的迭代可实现分布式平台目标定位，但是为了提高定位精度，仍然需要考虑以下两个问题：

(1) MLE 本身属于渐进无偏估计。我们利用 MLE 得到的目标估计结果存在一定的偏差，因此如果要提高定位精度，需要进一步考虑 MLE 本身偏差对目标定位精度的影响。

(2) 目标定位问题的非线性同样使得定位结果存在偏差，通常衡量一个估计器的估计性能一般要联合考虑估计方差和偏差两方面因素的影响。当观测量测量误差较小时，影响整个估计器性能的估计方差占主导，即可忽略偏差对精度的影响，因此研究者们用 CRLB 作为衡量估计性能的标准。但是在测量误差较大的条件下，估计偏差随之增大，其造成的影响不可忽略。现如今针对定位问题中减小偏差的技术有很多，但是改善程度仍然停留在与 MLE 同等的量级。

因此针对上述问题，下节将从 MLE 本身入手，详细推导基于 MLE 的分布式平台定位理论偏差，并利用推导结果实现偏差补偿，进一步减小偏差提高精度。由式(7-6)可知，估计值 $\hat{\boldsymbol{\theta}}$ 与真实值 θ° 差的数学期望即为理论偏差值，因此无需求解目标估计值 $\hat{\boldsymbol{\theta}}$ 即可得到理论偏差，将式(7-6)整理为如下形式

$$E[\hat{\boldsymbol{\theta}}-\boldsymbol{\theta}^{\circ}]=E[-(\boldsymbol{H}'')^{-1}\boldsymbol{H}']+E[-(\boldsymbol{H}'')^{-1}\boldsymbol{g}(\boldsymbol{\theta}^{\circ})] \tag{7-8}$$

为表示方便，对式(7-7)做如下代换

$$\begin{cases}\boldsymbol{H}'=\left.\dfrac{\partial I}{\partial \boldsymbol{\theta}}\right|_{\theta=\theta^{\circ}}=\left.\dfrac{\partial^{\mathrm{T}}\boldsymbol{F}(\boldsymbol{\theta})}{\partial \boldsymbol{\theta}}\boldsymbol{Q}^{-1}\boldsymbol{n}\right|_{\theta=\theta^{\circ}}=\boldsymbol{C}\\ \boldsymbol{H}''=\left.\dfrac{\partial^{2} I}{\partial \boldsymbol{\theta}\partial \boldsymbol{\theta}^{\mathrm{T}}}\right|_{\theta=\theta^{\circ}}=-(\boldsymbol{A}-\boldsymbol{B})\\ \boldsymbol{A}=\left.\dfrac{\partial^{\mathrm{T}}\boldsymbol{F}(\boldsymbol{\theta})}{\partial \boldsymbol{\theta}}\boldsymbol{Q}^{-1}\dfrac{\partial \boldsymbol{F}(\boldsymbol{\theta})}{\partial \boldsymbol{\theta}^{\mathrm{T}}}\right|_{\theta=\theta^{\circ}}\\ \boldsymbol{B}=\left.\sum_{j=1}^{M}\sum_{i=1}^{M}q_{ij}n_{i}\dfrac{\partial^{2}\boldsymbol{F}_{j}(\boldsymbol{\theta})}{\partial \boldsymbol{\theta}\partial \boldsymbol{\theta}^{\mathrm{T}}}\right|_{\theta=\theta^{\circ}}\end{cases} \tag{7-9}$$

其中，n_i 为噪声向量 $\boldsymbol{n}$ 中的第 i 个元素；q_{ij} 为 $\boldsymbol{Q}^{-1}$ 中的第 i 行第 j 列的元素。

接下来，将详细推导式(7-8)的求解过程。根据矩阵理论，$(\boldsymbol{H}'')^{-1}$ 可近似为

$$(\boldsymbol{H}'')^{-1}=-(\boldsymbol{A}-\boldsymbol{B})^{-1}\approx-(\boldsymbol{A}^{-1}+\boldsymbol{A}^{-1}\boldsymbol{B}\boldsymbol{A}^{-1}) \tag{7-10}$$

因此式(7-8)的第一项可写成

$$E[-(\boldsymbol{H}'')^{-1}\boldsymbol{H}']=E[(\boldsymbol{A}-\boldsymbol{B})^{-1}\boldsymbol{C}]\approx E[\boldsymbol{A}^{-1}\boldsymbol{C}]+E[\boldsymbol{A}^{-1}\boldsymbol{B}\boldsymbol{A}^{-1}\boldsymbol{C}] \tag{7-11}$$

由式(7-9)可知，$\boldsymbol{A}$ 中不含噪声项，因此 $\boldsymbol{C}$ 中的噪声项 $\boldsymbol{n}$ 与 $\boldsymbol{A}$ 相互独立，又因 $E[\boldsymbol{n}]=0$，从而式(7-11)的第一项为

$$E[\boldsymbol{A}^{-1}\boldsymbol{C}]=0 \tag{7-12}$$

故

$$E[-(\boldsymbol{H}'')^{-1}\boldsymbol{H}']\approx E[\boldsymbol{A}^{-1}\boldsymbol{B}\boldsymbol{A}^{-1}\boldsymbol{C}] \tag{7-13}$$

将式(7-9)中 $\boldsymbol{A}$、$\boldsymbol{B}$、$\boldsymbol{C}$ 的具体表达式代入式(7-13)，得到偏差的第一部分结果为

$$\begin{aligned}E[-(\boldsymbol{H}'')^{-1}\boldsymbol{H}']&\approx\boldsymbol{A}^{-1}\sum_{i=1}^{M}\boldsymbol{P}_{i}\boldsymbol{A}^{-1}\left(\frac{\partial^{\mathrm{T}}\boldsymbol{F}(\boldsymbol{\theta})}{\partial \boldsymbol{\theta}}\right)\boldsymbol{Q}^{-1}\cdot E[n_{i}\boldsymbol{n}]\\&\approx\left.\boldsymbol{A}^{-1}\sum_{i=1}^{M}\boldsymbol{P}_{i}\boldsymbol{A}^{-1}\left(\frac{\partial^{\mathrm{T}}\boldsymbol{F}(\boldsymbol{\theta})}{\partial \boldsymbol{\theta}}\right)e_{i}\right|_{\theta=\theta^{\circ}}\end{aligned} \tag{7-14}$$

其中，$\boldsymbol{e}_i$ 定义为除了第 i 个元素为 1 其余元素为 0 的 $M\times1$ 向量，具体形式如下

$$\boldsymbol{e}_{i}=[\overbrace{\underbrace{0\ \cdots\ 0}_{i-1}\ \underset{i}{1}\ 0\ \cdots\ 0}^{M}]^{\mathrm{T}} \tag{7-15}$$

式(7-14)中的 $\boldsymbol{P}_i$ 表示为

$$\boldsymbol{P}_i = \sum_{j=1}^{M} q_{ij} \left.\frac{\partial^2 \boldsymbol{F}_j(\boldsymbol{\theta})}{\partial\boldsymbol{\theta}\partial\boldsymbol{\theta}^{\mathrm{T}}}\right|_{\boldsymbol{\theta}=\boldsymbol{\theta}^{\circ}} \tag{7-16}$$

下面推导式(7-11)第二项的具体表达式，因其较为复杂，需做进一步合理近似。由式(7-9)可知，$\boldsymbol{B}$ 中含有一阶噪声项，$\boldsymbol{g}(\boldsymbol{\theta}^{\circ})$ 中含有二阶噪声项，式(7-8)中两项的乘积会产生三阶噪声项，根据上文假设，噪声相比于观测量值较小，因此可以忽略，即 $\boldsymbol{H}'' \approx -\boldsymbol{A}$，从而偏差的第二部分可表示为

$$E[-(\boldsymbol{H}'')^{-1}\boldsymbol{g}(\boldsymbol{\theta}^{\circ})] \approx \boldsymbol{A}^{-1}\boldsymbol{z} \tag{7-17}$$

其中

$$\boldsymbol{z} \triangleq E[\boldsymbol{g}(\boldsymbol{\theta}^{\circ})] \approx \frac{1}{2}\begin{bmatrix} \mathrm{tr}\{E[\boldsymbol{H}'''_1]\cdot \mathbf{CRLB}(\boldsymbol{\theta}^{\circ})\} \\ \mathrm{tr}\{E[\boldsymbol{H}'''_2]\cdot \mathbf{CRLB}(\boldsymbol{\theta}^{\circ})\} \\ \vdots \\ \mathrm{tr}\{E[\boldsymbol{H}'''_6]\cdot \mathbf{CRLB}(\boldsymbol{\theta}^{\circ})\} \end{bmatrix} \tag{7-18}$$

$\mathbf{CRLB}(\boldsymbol{\theta}^{\circ})$ 代表无站址误差时，联合 TDOA 和 FDOA 分布式平台定位精度所能达到的最小方差(其具体推导见 7.2.3 节)。接着对 $\boldsymbol{H}''$ 的微分结果求数学期望得

$$E[\boldsymbol{H}'''_1] = \sum_{i=1}^{M}[\boldsymbol{h}_i^{\mathrm{T}}\boldsymbol{e}_l\boldsymbol{P}_i + \boldsymbol{P}_i\boldsymbol{e}_l\boldsymbol{h}_i^{\mathrm{T}} + \boldsymbol{h}_i\boldsymbol{e}_l^{\mathrm{T}}\boldsymbol{P}_i^{\mathrm{T}}] \tag{7-19}$$

其中

$$\boldsymbol{h}_i = \sum_{j=1}^{M} \boldsymbol{q}_{ij} \left.\frac{\partial^{\mathrm{T}} \boldsymbol{F}_j(\boldsymbol{\theta})}{\partial\boldsymbol{\theta}}\right|_{\theta=\theta^{\circ}} \tag{7-20}$$

并且 $\boldsymbol{e}_l$ 定义为除了第 l 个元素为 1 其余元素为 0 的 6×1 向量，具体形式如下

$$\boldsymbol{e}_l = [\overbrace{\underbrace{0 \ \cdots \ 0}_{l-1} \ \underset{l}{1} \ 0 \ \cdots \ 0}^{6}]^{\mathrm{T}} \tag{7-21}$$

综上，结合式(7-14)和式(7-17)，得到基于 MLE 的分布式平台理论偏差值为

$$\boldsymbol{b} = E[\hat{\boldsymbol{\theta}} - \boldsymbol{\theta}^{\circ}] = \boldsymbol{A}^{-1}\left.\left(\sum_{i=1}^{M}\boldsymbol{P}_i\boldsymbol{A}^{-1}\left(\frac{\partial^{\mathrm{T}}\boldsymbol{F}(\boldsymbol{\theta})}{\partial\boldsymbol{\theta}}\right)\boldsymbol{e}_i + \boldsymbol{z}\right)\right|_{\theta=\theta^{\circ}} \tag{7-22}$$

最后利用 MLE 估计解减去理论偏差，即可得到经过偏差补偿的高精度目标位置及速度估计结果

$$\tilde{\boldsymbol{\theta}} = \hat{\boldsymbol{\theta}} - E[\hat{\boldsymbol{\theta}} - \boldsymbol{\theta}^{\circ}] = \hat{\boldsymbol{\theta}} - \boldsymbol{b} \tag{7-23}$$

其中，$\tilde{\boldsymbol{\theta}}$ 为经过偏差补偿后的高精度估计结果。

下面将推导式(7-9)中 $\boldsymbol{F}(\boldsymbol{\theta})$ 对 $\boldsymbol{\theta}$ 的一阶和二阶微分数学表达式，首先对 $\boldsymbol{\theta}^{\mathrm{T}}$ 的一阶微分可表示为

$$\frac{\partial\boldsymbol{F}(\boldsymbol{\theta})}{\partial\boldsymbol{\theta}^{\mathrm{T}}} = \begin{bmatrix} \dfrac{\partial\boldsymbol{r}(\boldsymbol{\theta})}{\partial\boldsymbol{u}^{\mathrm{T}}} & \dfrac{\partial\boldsymbol{r}(\boldsymbol{\theta})}{\partial\dot{\boldsymbol{u}}^{\mathrm{T}}} \\ \dfrac{\partial\dot{\boldsymbol{r}}(\boldsymbol{\theta})}{\partial\boldsymbol{u}^{\mathrm{T}}} & \dfrac{\partial\dot{\boldsymbol{r}}(\boldsymbol{\theta})}{\partial\dot{\boldsymbol{u}}^{\mathrm{T}}} \end{bmatrix} \tag{7-24}$$

令

$$\begin{cases} \boldsymbol{x}_i = \dfrac{(\boldsymbol{u}-\boldsymbol{s}_i)^{\mathrm{T}}}{r_i(\boldsymbol{\theta})} \\ \boldsymbol{v}_i = \dfrac{(\dot{\boldsymbol{u}}-\dot{\boldsymbol{s}}_i)^{\mathrm{T}}}{r_i(\boldsymbol{\theta})} - \dfrac{\dot{r}_i(\boldsymbol{\theta})(\boldsymbol{u}-\boldsymbol{s}_i)^{\mathrm{T}}}{r_i(\boldsymbol{\theta})^2} \end{cases} \tag{7-25}$$

因此式(7-24)中，$r(\boldsymbol{\theta})$和$\dot{\boldsymbol{r}}(\boldsymbol{\theta})$对$\boldsymbol{u}$和$\dot{\boldsymbol{u}}$的一阶微分可表示为

$$\begin{cases} \dfrac{\partial \boldsymbol{r}(\boldsymbol{\theta})}{\partial \boldsymbol{u}^{\mathrm{T}}} = \dfrac{\partial \dot{\boldsymbol{r}}(\boldsymbol{\theta})}{\partial \dot{\boldsymbol{u}}^{\mathrm{T}}} = \begin{bmatrix} \boldsymbol{x}_2 - \boldsymbol{x}_1 \\ \vdots \\ \boldsymbol{x}_M - \boldsymbol{x}_{M-1} \end{bmatrix}_{(M/2)\times 3} \\ \dfrac{\partial \dot{\boldsymbol{r}}(\boldsymbol{\theta})}{\partial \boldsymbol{u}^{\mathrm{T}}} = \begin{bmatrix} \boldsymbol{v}_2 - \boldsymbol{v}_1 \\ \vdots \\ \boldsymbol{v}_M - \boldsymbol{v}_{M-1} \end{bmatrix}_{(M/2)\times 3} \\ \dfrac{\partial \boldsymbol{r}(\boldsymbol{\theta})}{\partial \dot{\boldsymbol{u}}^{\mathrm{T}}} = \boldsymbol{0}_{(M/2)\times 3} \end{cases} \tag{7-26}$$

$\boldsymbol{F}(\boldsymbol{\theta})$ 对$\boldsymbol{\theta}$的二阶微分表达式较为复杂，需要分两部分，当$1\leqslant j\leqslant M/2$时，式(7-9)中的$\partial^2 \boldsymbol{F}_j\boldsymbol{\theta}/\partial\boldsymbol{\theta}\partial\boldsymbol{\theta}^{\mathrm{T}}$ 可表示为

$$\frac{\partial^2 \boldsymbol{F}_j(\boldsymbol{\theta})}{\partial\boldsymbol{\theta}\partial\boldsymbol{\theta}^{\mathrm{T}}} = \begin{bmatrix} \dfrac{\partial^2 \boldsymbol{r}_{2j,\,2j-1}(\boldsymbol{\theta})}{\partial\boldsymbol{u}\partial\boldsymbol{u}^{\mathrm{T}}} & \dfrac{\partial^2 \boldsymbol{r}_{2j,\,2j-1}(\boldsymbol{\theta})}{\partial\boldsymbol{u}\partial\dot{\boldsymbol{u}}^{\mathrm{T}}} \\ \dfrac{\partial^2 \boldsymbol{r}_{2j,\,2j-1}(\boldsymbol{\theta})}{\partial\dot{\boldsymbol{u}}\partial\boldsymbol{u}^{\mathrm{T}}} & \dfrac{\partial^2 \boldsymbol{r}_{2j,\,2j-1}(\boldsymbol{\theta})}{\partial\dot{\boldsymbol{u}}\partial\dot{\boldsymbol{u}}^{\mathrm{T}}} \end{bmatrix}_{6\times 6} \tag{7-27}$$

令

$$\boldsymbol{X}_j = \frac{I_3 - \boldsymbol{x}_j^{\mathrm{T}}\boldsymbol{x}_j}{r_j(\boldsymbol{\theta})} \tag{7-28}$$

其中，$\boldsymbol{I}_3$ 代表 3×3 的单位矩阵。

利用上述代换，式(7-27)中 $\boldsymbol{r}(\boldsymbol{\theta})$ 对 $\boldsymbol{u}$ 和 $\dot{\boldsymbol{u}}$ 的二阶微分可表示为

$$\begin{cases} \dfrac{\partial^2 \boldsymbol{r}_{2j,\,2j-1}(\boldsymbol{\theta})}{\partial\boldsymbol{u}\partial\boldsymbol{u}^{\mathrm{T}}} = \boldsymbol{X}_{2j} - \boldsymbol{X}_{2j-1} \\ \dfrac{\partial^2 \boldsymbol{r}_{2j,\,2j-1}(\boldsymbol{\theta})}{\partial\dot{\boldsymbol{u}}\partial\boldsymbol{u}^{\mathrm{T}}} = \dfrac{\partial^2 \boldsymbol{r}_{2j,\,2j-1}(\boldsymbol{\theta})}{\partial\boldsymbol{u}\partial\dot{\boldsymbol{u}}^{\mathrm{T}}} = \dfrac{\partial^2 \boldsymbol{r}_{2j,\,2j-1}(\boldsymbol{\theta})}{\partial\dot{\boldsymbol{u}}\partial\dot{\boldsymbol{u}}^{\mathrm{T}}} = \boldsymbol{0}_{3\times 3} \end{cases} \tag{7-29}$$

当 $M/2+1\leqslant j\leqslant M$ 时，式(7-9)中的 $\partial^2 \boldsymbol{F}_j(\boldsymbol{\theta})/\partial\boldsymbol{\theta}\partial\boldsymbol{\theta}^{\mathrm{T}}$ 可表示为

$$\frac{\partial^2 \boldsymbol{F}_j(\boldsymbol{\theta})}{\partial\boldsymbol{\theta}\partial\boldsymbol{\theta}^{\mathrm{T}}} = \begin{bmatrix} \dfrac{\partial^2 \dot{\boldsymbol{r}}_{2j-M,\,2j-1-M}(\boldsymbol{\theta})}{\partial\boldsymbol{u}\partial\boldsymbol{u}^{\mathrm{T}}} & \dfrac{\partial^2 \dot{\boldsymbol{r}}_{2j-M,\,2j-1-M}(\boldsymbol{\theta})}{\partial\boldsymbol{u}\partial\dot{\boldsymbol{u}}^{\mathrm{T}}} \\ \dfrac{\partial^2 \dot{\boldsymbol{r}}_{2j-M,\,2j-1-M}(\boldsymbol{\theta})}{\partial\dot{\boldsymbol{u}}\partial\boldsymbol{u}^{\mathrm{T}}} & \dfrac{\partial^2 \dot{\boldsymbol{r}}_{2j-M,\,2j-1-M}(\boldsymbol{\theta})}{\partial\dot{\boldsymbol{u}}\partial\dot{\boldsymbol{u}}^{\mathrm{T}}} \end{bmatrix}_{6\times 6} \tag{7-30}$$

为方便表示，令

$$\begin{cases} \boldsymbol{Y}_j = \dot{r}_j(\boldsymbol{\theta})r_j(\boldsymbol{\theta})^{-2}(3\boldsymbol{x}_j^{\mathrm{T}}\boldsymbol{x}_j - \boldsymbol{I}_3) \\ \boldsymbol{w}_j = r_j(\boldsymbol{\theta})^{-1}(\dot{\boldsymbol{u}} - \dot{\boldsymbol{s}}_j)^{\mathrm{T}} \\ \boldsymbol{W}_j = r_j(\boldsymbol{\theta})^{-1}\boldsymbol{x}_j^{\mathrm{T}}\boldsymbol{w}_j \\ \boldsymbol{\Psi}_j = \boldsymbol{Y}_j - \boldsymbol{W}_j - \boldsymbol{W}_j^{\mathrm{T}} \end{cases} \tag{7-31}$$

从而式(7-30)中的$\dot{\boldsymbol{r}}(\boldsymbol{\theta})$对$\boldsymbol{u}$和$\dot{\boldsymbol{u}}$的二阶微分可表示为

$$\begin{cases}\dfrac{\partial^2 \dot{\boldsymbol{r}}_{2j-M,\ 2j-1-M}(\boldsymbol{\theta})}{\partial \boldsymbol{u}\partial \boldsymbol{u}^{\mathrm{T}}} = \boldsymbol{\Psi}_{2j-M} - \boldsymbol{\Psi}_{2j-1-M} \\ \dfrac{\partial^2 \dot{\boldsymbol{r}}_{2j-M,\ 2j-1-M}(\boldsymbol{\theta})}{\partial \dot{\boldsymbol{u}}\partial \boldsymbol{u}^{\mathrm{T}}} = \boldsymbol{X}_{2j-M} - \boldsymbol{X}_{2j-1-M} \\ \dfrac{\partial^2 \dot{\boldsymbol{r}}_{2j-M,\ 2j-1-M}(\boldsymbol{\theta})}{\partial \boldsymbol{u}\partial \dot{\boldsymbol{u}}^{\mathrm{T}}} = \boldsymbol{X}_{2j-M} - \boldsymbol{X}_{2j-1-M} \\ \dfrac{\partial^2 \dot{\boldsymbol{r}}_{2j-M,\ 2j-1-M}(\boldsymbol{\theta})}{\partial \dot{\boldsymbol{u}}\partial \dot{\boldsymbol{u}}^{\mathrm{T}}} = \boldsymbol{0}_{3\times 3}\end{cases} \tag{7-32}$$

至此，基于 MLE 的分布式平台目标定位算法，理论偏差和其细节等式已全部推导完毕，利用 MLE 结果替换真实值即可得到理论偏差，从而对结果偏差补偿，实现高精度定位。然而，极大似然估计同样是一种搜索和迭代类算法，其精度高但计算量大，因此需要良好的初值作为其全局最优的保证。由于分布式平台无公共参考站，无法将高度非线性的方程转化为伪线性方程后利用最小二乘求解，因此在精度允许的条件下，我们考虑数形结合的方法给出目标位置及速度的初值，下节将对其做详细介绍。

7.2.2　初值估计

MLE 是一类全局搜索的优化算法，但其全局搜索的过程导致计算量较大，难以迎合现阶段无源定位系统“快速”“高效”“精准”的要求，需做近似处理后进行迭代计算。迭代算法精度较高、收敛速度快的前提是需要为其提供良好的初值。因此本节针对分布式平台定位模型，介绍一种基于数形结合的目标位置及速度初值获取方法。

根据 TDOA 定位模型的几何意义，以二维平面为例，未知目标辐射源到达两观测平台的时间差为常数，目标运动轨迹是一支以两观测中点为中心、两站为焦点的双曲线，多个时差形成多条双曲线，其交点即为目标辐射源所在的位置。然而在三维空间中，则至少需要三个 TDOA 值，形成三个单边双曲面。考虑分布式时频差定位方程的非线性，很难直接获取交点。为此，本节利用数形结合的方法为 7.2.1 节提供目标信息初值。

根据双曲线的性质，其渐近线距双曲线的距离会随着自变量的逐渐增大而减小，且直线交点易于线性求解，因此本节采用双曲线渐近线的交点近似作为双曲线交点来获取目标位置，其原理示意图如图 7－1 所示。为了模型简化易懂，本书给出二维平面初值求解方法，其可扩展至三维空间中。

图 7－1 给出了双曲线渐近线求得目标位置的原理示意图。图中 $\boldsymbol{s}_1$、$\boldsymbol{s}_2$、$\boldsymbol{s}_3$、$\boldsymbol{s}_4$ 分别为整个分布式平台其中的四个观测站，与其余观测站的位置和速度统一表示为 $\boldsymbol{s}_i = [x_i,\ y_i]^{\mathrm{T}}$ 和 $\dot{\boldsymbol{s}} = [\dot{x}_i,\ \dot{y}_i]^{\mathrm{T}}(i = 1,\ 2,\ \cdots,\ M)$，目标所在位置为 $\boldsymbol{u} = [x_u,\ y_u]^{\mathrm{T}}$，其移动速度为 $\dot{\boldsymbol{u}} = [\dot{x}_u,\ \dot{y}_u]^{\mathrm{T}}$，两观测站连线的中点为 $\boldsymbol{s}_{2i,\ 2i-1}$，$(i = 1,\ 2,\ \cdots,\ M/2)$，表示为

$$\boldsymbol{s}_{2i,\ 2i-1} = [x_{2i,\ 2i-1},\ y_{2i,\ 2i-1}]^{\mathrm{T}} = \frac{\boldsymbol{s}_{2i} + \boldsymbol{s}_{2i-1}}{2},\quad i = 1,\ 2,\ \cdots,\ \frac{M}{2} \tag{7-33}$$

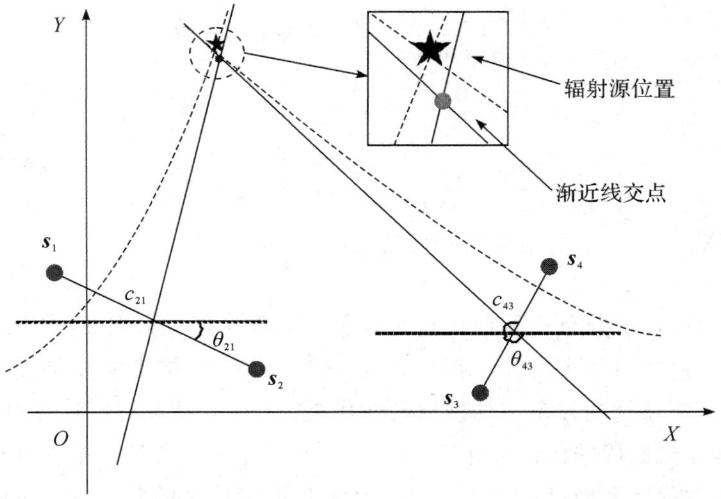

图 7-1 双曲线渐近线交点法获取目标信息初始值原理示意图

根据双曲线标准方程的定义，可以得到以 $\boldsymbol{s}_{2i,\,2i-1}$ 为中心的双曲线标准方程为

$$\frac{(x-x_{2i,\,2i-1})^2}{a_{2i,\,2i-1}^2}-\frac{(y-y_{2i,\,2i-1})^2}{b_{2i,\,2i-1}^2}=1 \tag{7-34}$$

其中，x、y 代表曲线上所有点的集合。

根据双曲线理论和时差定位方程，式(7-34)中 a、b、c 三参数之间的关系如下：

$$\begin{cases} a_{2i,\,2i-1}=\dfrac{r_{2i,\,2i-1}}{2}=\dfrac{c\tau_{2i,\,2i-1}}{2} \\ c_{2i,\,2i-1}=\dfrac{\sqrt{(x_{2i}-x_{2i-1})^2+(y_{2i}-y_{2i-1})^2}}{2}=\dfrac{\|\boldsymbol{s}_{2i}-\boldsymbol{s}_{2i-1}\|}{2} \\ b_{2i,\,2i-1}=\sqrt{c_{2i,\,2i-1}^2-a_{2i,\,2i-1}^2} \end{cases} \tag{7-35}$$

实际运用需求中，观测站的布站方式很多，站与站的连线不一定与坐标轴平行，一般通过旋转得其一般表达式。因此借助二维旋转矩阵，将双曲线式(7-34)逆时针旋转 $\theta_{2i,\,2i-1}$ 后即可得到时差双曲线方程(旋转角度如图 7-1 所示)，旋转后的坐标可表示为

$$\begin{bmatrix} x' \\ y' \end{bmatrix}\begin{bmatrix} \cos\theta_{2i,\,2i-1} & \sin\theta_{2i,\,2i-1} \\ -\sin\theta_{2i,\,2i-1} & \cos\theta_{2i,\,2i-1} \end{bmatrix}\begin{bmatrix} x-x_{2i,\,2i-1} \\ y-y_{2i,\,2i-1} \end{bmatrix} \tag{7-36}$$

其中，$\theta_{2i,\,2i-1}$ 表示 $\boldsymbol{s}_{2i-1}$ 和 $\boldsymbol{s}_{2i}$ 所形成的双曲线相对于标准双曲线的逆时针旋转角度。

旋转后的双曲线方程为

$$\frac{[(x-x_{2i,\,2i-1})\cos\theta_{2i,\,2i-1}+(y-y_{2i,\,2i-1})\sin\theta_{2i,\,2i-1}]^2}{a_{2i,\,2i-1}^2} - \frac{[-(x-x_{2i,\,2i-1})\sin\theta_{2i,\,2i-1}+(y-y_{2i,\,2i-1})\cos\theta_{2i,\,2i-1}]^2}{b_{2i,\,2i-1}^2}=1 \tag{7-37}$$

式(7-37)的两条渐近线方程为

$$(x - x_{2i,\,2i-1})\left(\frac{a_{2i,\,2i-1}}{b_{2i,\,2i-1}}\sin\theta_{2i,\,2i-1} + \cos\theta_{2i,\,2i-1}\right) = (y - y_{2i,\,2i-1})\left(\frac{a_{2i,\,2i-1}}{b_{2i,\,2i-1}}\cos\theta_{2i,\,2i-1} - \sin\theta_{2i,\,2i-1}\right)$$

$$(x - x_{2i,\,2i-1})\left(\frac{a_{2i,\,2i-1}}{b_{2i,\,2i-1}}\sin\theta_{2i,\,2i-1} - \cos\theta_{2i,\,2i-1}\right) = (y - y_{2i,\,2i-1})\left(\frac{a_{2i,\,2i-1}}{b_{2i,\,2i-1}}\cos\theta_{2i,\,2i-1} + \sin\theta_{2i,\,2i-1}\right) \tag{7-38}$$

根据双曲线性质，任意一条双曲线存在 2 条渐进线，因此两组 TDOA 双曲线会形成 4 条渐进线，最多可求得 4 个交点。然而这四个交点中只有一个是最靠近真实辐射源位置的，其余都为虚假值，需要利用数学方法进行判别。根据 4 个辐射源的初值结果，再次求得与 $\boldsymbol{s}_{2i}$、$\boldsymbol{s}_{2i-1}$ 的距离差 $r'_{2i,\,2i-1}$ 和与 $\boldsymbol{s}_{2j}$，$\boldsymbol{s}_{2j-1}$ 的距离差 $r'_{2j,\,2j-1}$ 。如果某一交点满足以下条件

$$\begin{cases} r'_{2i,\,2i-1} \cdot r_{2i,\,2i-1} \geqslant 0 \\ r'_{2j,\,2j-1} \cdot r_{2j,\,2j-1} \geqslant 0 \end{cases} \tag{7-39}$$

其中，$r_{2i,\,2i-1}$ 和 $r_{2j,\,2j-1}$ 分别表示参数估计后所得到的距离差。

该交点即为目标辐射源真实位置附近的渐近线交点 $\boldsymbol{u}' = [x'_u,\, y'_u]^{\mathrm{T}}$ ，可以粗略地将该点作为目标位置的初值，从而避免 MLE 等迭代算法陷入局部最优。

下面就根据上述方法，以图 7-1 中的 4 个观测站(2 组)为例，推导目标位置初值。以 $\boldsymbol{s}_1$、$\boldsymbol{s}_2$ 为焦点，其连线中点为中心的双曲线方程为

$$\frac{[(x - x_{2,1})\cos\theta_{2,1} + (y - y_{2,1})\sin\theta_{2,1}]^2}{a_{2,1}^2} - \frac{[-(x - x_{2,1})\sin\theta_{2,1} + (y - y_{2,1})\cos\theta_{2,1}]^2}{b_{2,1}^2} = 1 \tag{7-40}$$

两条渐近线方程为

$$(x - x_{2,1})\left(\frac{a_{2,1}}{b_{2,1}}\sin\theta_{2,1} + \cos\theta_{2,1}\right) = (y - y_{2,1})\left(\frac{a_{2,1}}{b_{2,1}}\cos\theta_{2,1} - \sin\theta_{2,1}\right) \tag{7-41}$$

$$(x - x_{2,1})\left(\frac{a_{2,1}}{b_{2,1}}\sin\theta_{2,1} - \cos\theta_{2,1}\right) = (y - y_{2,1})\left(\frac{a_{2,1}}{b_{2,1}}\cos\theta_{2,1} + \sin\theta_{2,1}\right) \tag{7-42}$$

同理可以求得 $\boldsymbol{s}_3$ 和 $\boldsymbol{s}_4$ 的时差双曲线渐近线方程为

$$(x - x_{4,3})\left(\frac{a_{4,3}}{b_{4,3}}\sin\theta_{4,3} + \cos\theta_{4,3}\right) = (y - y_{4,3})\left(\frac{a_{4,3}}{b_{4,3}}\cos\theta_{4,3} - \sin\theta_{4,3}\right) \tag{7-43}$$

$$(x - x_{4,3})\left(\frac{a_{4,3}}{b_{4,3}}\sin\theta_{4,3} - \cos\theta_{4,3}\right) = (y - y_{4,3})\left(\frac{a_{4,3}}{b_{4,3}}\cos\theta_{4,3} + \sin\theta_{4,3}\right) \tag{7-44}$$

联立式(7-41)～(7-44)后，利用得到的 4 个交点，再次求得 $r'_{2,1}$ 和 $r'_{4,3}$ ，根据式(7-39)的判决条件

$$\begin{cases} r'_{2,1} \cdot r_{2,1} \geqslant 0 \\ r'_{4,3} \cdot r_{4,3} \geqslant 0 \end{cases} \tag{7-45}$$

即可得到目标位置的初始估计值。而后，将已知的 $\boldsymbol{u}'$，$r'_i(i = 1,\, 2,\, \cdots,\, M)$ 代入式频差定位方程中可得

$$\frac{(\boldsymbol{u}' - \boldsymbol{s}_{2i}^{\circ})^{\mathrm{T}}(\dot{\boldsymbol{u}}' - \dot{\boldsymbol{s}}_{2i}^{\circ})}{r'_{2i}} - \frac{(\boldsymbol{u}' - \boldsymbol{s}_{2i-1}^{\circ})^{\mathrm{T}}(\dot{\boldsymbol{u}}' - \dot{\boldsymbol{s}}_{2i-1}^{\circ})}{r'_{2i-1}} = \dot{r}_{2i,\,2i-1}^{\circ} \tag{7-46}$$

其中，$i = 1,\, 2,\, \cdots,\, \dfrac{M}{2}$ 。

将式(7-46)中真实的距离变化率替换为观测值，即

$$\dot{r}^{\circ}_{2i,2i-1} = \dot{r}_{2i,2i-1} + \Delta\dot{r}_{2i,2i-1} \tag{7-47}$$

并将噪声项整理至等式左边得

$$\varepsilon_{1,i} = -\Delta\dot{r}_{2i,2i-1} = \dot{r}_{2i,2i-1} - \boldsymbol{\rho}_{2i}^{\mathrm{T}}(\dot{\boldsymbol{u}} - \dot{\boldsymbol{s}}^{\circ}_{2i}) + \boldsymbol{\rho}_{2i-1}^{\mathrm{T}}(\dot{\boldsymbol{u}} - \dot{\boldsymbol{s}}^{o}_{2i-1}) \tag{7-48}$$

其中，$\rho_i = (\boldsymbol{u}' - \boldsymbol{s}^{\circ}_i)/r'_i$；$\dot{\boldsymbol{u}}$ 为待估参数，表示目标速度，多组观测量中的误差向量集合为 $\{\boldsymbol{\varepsilon}_1 \mid \varepsilon_{1,1}, \varepsilon_{1,2}, \cdots, \varepsilon_{1,M/2} \in \boldsymbol{\varepsilon}_1\}$。

从式(7-48)可以看出，$\boldsymbol{u}'$ 的代入将原本高度非线性的频差方程转化成了线性一次方程，接着进一步将其整理成矩阵形式为(区别于 7.2.1 节中的 $\boldsymbol{A}$)

$$\boldsymbol{\varepsilon}_1 = \boldsymbol{b} - \boldsymbol{A}\dot{\boldsymbol{u}}' \tag{7-49}$$

其中

$$\boldsymbol{A} = \begin{bmatrix} \boldsymbol{\rho}_2^{\mathrm{T}} - \boldsymbol{\rho}_1^{\mathrm{T}} \\ \boldsymbol{\rho}_4^{\mathrm{T}} - \boldsymbol{\rho}_3^{\mathrm{T}} \\ \vdots \\ \boldsymbol{\rho}_M^{\mathrm{T}} - \boldsymbol{\rho}_{M-1}^{\mathrm{T}} \end{bmatrix}, \quad \boldsymbol{b} = \begin{bmatrix} \dot{r}_{2,1} + \boldsymbol{\rho}_2^{\mathrm{T}}\dot{\boldsymbol{s}}_2 - \boldsymbol{\rho}_1^{\mathrm{T}}\dot{\boldsymbol{s}}_1 \\ \dot{r}_{4,3} + \boldsymbol{\rho}_4^{\mathrm{T}}\dot{\boldsymbol{s}}_4 - \boldsymbol{\rho}_3^{\mathrm{T}}\dot{\boldsymbol{s}}_3 \\ \vdots \\ \dot{r}_{M,M-1} + \boldsymbol{\rho}_M^{\mathrm{T}}\dot{\boldsymbol{s}}_M - \boldsymbol{\rho}_{M-1}^{\mathrm{T}}\dot{\boldsymbol{s}}_{M-1} \end{bmatrix} \tag{7-50}$$

利用经典的最小二乘求解式(7-49)，即可得到目标速度初值

$$\dot{\boldsymbol{u}}' = (\mathbf{A}^{\mathrm{T}}\mathbf{A})^{-1}\mathbf{A}^{\mathrm{T}}\boldsymbol{b} \tag{7-51}$$

综上所述，式(7-38)和式(7-51)的联立求解为 MLE 的迭代提供了较为理想的初值，不仅减小了大范围搜索的工作量，而且能避免其陷入局部最优。

7.2.3 定位精度分析

很多学者都会借助 CRLB 来评估所提算法的估计性能，因此本章也将推导基于 TDOA 和 FDOA 的分布式平台定位系统的 CRLB，来分析算法的目标定位性能。根据观测量 $\boldsymbol{m}$ 的概率密度函数(式(7-2))，设 $\boldsymbol{J}$ 为系统的费舍尔信息矩阵(Fisher Information Matrix, FIM)，则有

$$\boldsymbol{J} = E\left[\left(\frac{\partial \ln f(\boldsymbol{m}, \boldsymbol{\theta})}{\partial \boldsymbol{\theta}}\right)^{\mathrm{T}}\left(\frac{\partial \ln f(\boldsymbol{m}, \boldsymbol{\theta})}{\partial \boldsymbol{\theta}}\right)\right]\Bigg|_{\theta=\theta^{o}} \tag{7-52}$$

其中，$\boldsymbol{m} = [r_{2,1}, \cdots, r_{M,M-1}, \dot{r}_{2,1}, \cdots, \dot{r}_{M,M-1}]^{\mathrm{T}}$ 表示 TDOA 和 FDOA 观测值向量；$f(\boldsymbol{m}, \boldsymbol{\theta})$ 为在给定参数 $\boldsymbol{\theta}$ 条件下 $\boldsymbol{m}$ 的概率密度函数。

根据费舍尔信息矩阵和 CRLB 之间的关系，算法所能够达到的最小方差为

$$\mathbf{CRLB}(\boldsymbol{\theta}^{\circ}) = \boldsymbol{J}^{-1} = \left[\left(\frac{\partial^{\mathrm{T}}\boldsymbol{F}(\boldsymbol{\theta})}{\partial\boldsymbol{\theta}}\boldsymbol{Q}^{-1}\frac{\partial\boldsymbol{F}(\boldsymbol{\theta})}{\partial\boldsymbol{\theta}^{\mathrm{T}}}\right)\Bigg|_{\theta=\theta^{o}}\right]^{-1} \tag{7-53}$$

式(7-53)即为分布式平台 TDOA 和 FDOA 联合定位体制的 CRLB，式中各项具体表达式见 7.2.1 节推导，我们将其作为衡量估计性能的标尺，分析该体制下定位算法的估计性能。下节将通过仿真实验验证 CRLB 推导的正确性，并且通过与现有算法比较，分析所提算法在观测量测量误差变化条件下性能的变化趋势。

7.2.4 仿真实验

本小节通过仿真实验验证 7.2.2 节推导 MLE 理论偏差的正确性，并且借助 7.2.3 节推导的 CRLB，分别在近场和远场目标条件下评估算法的定位性能以及补偿后偏差的减小程度。

实验场景设计如下：设立 4 组观测站(8 个)和 4 种目标辐射源，其真实位置和速度矢量如表 7－1 所示。为了直观起见，各观测站和各类目标具体位置已在图 7－2 中展示，圆点和方块分别代表近场和远场目标，三角代表观测站，之间组队情况已用黑线相连。

表 7－1　观测站和辐射源目标的真实位置(m)和速度(m/s)

	分组	观测站 No. i	x_i	y_i	z_i	$\dot{x}_i$	$\dot{y}_i$	$\dot{z}_i$
观测站真实位置和速度	组 1	1	−150	−600	200	10	20	−30
		2	50	−750	200	20	30	0
	组 2	3	500	−200	500	−10	0	10
		4	600	100	600	10	20	15
	组 3	5	100	600	800	−10	20	20
		6	−100	400	700	30	0	20
	组 4	7	−600	50	400	15	10	−15
		8	−750	−100	500	−20	−15	10
目标真实位置和速度	近场动目标		500	−500	600	−30	−15	20
	远场动目标		2000	−2500	3000	−30	−15	20
	近场静目标		500	−500	600	0	0	0
	远场静目标		2000	−2500	3000	0	0	0

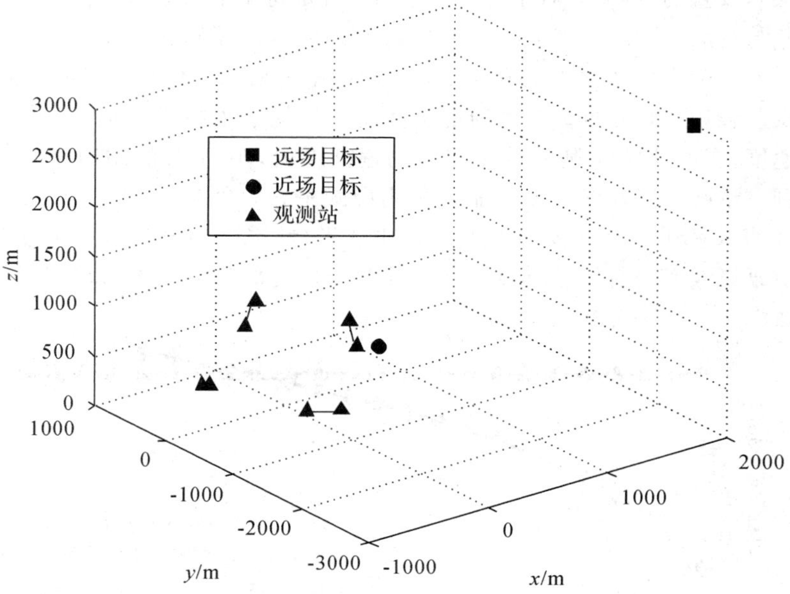

图 7－2　各观测站和目标的具体几何位置示意图

TDOA和FDOA的观测误差均为服从零均值的高斯分布，协方差矩阵分别为$\sigma_r^2\boldsymbol{R}$和$0.1\sigma_r^2\boldsymbol{R}$，其中$\boldsymbol{R}$代表对角元素为1、其余元素为0.5的方阵，且$\sigma_r^2=(c\sigma_t)^2$；$\sigma_t$为TDOA观测量测量噪声；$\sigma_r^2$为距离差测量噪声；$c$为光速。假设TDOA和FDOA测量噪声不相关，规定对目标位置和速度进行10 000次独立的蒙特卡洛仿真，目标位置和速度的均方根误差定义如下

$$\begin{cases}\mathrm{RMSE}(\boldsymbol{u})=\sqrt{\dfrac{1}{K}\sum_{k=1}^{K}\|\boldsymbol{u}_k-\boldsymbol{u}^{\circ}\|^2}\\[2ex]\mathrm{RMSE}(\dot{\boldsymbol{u}})=\sqrt{\dfrac{1}{K}\sum_{k=1}^{K}\|\dot{\boldsymbol{u}}_k-\dot{\boldsymbol{u}}^{\circ}\|^2}\end{cases}\tag{7-54}$$

目标位置和速度的偏差定义如下

$$\begin{cases}\mathrm{bias}(\boldsymbol{u})=\left\|\dfrac{1}{K}\sum_{k=1}^{K}(\boldsymbol{u}_k-\boldsymbol{u}^{\circ})\right\|\\[2ex]\mathrm{bias}(\dot{\boldsymbol{u}})=\left\|\dfrac{1}{K}\sum_{k=1}^{K}(\dot{\boldsymbol{u}}_k-\dot{\boldsymbol{u}}^{\circ})\right\|\end{cases}\tag{7-55}$$

式中，$K=10\,000$；$\boldsymbol{u}^{\circ}$和$\dot{\boldsymbol{u}}^{\circ}$分别代表目标位置和速度真实值；$\boldsymbol{u}_k$和$\dot{\boldsymbol{u}}_k$分别代表算法第$k$次蒙特卡洛实验的目标位置和速度估计值。

实验1　两种定位平台体制随组内同步误差变化的估计性能比较

实验1针对两种目标，其真实值分别为$\boldsymbol{u}^{\circ}=[500,-500,600]^{\mathrm{T}}$和$\boldsymbol{u}^{\circ}=[2000,-2500,3000]^{\mathrm{T}}$，速度均为$\dot{\boldsymbol{u}}^{\circ}=[-30,-15,20]^{\mathrm{T}}$，考察了两种定位平台随组内同步误差变化的定位性能。

图7-3以表7-1中的8个观测站为基础，给出了不同定位平台针对两种目标随组内同步误差变化的估计RMSE比较。实验中TDOA和FDOA测量误差分别设置为$\sigma_r^2=10^{-1.5}\boldsymbol{m}^2$和$0.1\sigma_r^2$。对于集中式平台，不失一般性地规定观测站1为中心参考站，各观测站之间的同步误差设置为50 ns；对于分布式平台，规定每组的奇数号观测站为各组内的参考站，组内同步误差范围为5～51 ns。实验中将时间同步误差转化为距离误差，规定距离变化率的同步误差为距离同步误差的0.1倍，且两种平台所用定位算法相同。实验结果表明，当组内同步误差较小时，分布式平台的定位性能明显优于集中式平台，尤其是针对远场目标的位置和速度估计。然而，随着同步误差的逐渐增大，由于观测站数量较少和分布式平台的配对处理，导致定位方程数量明显少于集中式平台，舍弃了近一半的观测量信息，因此其目标估计的RMSE逐渐靠近并且高于集中式平台。综上所述，结合上述分布式平台对整个系统的贡献以及其目标定位精度，可以得出分布式平台定位体制较有效地提高了定位系统的工作效能。

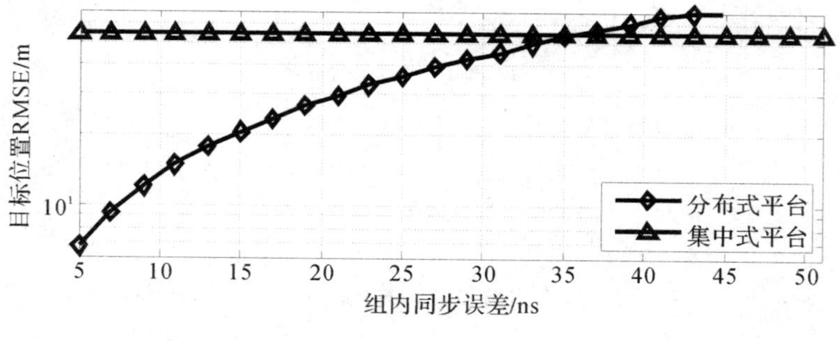

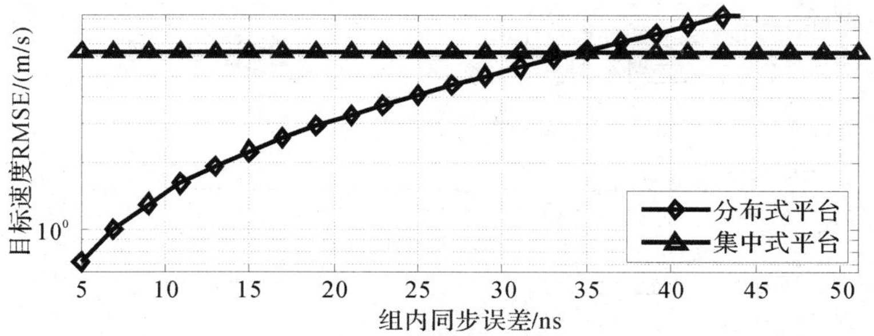

(a) 近场运动目标

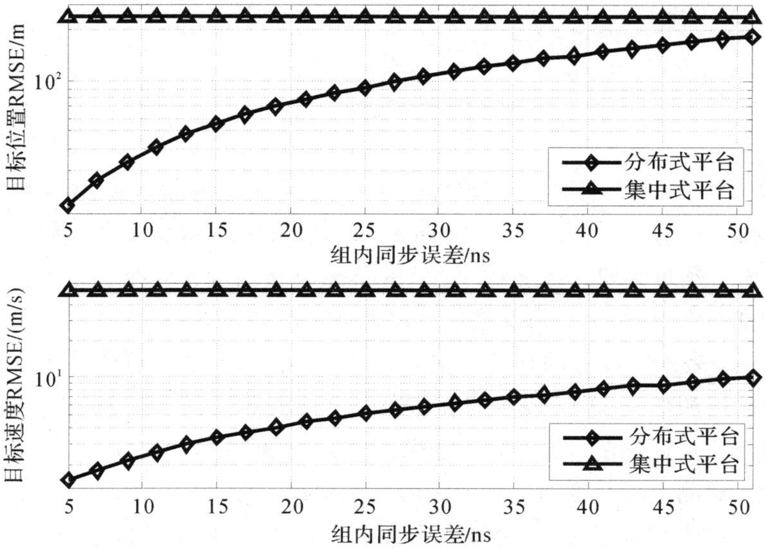

(b) 远场运动目标

图 7-3　不同定位平台针对两种目标随组内同步误差变化的估计 RMSE 比较

实验 2　算法针对近场运动目标的估计性能分析

实验 2 针对近场运动目标，其真实位置和速度分别为 $\boldsymbol{u}^{\circ}=[500,-500,600]^{\mathrm{T}}$，$\dot{\boldsymbol{u}}=[-30,-15,20]^{\mathrm{T}}$，考察理论偏差与实际偏差的匹配程度以及算法的定位性能。以下实验针对分布式平台，将本书所提算法的结果与 MLE 和泰勒级数展开法的估计结果进行对比，从而证明本书算法在分布式平台中的性能优势。

图 7-4 针对近场运动目标，上下两图分别给出了基于 MLE 的目标位置和速度估计理论与实际偏差的比较。实验结果表明，当测量噪声小于 10 dB 时，理论偏差能与实际偏差较好地重合匹配，验证了 7.2 节式(7-22)的正确性。随着观测噪声逐渐增大，理论偏差逐渐偏离实际偏差，对于速度估计这一点尤为明显，这一现象出现的原因是由于推导式(7-6)的过程中舍弃了高阶项所致，假设的小噪声条件已经不再适用。因此为了能够得到更为精确的偏差，我们应该在后续的研究中考虑高阶项对目标定位精度的影响。

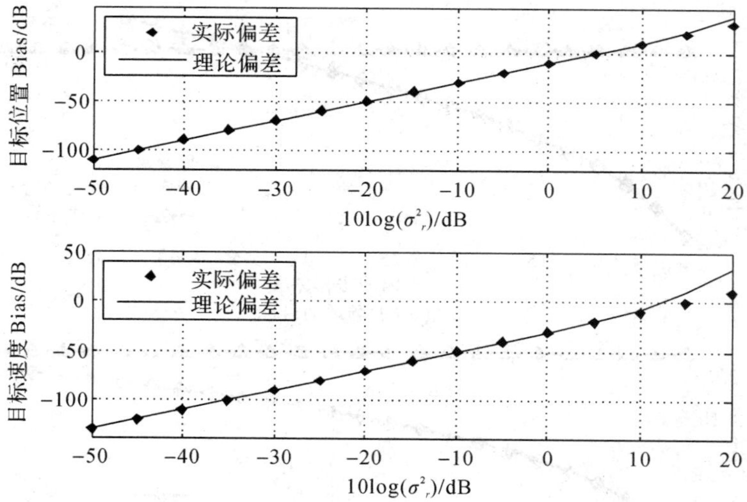

图 7-4　基于 MLE 的近场运动目标位置和速度估计理论偏差与实际偏差的比较

图 7-5 针对近场运动目标，(a)(b)两图分别给出了不同算法下目标位置和速度估计 RMSE 比较。实验结果表明，当 $\sigma_r^2 \geqslant 10^{-1.5}\,\mathrm{m}^2$ 时，补偿后的目标位置和速度估计 RMSE 比补偿前的分别低 3.5 dB 和 2.5 dB，且通过局部放大图可以看出，补偿后的估计性能明显优于其余对比算法，表现了良好的估计性能。另外，泰勒级数展开算法出现门限效应时的测量误差要比补偿后的低 10 dB，表明本节算法的估计 RMSE 偏离 CRLB 较晚，在测量噪声较大时有更稳健的估计性能。然而，随着观测量测量噪声的增大（$\sigma_r^2 \geqslant 10^0\,\mathrm{m}^2$），本节算法的估计误差由于观测方程高度非线性的原因导致出现门限效应，逐步偏离 CRLB。总之，无论是针对目标位置还是速度估计，本节所提出算法的 RMSE 总是低于其余对比算法，且更接近 CRLB，同时验证了 7.2.3 节理论推导的正确性。

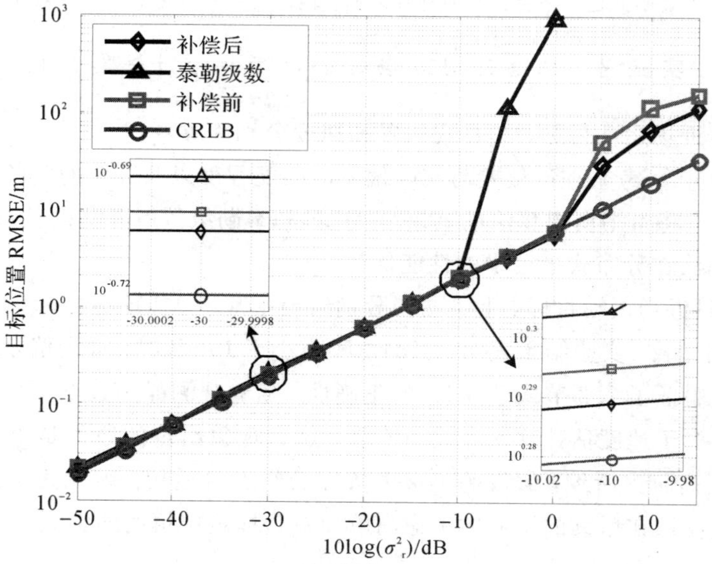

(a) 目标位置估计误差

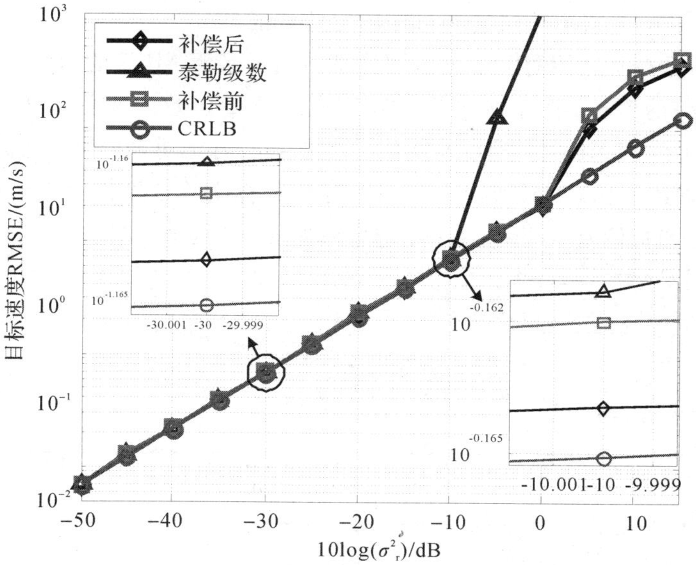

(b) 目标速度估计误差

图 7－5　不同算法下近场运动目标位置和速度估计 RMSE 比较

图 7－6 给出了补偿前后近场运动目标位置和速度估计的偏差比较。仿真结果表明，当 $\sigma_r^2 \leqslant 10^{-2}\,\mathrm{m}^2$ 时，补偿后的偏差明显小于补偿前的偏差值，而且在观测量噪声较小时，补偿后的目标位置和速度估计的偏差比补偿前的至少分别小 40 dB 和 35 dB，进一步证明了本节所提算法对减小偏差的有效性。随着测量误差的逐渐增大，小噪声条件已不再适用，导致补偿前后偏差大致相同，偏差改善效果逐渐减弱，因此后续的研究中需进一步考虑式(7－6)中高阶项对偏差的影响。

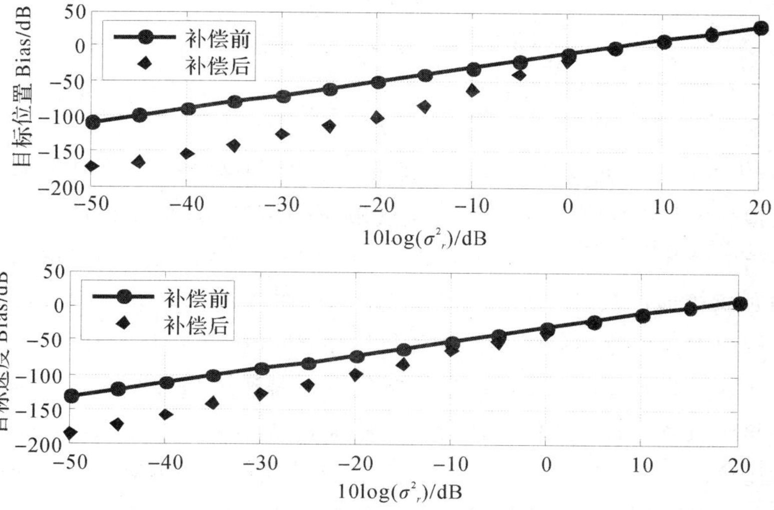

图 7－6　补偿前后近场运动目标位置和速度估计的偏差比较

实验 3　算法针对远场运动目标的估计性能分析

实验 3 针对远场运动目标，其位置和速度分别为 $\boldsymbol{u}^{\circ} = [2000, -2500, 3000]^{\mathrm{T}}$，$\dot{\boldsymbol{u}}^{\circ} =$

$[-30, -15, 20]^{\mathrm{T}}$，考察算法对远场目标的定位性能。

图 7－7 针对远场运动目标，上下两图分别给出了基于 MLE 的目标位置和速度估计理论偏差与实际偏差的比较。图中两类偏差随观测量测量误差的变化趋势与图 7－4 大致相同，在测量误差小于 15 dB 时，理论与实际偏差能够较好地重合；误差较高时，由于高阶项的舍弃，理论偏差逐渐偏离实际偏差。并且与近场目标实验结果相比，远场目标的理论偏差至少整体高于近场目标偏差 30 dB 左右。引起这一现象的原因会在图 7－8 的分析中详细阐述。

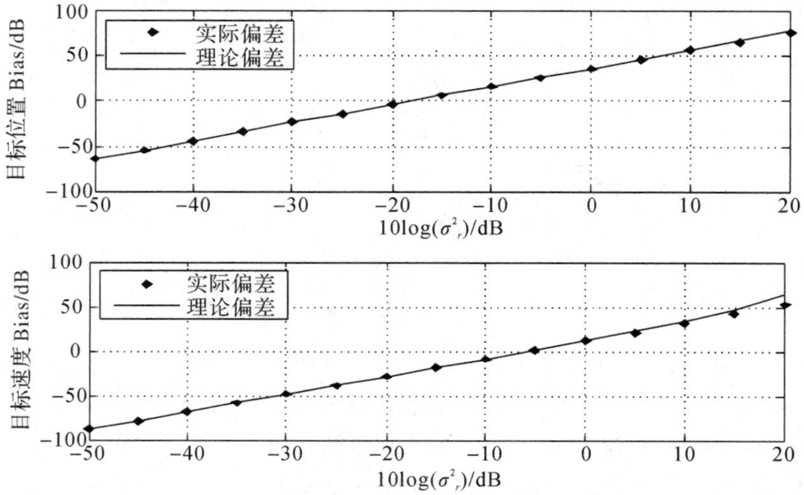

图 7－7 基于 MLE 的远场运动目标位置和速度估计理论偏差与实际偏差的比较

图 7－8(a)(b)两图分别给出了针对远场运动目标，不同算法下目标位置和速度估计 RMSE 的比较。针对远场目标，需注意以下三个近似关系

$$\begin{cases} r_1^{\circ} \approx r_2^{\circ} \approx \cdots \approx r_M^{\circ} \\ r_{21}^{\circ} \approx r_{43}^{\circ} \approx \cdots \approx r_{M,\, M-1}^{\circ} \approx 0 \\ \dfrac{\dot{r}_1^{\circ}}{r_1^{\circ}} \approx \cdots \approx \dfrac{\dot{r}_M^{\circ}}{r_M^{\circ}} \approx 0 \end{cases} \tag{7-56}$$

式(7－56)中的第一个近似条件表明，远场目标由于其距各观测站距离较远，因此在求解过程中可近似认为目标距各观测站距离大致相等；第二个近似条件由第一个而来，由于距各观测站距离大致相等，导致距离差近似为零；第三个近似条件同样由第一个而来，因为其距观测站距离较远，$r_i^{\circ}(i=1, 2, \cdots, M)$ 较大，而且 $\dot{r}_i^{\circ} \ll r_i^{\circ}(i=1, 2, \cdots, M)$，因此距离变化率与距离的比值近似趋于零。根据上述三个近似条件，结合图 7－8 仿真结果，并且与近场目标仿真结果对比，表明无论是目标位置还是速度估计结果，远场目标出现门限效应的时刻要早于近场目标。定位性能方面，随着观测量噪声的变化，本章算法的估计性能明显优于对比算法，而且当 $\sigma_r^2 = 10^{-1}\,\mathrm{m}^2$ 时，虽然补偿前后的 RMSE 逐渐偏离 CRLB，门限效应开始显现，但是其估计性能依然优于补偿前。

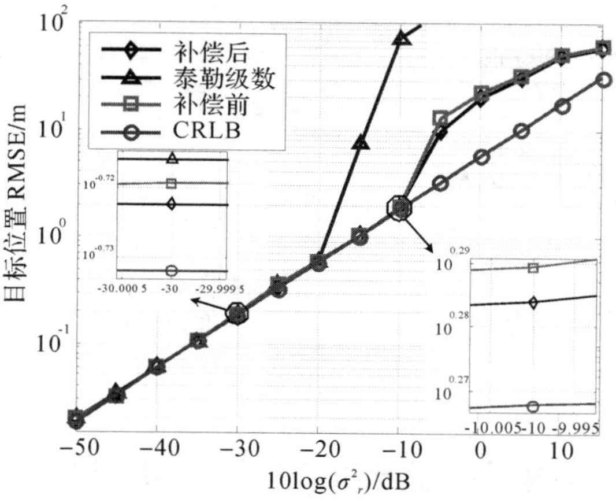

(a) 目标位置估计误差

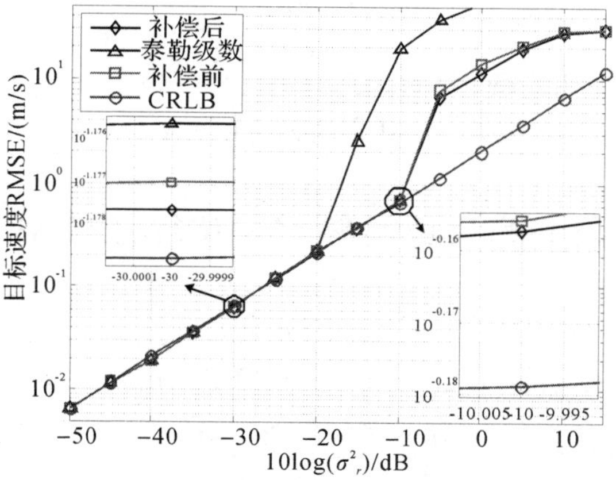

(b) 目标速度估计误差

图 7-8　不同算法下远场运动目标位置和速度估计 RMSE 比较

图 7-9 针对远场运动目标，给出了补偿前后目标位置和速度估计的偏差比较。对于目标位置估计，在测量误差小于-10 dB 时，补偿后的偏差比补偿前的偏差至少小 35 dB；对于目标速度估计，当测量误差小于-30 dB 时，偏差的改善效果没有目标位置估计时明显，但是依然比补偿前的偏差至少小 30 dB。随着测量误差的逐渐增大，由于高阶项的忽略，偏差的改善效果逐渐减弱。如果想进一步在噪声方差较大的情况下有效改善偏差，需在推导中进一步考虑高阶项。

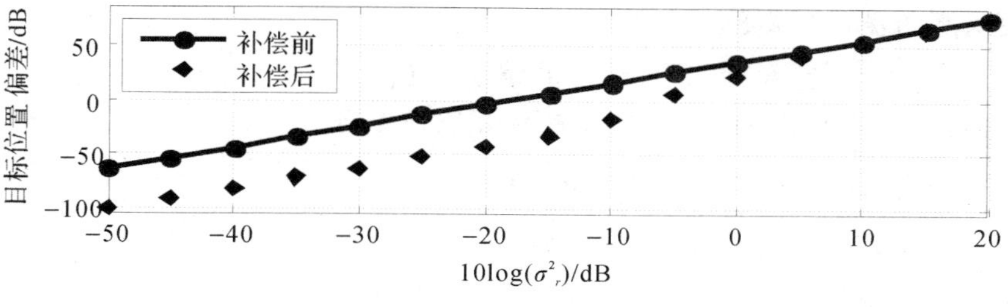

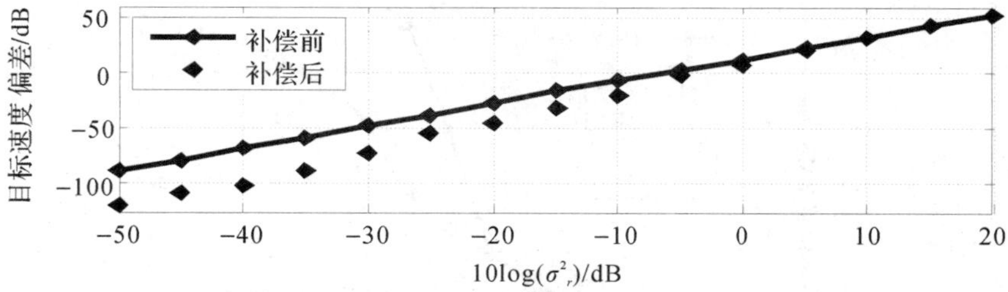

图 7－9　补偿前后远场运动目标位置和速度估计的偏差比较

7.3　存在站址误差下的分布式平台极大似然目标定位算法

本节将扩展 7.2 节应用场景，同样运用渐进无偏的极大似然估计器初步获取目标位置后，详细推导在考虑站址误差条件下 MLE 的理论偏差，实现对定位结果的偏差补偿。

7.3.1　考虑站址误差的目标时频差定位算法模型

本章同样考虑三维多站分布式定位场景，由于应用于自定位不准确的场景，无法精确获取观测站的精准位置及速度，因此需要对所建的定位模型引入站址误差，即

$$\boldsymbol{n}_\beta = \Delta\boldsymbol{\beta} = \boldsymbol{\beta} - \boldsymbol{\beta}^\circ = [\Delta\boldsymbol{s}^{\mathrm{T}},\ \Delta\dot{\boldsymbol{s}}^{\mathrm{T}}]^{\mathrm{T}} \tag{7-57}$$

其中

$$\begin{cases} \boldsymbol{\beta} = [\boldsymbol{s}^{\mathrm{T}},\ \dot{\boldsymbol{s}}^{\mathrm{T}}]^{\mathrm{T}} \\ \boldsymbol{\beta}^\circ = [\boldsymbol{s}^{\circ\mathrm{T}},\ \dot{\boldsymbol{s}}^{\circ\mathrm{T}}]^{\mathrm{T}} \\ \Delta\boldsymbol{s}_i = \boldsymbol{s}_i - \boldsymbol{s}_i^\circ \\ \Delta\dot{\boldsymbol{s}}_i = \dot{\boldsymbol{s}}_i - \dot{\boldsymbol{s}}_i^\circ \\ \Delta\boldsymbol{s} = [\Delta\boldsymbol{s}_1^{\mathrm{T}},\ \Delta\boldsymbol{s}_2^{\mathrm{T}},\ \cdots,\ \Delta\boldsymbol{s}_M^{\mathrm{T}}]^{\mathrm{T}} \\ \Delta\dot{\boldsymbol{s}} = [\Delta\dot{\boldsymbol{s}}_1^{\mathrm{T}},\ \Delta\dot{\boldsymbol{s}}_2^{\mathrm{T}},\ \cdots,\ \Delta\dot{\boldsymbol{s}}_M^{\mathrm{T}}]^{\mathrm{T}} \end{cases} \tag{7-58}$$

式中，$(\cdot)^\circ$ 和 $(\cdot)$ 分别表示变量的真实值和测量值；M 代表观测站总个数；$\Delta\boldsymbol{\beta}$ 为观测站的位置及速度噪声向量，服从零均值高斯分布，其协方差矩阵为

$$E[\Delta\boldsymbol{\beta}\Delta\boldsymbol{\beta}^{\mathrm{T}}] = \boldsymbol{Q}_\beta \tag{7-59}$$

借助 TDOA 和 FDOA 的表示方法，建立观测量噪声向量为

$$\boldsymbol{n}_\alpha = \Delta\boldsymbol{\alpha} = \boldsymbol{\alpha} - \boldsymbol{\alpha}^\circ = [\Delta\boldsymbol{r}^{\mathrm{T}},\ \Delta\dot{\boldsymbol{r}}^{\mathrm{T}}]^{\mathrm{T}} \tag{7-60}$$

其中

$$
\begin{cases}
\boldsymbol{\alpha} = [\boldsymbol{r}^{\mathrm{T}}, \dot{\boldsymbol{r}}^{\mathrm{T}}]^{\mathrm{T}} \\
\boldsymbol{\alpha}^{\circ} = [\boldsymbol{r}^{\circ\mathrm{T}}, \dot{\boldsymbol{r}}^{\circ\mathrm{T}}]^{\mathrm{T}} \\
\Delta\boldsymbol{r} = \boldsymbol{r} - \boldsymbol{r}^{\circ} \\
\Delta\dot{\boldsymbol{r}} = \dot{\boldsymbol{r}} - \dot{\boldsymbol{r}}^{\circ} \\
\Delta\boldsymbol{r} = [\Delta r_{2,1}, \Delta r_{4,3}, \cdots, \Delta r_{M,M-1}]^{\mathrm{T}} \\
\Delta\dot{\boldsymbol{r}} = [\Delta\dot{r}_{2,1}, \Delta\dot{r}_{4,3}, \cdots, \Delta\dot{r}_{M,M-1}]^{\mathrm{T}}
\end{cases}
\tag{7-61}
$$

其中，$\Delta\boldsymbol{\alpha}$ 为 TDOA 和 FDOA 观测量测量噪声向量，同样服从零均值高斯分布，其协方差矩阵为

$$
E[\Delta\boldsymbol{\alpha}\Delta\boldsymbol{\alpha}^{\mathrm{T}}] = \boldsymbol{Q}_{\alpha} \tag{7-62}
$$

不失一般性地，假设以上两类噪声的 $\Delta\boldsymbol{\alpha}$ 和 $\Delta\boldsymbol{\beta}$ 互不相关，场景中的各观测站、辐射源目标等其余表示方法与 7.2.4 节一致。下面将利用上述所建模型，详细推导基于 MLE 的分布式平台在考虑站址误差条件下的目标定位算法。根据上述假设两类噪声的统计特性，得到在给定参数 (α, β, φ) 条件下，取自然对数后的 α°、β° 概率密度函数为(本章同样用 $f(\cdot)$ 代表概率密度函数，但具体指代区别于第 5 章)

$$
\begin{aligned}
\ln f(\boldsymbol{\alpha}, \boldsymbol{\beta}, \boldsymbol{\varphi}) &= \ln f(\boldsymbol{\alpha}, \boldsymbol{\varphi}) + \ln f(\boldsymbol{\beta}, \boldsymbol{\varphi}) \\
&= -\frac{1}{2\ln[(2\pi)^{M} \mid \boldsymbol{Q}_{\alpha} \mid]} - \frac{1}{2}[\boldsymbol{\alpha} - \boldsymbol{\alpha}^{\circ}]^{\mathrm{T}}\boldsymbol{Q}_{\alpha}^{-1}[\boldsymbol{\alpha} - \boldsymbol{\alpha}^{\circ}] \\
&\quad - \frac{1}{2\ln[(2\pi)^{6M} \mid \boldsymbol{Q}_{\beta} \mid]} - \frac{1}{2}[\boldsymbol{\beta} - \boldsymbol{\beta}^{\circ}]^{\mathrm{T}}\boldsymbol{Q}_{\beta}^{-1}[\boldsymbol{\beta} - \boldsymbol{\beta}^{\circ}]
\end{aligned}
\tag{7-63}
$$

其中

$$
\begin{cases}
\boldsymbol{\varphi} = [\boldsymbol{\theta}_1^{\mathrm{T}}, \boldsymbol{\theta}_2^{\mathrm{T}}]^{\mathrm{T}} \\
\boldsymbol{\theta}_1 = [\boldsymbol{u}^{\mathrm{T}}, \dot{\boldsymbol{u}}^{\mathrm{T}}]^{\mathrm{T}} \\
\boldsymbol{\theta}_2 = [\boldsymbol{s}^{\mathrm{T}}, \dot{\boldsymbol{s}}^{\mathrm{T}}]^{\mathrm{T}}
\end{cases}
\tag{7-64}
$$

其中，φ 为待估参量，表示目标与观测站位置和速度信息的向量。

根据 MLE 理论，即可得到 φ 的极大似然解为

$$
\hat{\boldsymbol{\varphi}} = \arg\max(I) \tag{7-65}
$$

可以看出 $\hat{\boldsymbol{\varphi}}$ 中的 $\hat{\boldsymbol{\theta}}_1$ 是我们所感兴趣的目标信息参量，I 同样代表 MLE 的似然函数(这里区别于第 5 章中的 I)，即

$$
I \triangleq -\frac{1}{2}[\boldsymbol{\alpha} - \boldsymbol{\alpha}(\boldsymbol{\varphi})]^{\mathrm{T}}\boldsymbol{Q}_{\alpha}^{-1}[\boldsymbol{\alpha} - \boldsymbol{\alpha}(\boldsymbol{\varphi})] - \frac{1}{2}[\boldsymbol{\beta} - \boldsymbol{\beta}(\boldsymbol{\varphi})]^{\mathrm{T}}\boldsymbol{Q}_{\beta}^{-1}[\boldsymbol{\beta} - \boldsymbol{\beta}(\boldsymbol{\varphi})] \tag{7-66}
$$

接着对式(7-66)中的 φ 求偏导，并且代入式(7-65)的 MLE，结果 $\hat{\boldsymbol{\varphi}}$ 得

$$
\left.\frac{\partial I}{\partial \boldsymbol{\varphi}}\right|_{\hat{\varphi}} = 0 \tag{7-67}
$$

同样假设噪声项远小于 TDOA 和 FDOA 观测值，因此忽略二阶以上噪声项后，对式(7-67)二阶泰勒级数展开，得

$$
\left.\frac{\partial I}{\partial \boldsymbol{\varphi}}\right|_{\hat{\varphi}} \approx \boldsymbol{H}' + \boldsymbol{H}''(\hat{\boldsymbol{\varphi}} - \boldsymbol{\varphi}^{\circ}) + \boldsymbol{g}(\boldsymbol{\varphi}^{\circ}) = 0 \tag{7-68}
$$

其中

$$\begin{cases} \boldsymbol{H}' = \left.\dfrac{\partial I}{\partial \boldsymbol{\varphi}}\right|_{\varphi=\varphi^{\circ}}, \ \boldsymbol{H}'' = \left.\dfrac{\partial^2 I}{\partial \boldsymbol{\varphi}\partial \boldsymbol{\varphi}^{\mathrm{T}}}\right|_{\varphi=\varphi^{\circ}} \\ \boldsymbol{H}'''_l = \left.\dfrac{\partial}{\partial \boldsymbol{\varphi}_l}\left(\dfrac{\partial^2 I}{\partial \boldsymbol{\varphi}\partial \boldsymbol{\varphi}^{\mathrm{T}}}\right)\right|_{\varphi=\varphi^{\circ}} \quad l = 1, 2, \cdots, (6M+6) \\ \boldsymbol{g}(\boldsymbol{\varphi}^{0}) = \dfrac{1}{2}\begin{bmatrix} \mathrm{tr}\{\boldsymbol{H}'''_1 \cdot [\hat{\boldsymbol{\varphi}} - \boldsymbol{\varphi}^{\circ}][\hat{\boldsymbol{\varphi}} - \boldsymbol{\varphi}^{\circ}]^{\mathrm{T}}\} \\ \mathrm{tr}\{\boldsymbol{H}'''_2 \cdot [\hat{\boldsymbol{\varphi}} - \boldsymbol{\varphi}^{\circ}][\hat{\boldsymbol{\varphi}} - \boldsymbol{\varphi}^{\circ}]^{\mathrm{T}}\} \\ \vdots \\ \mathrm{tr}\{\boldsymbol{H}'''_{6M+6} \cdot [\hat{\boldsymbol{\varphi}} - \boldsymbol{\varphi}^{\circ}][\hat{\boldsymbol{\varphi}} - \boldsymbol{\varphi}^{\circ}]^{\mathrm{T}}\} \end{bmatrix} \end{cases} \tag{7-69}$$

同样利用式(7-68)的迭代可实现分布式平台目标定位，但是根据 7.2.1 节所述引起定位偏差的原因，需从求解过程本身入手，减小偏差对定位精度的影响，从而进一步实现高精度分布式平台目标定位。由式(7-68)可知，我们不需要求解 $\hat{\boldsymbol{\varphi}}$ 而直接对 $\hat{\boldsymbol{\varphi}} - \boldsymbol{\varphi}^{\circ}$ 求数学期望即可得到 MLE 的理论偏差，因此将式(7-68)重新整理并求数学期望得

$$E[\hat{\boldsymbol{\varphi}} - \boldsymbol{\varphi}^{\circ}] = E[-(\boldsymbol{H}'')^{-1}\boldsymbol{H}'] + E[-(\boldsymbol{H}'')^{-1}\boldsymbol{g}(\boldsymbol{\varphi}^{\circ})] \tag{7-70}$$

式(7-70)中各阶微分具体表达式如下(各阶微分表示区别于第 5 章)

$$\begin{aligned} \boldsymbol{H}' &= \left.\frac{\partial I}{\partial \varphi}\right|_{\varphi=\varphi^{\circ}} = \boldsymbol{C}_1 + \boldsymbol{C}_2 \\ \boldsymbol{H}'' &= \left.\frac{\partial^2 I}{\partial \boldsymbol{\varphi}\partial \boldsymbol{\varphi}^{\mathrm{T}}}\right|_{\varphi=\varphi^{\circ}} = (\boldsymbol{B}_1 - \boldsymbol{A}_1) + (\boldsymbol{B}_2 - \boldsymbol{A}_2) \end{aligned} \tag{7-71}$$

其中

$$\begin{cases} \boldsymbol{A}_1 = \left.\dfrac{\partial^{\mathrm{T}}\boldsymbol{\alpha}(\boldsymbol{\varphi})}{\partial \boldsymbol{\varphi}}\boldsymbol{Q}_{\alpha}^{-1}\dfrac{\partial \boldsymbol{\alpha}(\boldsymbol{\varphi})}{\partial \boldsymbol{\varphi}^{\mathrm{T}}}\right|_{\varphi=\varphi^{\circ}} \\ \boldsymbol{A}_2 = \left.\dfrac{\partial^{\mathrm{T}}\boldsymbol{\beta}(\boldsymbol{\varphi})}{\partial \boldsymbol{\varphi}}\boldsymbol{Q}_{\beta}^{-1}\dfrac{\partial \boldsymbol{\beta}(\boldsymbol{\varphi})}{\partial \boldsymbol{\varphi}^{\mathrm{T}}}\right|_{\varphi=\varphi^{\circ}} \\ \boldsymbol{B}_1 = \left.\displaystyle\sum_{j=1}^{M}\sum_{i=1}^{M} q_{\alpha ij} n_{\alpha i}\dfrac{\partial^2 \boldsymbol{\alpha}_j(\boldsymbol{\varphi})}{\partial \boldsymbol{\varphi}\partial \boldsymbol{\varphi}^{\mathrm{T}}}\right|_{\varphi=\varphi^{\circ}} \\ \boldsymbol{B}_2 = \left.\displaystyle\sum_{j=1}^{6M}\sum_{i=1}^{6M} q_{\beta ij} n_{\beta i}\dfrac{\partial^2 \boldsymbol{\beta}_j(\boldsymbol{\varphi})}{\partial \boldsymbol{\varphi}\partial \boldsymbol{\varphi}^{\mathrm{T}}}\right|_{\varphi=\varphi^{\circ}} \\ \boldsymbol{C}_1 = \left.\dfrac{\partial^{\mathrm{T}}\boldsymbol{\alpha}(\boldsymbol{\varphi})}{\partial \boldsymbol{\varphi}}\boldsymbol{Q}_{\alpha}^{-1}\boldsymbol{n}_{\alpha}\right|_{\varphi=\varphi^{\circ}} \\ \boldsymbol{C}_2 = \left.\dfrac{\partial^{\mathrm{T}}\boldsymbol{\beta}(\boldsymbol{\varphi})}{\partial \boldsymbol{\varphi}}\boldsymbol{Q}_{\beta}^{-1}\boldsymbol{n}_{\beta}\right|_{\varphi=\varphi^{\circ}} \end{cases} \tag{7-72}$$

其中，$n_{\alpha i}$ 和 $n_{\beta i}$ 分别表示噪声向量 $\boldsymbol{n}_{\alpha}$ 和 $\boldsymbol{n}_{\beta}$ 中的第 i 个元素；$q_{\alpha ij}$ 和 $q_{\beta ij}$ 分别表示 $\boldsymbol{Q}_{\alpha}^{-1}$ 和 $\boldsymbol{Q}_{\beta}^{-1}$ 中的第 i 行第 j 列的元素。

同时为了表示简便，令 $\boldsymbol{A} = \boldsymbol{A}_1 + \boldsymbol{A}_2$（区别于第 5 章的 $\boldsymbol{A}$）。随后将详细推导式(7-70)的求解过程。根据矩阵理论，式(7-70)的第一项可以近似化简为

$$\begin{aligned} E[-(\boldsymbol{H}'')^{-1}\boldsymbol{H}'] &= E[(\boldsymbol{A} - (\boldsymbol{B}_1 + \boldsymbol{B}_2))^{-1}(\boldsymbol{C}_1 + \boldsymbol{C}_2)] \\ &\approx E[\boldsymbol{A}^{-1}(\boldsymbol{C}_1 + \boldsymbol{C}_2)] + E[\boldsymbol{A}^{-1}(\boldsymbol{B}_1 + \boldsymbol{B}_2)\boldsymbol{A}^{-1}(\boldsymbol{C}_1 + \boldsymbol{C}_2)] \\ &= E[\boldsymbol{A}^{-1}(\boldsymbol{C}_1 + \boldsymbol{C}_2)] + E[\boldsymbol{A}^{-1}\boldsymbol{B}_1\boldsymbol{A}^{-1}\boldsymbol{C}_2] \\ &\quad + E[\boldsymbol{A}^{-1}\boldsymbol{B}_2\boldsymbol{A}^{-1}\boldsymbol{C}_1] + E[\boldsymbol{A}^{-1}(\boldsymbol{B}_1\boldsymbol{A}^{-1}\boldsymbol{C}_1 + \boldsymbol{B}_2\boldsymbol{A}^{-1}\boldsymbol{C}_2)] \end{aligned} \tag{7-73}$$

由于 $\boldsymbol{A}^{-1}$ 中不含有噪声项，并且观测量噪声与观测站位置噪声相互独立，因此

$$\begin{cases} E[\boldsymbol{A}^{-1}(\boldsymbol{C}_1+\boldsymbol{C}_2)]=E[\boldsymbol{A}^{-1}\boldsymbol{C}_1]+E[\boldsymbol{A}^{-1}\boldsymbol{C}_2]=\boldsymbol{0}_{(6M+6)\times 1} \\ E[\boldsymbol{A}^{-1}\boldsymbol{B}_1\boldsymbol{A}^{-1}\boldsymbol{C}_2]=E[\boldsymbol{A}^{-1}\boldsymbol{B}_2\boldsymbol{A}^{-1}\boldsymbol{C}_1]=\boldsymbol{0}_{(6M+6)\times 1} \end{cases} \tag{7-74}$$

从而，式(7-73)可以进一步化简成如下形式

$$\begin{aligned} E[-(\boldsymbol{H}'')^{-1}\boldsymbol{H}'] &\approx E[\boldsymbol{A}^{-1}(\boldsymbol{B}_1+\boldsymbol{B}_2)\boldsymbol{A}^{-1}(\boldsymbol{C}_1+\boldsymbol{C}_2)] \\ &= E[\boldsymbol{A}^{-1}(\boldsymbol{B}_1\boldsymbol{A}^{-1}\boldsymbol{C}_1+\boldsymbol{B}_2\boldsymbol{A}^{-1}\boldsymbol{C}_2)] \end{aligned} \tag{7-75}$$

将式(7-72)中 $\boldsymbol{B}_1$、$\boldsymbol{B}_2$、$\boldsymbol{C}_1$、$\boldsymbol{C}_2$ 的具体表达式代入式(7-75)中得

$$\begin{aligned} E[-(\boldsymbol{H}'')^{-1}\boldsymbol{H}'] &\approx \boldsymbol{A}^{-1}\sum_{i=1}^{M}\boldsymbol{P}_{\alpha i}\boldsymbol{A}^{-1}\left(\frac{\partial^{\mathrm{T}}\boldsymbol{\alpha}(\boldsymbol{\varphi})}{\partial\boldsymbol{\varphi}}\right)\boldsymbol{Q}_{\alpha}^{-1}\cdot E[n_{\alpha i}\boldsymbol{n}_{\alpha}] \\ &\quad +\boldsymbol{A}^{-1}\sum_{i=1}^{6M}\boldsymbol{P}_{\beta}\boldsymbol{A}^{-1}\left(\frac{\partial^{\mathrm{T}}\boldsymbol{\beta}(\boldsymbol{\varphi})}{\partial\boldsymbol{\varphi}}\right)\boldsymbol{Q}_{\beta}^{-1}\cdot E[n_{\beta i}\boldsymbol{n}_{\beta}] \\ &= \boldsymbol{A}^{-1}\sum_{i=1}^{M}\boldsymbol{P}_{\alpha i}\boldsymbol{A}^{-1}\left(\frac{\partial^{\mathrm{T}}\boldsymbol{\alpha}(\boldsymbol{\varphi})}{\partial\boldsymbol{\varphi}}\right)\boldsymbol{e}_{\alpha i}+\boldsymbol{A}^{-1}\sum_{i=1}^{6M}\boldsymbol{P}_{\beta i}\boldsymbol{A}^{-1}\left(\frac{\partial^{\mathrm{T}}\boldsymbol{\beta}(\boldsymbol{\varphi})}{\partial\boldsymbol{\varphi}}\right)\boldsymbol{e}_{\beta i}\Bigg|_{\varphi=\varphi^{\circ}} \end{aligned} \tag{7-76}$$

其中，$E[n_{\alpha i}\boldsymbol{n}_{\alpha}]=\boldsymbol{Q}_{\alpha}\boldsymbol{e}_{\alpha i}$；$E[n_{\beta i}\boldsymbol{n}_{\beta}]=\boldsymbol{Q}_{\beta}\boldsymbol{e}_{\beta i}$；且 $\boldsymbol{e}_{\alpha i}$ 和 $\boldsymbol{e}_{\beta i}$ 分别表示除了第 i 个元素为1、其余元素为0的 $M\times 1$ 和 $6M\times 1$ 向量，即

$$\begin{cases} \boldsymbol{e}_{\alpha i}=[\overbrace{\underbrace{0\ \cdots\ 0}_{i-1}\ \underset{i}{1}\ 0\ \cdots\ 0}^{M}]^{\mathrm{T}} \\ \boldsymbol{e}_{\beta i}=[\overbrace{\underbrace{0\ \cdots\ 0}_{i-1}\ \underset{i}{1}\ 0\ \cdots\ 0}^{6M}]^{\mathrm{T}} \end{cases} \tag{7-77}$$

式(7-76)中，$\boldsymbol{P}_{\alpha i}$ 和 $\boldsymbol{P}_{\beta i}$ 定义如下

$$\begin{cases} \boldsymbol{P}_{\alpha i}=\displaystyle\sum_{j=1}^{M}q_{\alpha ij}\frac{\partial^2\boldsymbol{\alpha}_j(\boldsymbol{\varphi})}{\partial\boldsymbol{\varphi}\partial\boldsymbol{\varphi}^{\mathrm{T}}}\Bigg|_{\varphi=\varphi^{\circ}} \\ \boldsymbol{P}_{\beta i}=\displaystyle\sum_{j=1}^{6M}q_{\beta ij}\frac{\partial^2\boldsymbol{\beta}_j(\boldsymbol{\varphi})}{\partial\boldsymbol{\varphi}\partial\boldsymbol{\varphi}^{\mathrm{T}}}\Bigg|_{\varphi=\varphi^{\circ}} \end{cases} \tag{7-78}$$

至此，式(7-70)的第一部分求解过程已全部给出。偏差的第二部分较为复杂，需做进一步近似。由于式(7-69)和式(7-72)中的 $\boldsymbol{B}_1$、$\boldsymbol{B}_2$ 和 $\boldsymbol{g}(\boldsymbol{\varphi}^{o})$ 分别含有噪声的一阶和二阶项，因此偏差第二部分中二者的乘积会产生高阶噪声项，借助上述假设，忽略高阶噪声项，即 $\boldsymbol{H}''\approx-\boldsymbol{A}$，所以偏差的第二项可近似表示成

$$E[-(\boldsymbol{H}'')^{-1}\boldsymbol{g}(\boldsymbol{\varphi}^{\circ})]\approx\boldsymbol{A}^{-1}\boldsymbol{z} \tag{7-79}$$

其中

$$\boldsymbol{z}\triangleq E[\boldsymbol{g}(\boldsymbol{\varphi}^{\circ})]\approx\frac{1}{2}\begin{bmatrix} \mathrm{tr}\{E[\boldsymbol{H}'''_1]\cdot\mathbf{CRLB}(\boldsymbol{\varphi}^{\circ})\} \\ \mathrm{tr}\{E[\boldsymbol{H}'''_2]\cdot\mathbf{CRLB}(\boldsymbol{\varphi}^{\circ})\} \\ \vdots \\ \mathrm{tr}\{E[\boldsymbol{H}'''_{6M+6}]\cdot\mathbf{CRLB}(\boldsymbol{\varphi}^{\circ})\} \end{bmatrix}_{(6M+6)\times 1} \tag{7-80}$$

其中，$\mathbf{CRLB}(\boldsymbol{\theta}^{\circ})$ 代表存在站址误差时，联合 TDOA 和 FDOA 分布式平台定位精度所能达到的最小方差，具体表达式会在 7.3.3 节做详细推导。

因为 $\boldsymbol{\beta}_j(\boldsymbol{\varphi})$ 对 $\boldsymbol{\varphi}$ 求二阶微分后即为 $(6M+6)\times(6M+6)$ 维的零矩阵，因此 $E[\boldsymbol{H}'''_l]$ 可简化为

$$E[\boldsymbol{H}'''_l]=\sum_{i=1}^{M}[\boldsymbol{h}_{\alpha i}^{\mathrm{T}}\boldsymbol{e}_l\boldsymbol{P}_{\alpha i}+\boldsymbol{P}_{\alpha i}\boldsymbol{e}_l\boldsymbol{h}_{\alpha i}^{\mathrm{T}}+\boldsymbol{h}_{\alpha i}\boldsymbol{e}_l^{\mathrm{T}}\boldsymbol{P}_{\alpha i}^{\mathrm{T}}],\quad l=1,2,\cdots,6M+6 \tag{7-81}$$

其中

$$\boldsymbol{h}_{\alpha i}=\sum_{j=1}^{M}q_{\alpha ij}\frac{\partial^{\mathrm{T}}\boldsymbol{\alpha}_j(\boldsymbol{\varphi})}{\partial\boldsymbol{\varphi}}\bigg|_{\varphi=\varphi^{\circ}} \tag{7-82}$$

且 $\boldsymbol{e}_l$ 定义为除了第 i 个元素为 1、其余元素为 0 的 $(6M+6)\times 1$ 向量，表示为

$$\boldsymbol{e}_l=[\overbrace{\underbrace{0\ \cdots\ 0}_{l-1}\ \underset{l}{1}\ 0\ \cdots\ 0}^{6M+6}]^{\mathrm{T}} \tag{7-83}$$

结合式(7-76)和式(7-79)，得到在考虑站址误差条件下的，基于 MLE 的分布式平台理论偏差为

$$\begin{aligned}\boldsymbol{b}=E[\hat{\boldsymbol{\varphi}}-\boldsymbol{\varphi}^{\circ}]=&\boldsymbol{A}^{-1}\left(\sum_{i=1}^{M}\boldsymbol{P}_{\alpha i}\boldsymbol{A}^{-1}\left(\frac{\partial^{\mathrm{T}}\boldsymbol{\alpha}(\boldsymbol{\varphi})}{\partial\boldsymbol{\varphi}}\right)\boldsymbol{e}_{\alpha i}+\boldsymbol{z}\right)\\&+\boldsymbol{A}^{-1}\sum_{i=1}^{6M}\boldsymbol{P}_{\beta i}\boldsymbol{A}^{-1}\left(\frac{\partial^{\mathrm{T}}\boldsymbol{\beta}(\boldsymbol{\varphi})}{\partial\boldsymbol{\varphi}}\right)\boldsymbol{e}_{\beta i}\bigg|_{\varphi=\varphi^{\circ}}\end{aligned} \tag{7-84}$$

又因为 $\boldsymbol{P}_{\beta i}$ 是 $\boldsymbol{\beta}_j(\boldsymbol{\varphi})$ 的函数，同样为 $(6M+6)\times(6M+6)$ 维的零矩阵，因此式(7-84)可进一步简化为(本章同样用 $\boldsymbol{b}$ 代表理论偏差，但具体指代区别于第 5 章)

$$\boldsymbol{b}=E[\hat{\boldsymbol{\varphi}}-\boldsymbol{\varphi}^{\circ}]=\boldsymbol{A}^{-1}\left(\sum_{i=1}^{M}\boldsymbol{P}_{\alpha i}\boldsymbol{A}^{-1}\left(\frac{\partial^{\mathrm{T}}\boldsymbol{\alpha}(\boldsymbol{\varphi})}{\partial\boldsymbol{\varphi}}\right)\boldsymbol{e}_{\alpha i}+\boldsymbol{z}\right)\bigg|_{\varphi=\varphi^{\circ}} \tag{7-85}$$

利用 MLE 结果减去理论偏差，即可得到经过偏差补偿的高精度目标位置及速度估计结果

$$\tilde{\boldsymbol{\varphi}}=\hat{\boldsymbol{\varphi}}-E[\hat{\boldsymbol{\varphi}}-\varphi^{\circ}]=\hat{\boldsymbol{\varphi}}-\boldsymbol{b} \tag{7-86}$$

下面将详细推导式(7-72)中 $\boldsymbol{\alpha}(\boldsymbol{\varphi})$ 和 $\boldsymbol{\beta}(\boldsymbol{\varphi})$ 对 $\boldsymbol{\varphi}$ 的一阶和二阶微分表达式，首先为了方便表示，令

$$\begin{cases}\boldsymbol{\alpha}(\boldsymbol{\varphi})=[\boldsymbol{r}^{\mathrm{T}}(\boldsymbol{\varphi}),\ \dot{\boldsymbol{r}}^{\mathrm{T}}(\boldsymbol{\varphi})]^{\mathrm{T}}\\\boldsymbol{\beta}(\boldsymbol{\varphi})=[\boldsymbol{s}^{\mathrm{T}},\ \dot{\boldsymbol{s}}^{\mathrm{T}}]^{\mathrm{T}}\\\boldsymbol{r}(\boldsymbol{\varphi})=[r_{2,1}(\boldsymbol{\varphi}),\ r_{4,3}(\boldsymbol{\varphi}),\ \cdots,\ r_{M,M-1}(\boldsymbol{\varphi})]^{\mathrm{T}}\\\dot{\boldsymbol{r}}(\boldsymbol{\varphi})=[\dot{r}_{2,1}(\boldsymbol{\varphi}),\ \dot{r}_{4,3}(\boldsymbol{\varphi}),\ \cdots,\ \dot{r}_{M,M-1}(\boldsymbol{\varphi})]^{\mathrm{T}}\end{cases} \tag{7-87}$$

因此 $\boldsymbol{\alpha}(\boldsymbol{\varphi})$对 $\boldsymbol{\varphi}$ 的一阶微分表示为

$$\frac{\partial\boldsymbol{\alpha}(\boldsymbol{\varphi})}{\partial\boldsymbol{\varphi}^{\mathrm{T}}}=\begin{bmatrix}\dfrac{\partial\boldsymbol{\alpha}(\boldsymbol{\varphi})}{\partial\boldsymbol{\theta}_1^{\mathrm{T}}} & \dfrac{\partial\boldsymbol{\alpha}(\boldsymbol{\varphi})}{\partial\boldsymbol{\theta}_2^{\mathrm{T}}}\end{bmatrix}_{M\times(6+6M)} \tag{7-88}$$

其中

$$\begin{cases} \dfrac{\partial \boldsymbol{\alpha}(\boldsymbol{\varphi})}{\partial \boldsymbol{\theta}_1^{\mathrm{T}}} = \begin{bmatrix} \dfrac{\partial \boldsymbol{r}(\boldsymbol{\varphi})}{\partial \boldsymbol{u}^{\mathrm{T}}} & \dfrac{\partial \boldsymbol{r}(\boldsymbol{\varphi})}{\partial \dot{\boldsymbol{u}}^{\mathrm{T}}} \\ \dfrac{\partial \dot{\boldsymbol{r}}(\boldsymbol{\varphi})}{\partial \boldsymbol{u}^{\mathrm{T}}} & \dfrac{\partial \dot{\boldsymbol{r}}(\boldsymbol{\varphi})}{\partial \dot{\boldsymbol{u}}^{\mathrm{T}}} \end{bmatrix}_{M\times 6} \\ \dfrac{\partial \boldsymbol{\alpha}(\boldsymbol{\varphi})}{\partial \boldsymbol{\theta}_2^{\mathrm{T}}} = \begin{bmatrix} \dfrac{\partial \boldsymbol{r}(\boldsymbol{\varphi})}{\partial \boldsymbol{s}^{\mathrm{T}}} & \dfrac{\partial \boldsymbol{r}(\boldsymbol{\varphi})}{\partial \dot{\boldsymbol{s}}^{\mathrm{T}}} \\ \dfrac{\partial \dot{\boldsymbol{r}}(\boldsymbol{\varphi})}{\partial \boldsymbol{s}^{\mathrm{T}}} & \dfrac{\partial \dot{\boldsymbol{r}}(\boldsymbol{\varphi})}{\partial \dot{\boldsymbol{s}}^{\mathrm{T}}} \end{bmatrix}_{M\times 6M} \end{cases} \tag{7-89}$$

令

$$\begin{cases} \boldsymbol{x}_i = \dfrac{(\boldsymbol{u}-\boldsymbol{s}_i)^{\mathrm{T}}}{r_i(\boldsymbol{\varphi})} \\ \boldsymbol{v}_i = \dfrac{(\dot{\boldsymbol{u}}-\dot{\boldsymbol{s}}_i)^{\mathrm{T}}}{r_i(\boldsymbol{\varphi})} - \dfrac{\dot{r}_i(\boldsymbol{\varphi})(\boldsymbol{u}-\boldsymbol{s}_i)^{\mathrm{T}}}{r_i(\boldsymbol{\varphi})^2} \end{cases} \tag{7-90}$$

则 $\partial\boldsymbol{\alpha}(\boldsymbol{\varphi})/\partial\boldsymbol{\theta}_1^{\mathrm{T}}$ 中 $\boldsymbol{r}(\boldsymbol{\varphi})$和 $\dot{\boldsymbol{r}}(\boldsymbol{\varphi})$对 $\boldsymbol{\theta}_1$ 的一阶微分可用式(7-90)表示为

$$\begin{cases} \dfrac{\partial \boldsymbol{r}(\boldsymbol{\varphi})}{\partial \boldsymbol{u}^{\mathrm{T}}} = \dfrac{\partial \dot{\boldsymbol{r}}(\boldsymbol{\varphi})}{\partial \dot{\boldsymbol{u}}^{\mathrm{T}}} = \begin{bmatrix} \boldsymbol{x}_2 - \boldsymbol{x}_1 \\ \vdots \\ \boldsymbol{x}_M - \boldsymbol{x}_{M-1} \end{bmatrix}_{(M/2)\times 3} \\ \dfrac{\partial \dot{\boldsymbol{r}}(\boldsymbol{\varphi})}{\partial \boldsymbol{u}^{\mathrm{T}}} = \begin{bmatrix} \boldsymbol{v}_2 - \boldsymbol{v}_1 \\ \vdots \\ \boldsymbol{v}_M - \boldsymbol{v}_{M-1} \end{bmatrix}_{(M/2)\times 3} \\ \dfrac{\partial \boldsymbol{r}(\boldsymbol{\varphi})}{\partial \dot{\boldsymbol{u}}^{\mathrm{T}}} = \boldsymbol{0}_{(M/2)\times 3} \end{cases} \tag{7-91}$$

接着在 $\partial\boldsymbol{\alpha}(\boldsymbol{\varphi})/\partial\boldsymbol{\theta}_2^{\mathrm{T}}$ 中，$\boldsymbol{r}(\boldsymbol{\varphi})$ 和 $\dot{\boldsymbol{r}}(\boldsymbol{\varphi})$对 $\boldsymbol{\theta}_2$ 的一阶微分结果为

$$\begin{cases} \dfrac{\partial \boldsymbol{r}(\boldsymbol{\varphi})}{\partial \boldsymbol{s}^{\mathrm{T}}} = \begin{bmatrix} \boldsymbol{x}_1 & -\boldsymbol{x}_2 & \boldsymbol{0}_{1\times 3} & \boldsymbol{0}_{1\times 3} & \cdots & \boldsymbol{0}_{1\times 3} & \boldsymbol{0}_{1\times 3} \\ \boldsymbol{0}_{1\times 3} & \boldsymbol{0}_{1\times 3} & \boldsymbol{x}_3 & -\boldsymbol{x}_4 & \cdots & \boldsymbol{0}_{1\times 3} & \boldsymbol{0}_{1\times 3} \\ \vdots & \vdots & \vdots & \vdots & & \vdots & \vdots \\ \boldsymbol{0}_{1\times 3} & \boldsymbol{0}_{1\times 3} & \boldsymbol{0}_{1\times 3} & \boldsymbol{0}_{1\times 3} & \cdots & \boldsymbol{x}_{M-1} & -\boldsymbol{x}_M \end{bmatrix}_{(M/2)\times 3M} \\ \dfrac{\partial \dot{\boldsymbol{r}}(\boldsymbol{\varphi})}{\partial \boldsymbol{s}^{\mathrm{T}}} = \begin{bmatrix} \boldsymbol{v}_1 & -\boldsymbol{v}_2 & \boldsymbol{0}_{1\times 3} & \boldsymbol{0}_{1\times 3} & \cdots & \boldsymbol{0}_{1\times 3} & \boldsymbol{0}_{1\times 3} \\ \boldsymbol{0}_{1\times 3} & \boldsymbol{0}_{1\times 3} & \boldsymbol{v}_3 & -\boldsymbol{v}_4 & \cdots & \boldsymbol{0}_{1\times 3} & \boldsymbol{0}_{1\times 3} \\ \vdots & \vdots & \vdots & \vdots & & \vdots & \vdots \\ \boldsymbol{0}_{1\times 3} & \boldsymbol{0}_{1\times 3} & \boldsymbol{0}_{1\times 3} & \boldsymbol{0}_{1\times 3} & \cdots & \boldsymbol{v}_{M-1} & \boldsymbol{v}_M \end{bmatrix}_{(M/2)\times 3M} \\ \dfrac{\partial \boldsymbol{r}(\boldsymbol{\varphi})}{\partial \dot{\boldsymbol{s}}^{\mathrm{T}}} = \boldsymbol{0}_{(M/2)\times 3M}, \quad \dfrac{\partial \dot{\boldsymbol{r}}(\boldsymbol{\varphi})}{\partial \dot{\boldsymbol{s}}^{\mathrm{T}}} = \dfrac{\partial \boldsymbol{r}(\boldsymbol{\varphi})}{\partial \boldsymbol{s}^{\mathrm{T}}} \end{cases} \tag{7-92}$$

$\boldsymbol{\alpha}(\boldsymbol{\varphi})$ 对 $\boldsymbol{\varphi}$ 的二阶微分表达式较为复杂，同样需要分为两部分，当 $1\leqslant j\leqslant M/2$ 时，式(7-72)中的 $\partial^2\boldsymbol{\alpha}_j(\boldsymbol{\varphi})/\partial\boldsymbol{\varphi}\partial\boldsymbol{\varphi}^{\mathrm{T}}$ 可表示为

$$\frac{\partial^2 \boldsymbol{\alpha}_j(\boldsymbol{\varphi})}{\partial\boldsymbol{\varphi}\partial\boldsymbol{\varphi}^{\mathrm{T}}} = \begin{bmatrix} \dfrac{\partial^2 \boldsymbol{r}_{2j,\,2j-1}(\boldsymbol{\varphi})}{\partial\boldsymbol{\theta}_1\partial\boldsymbol{\theta}_1^{\mathrm{T}}} & \dfrac{\partial^2 \boldsymbol{r}_{2j,\,2j-1}(\boldsymbol{\varphi})}{\partial\boldsymbol{\theta}_1\partial\boldsymbol{\theta}_2^{\mathrm{T}}} \\ \dfrac{\partial^2 \boldsymbol{r}_{2j,\,2j-1}(\boldsymbol{\varphi})}{\partial\boldsymbol{\theta}_2\partial\boldsymbol{\theta}_1^{\mathrm{T}}} & \dfrac{\partial^2 \boldsymbol{r}_{2j,\,2j-1}(\boldsymbol{\varphi})}{\partial\boldsymbol{\theta}_2\partial\boldsymbol{\theta}_2^{\mathrm{T}}} \end{bmatrix}_{(6M+6)\times(6M+6)} \tag{7-93}$$

其中

$$\begin{cases}\dfrac{\partial^2 \boldsymbol{r}_{2j,\,2j-1}(\boldsymbol{\varphi})}{\partial \boldsymbol{\theta}_1 \partial \boldsymbol{\theta}_1^{\mathrm{T}}} = \begin{bmatrix}\dfrac{\partial^2 \boldsymbol{r}_{2j,\,2j-1}(\boldsymbol{\varphi})}{\partial \boldsymbol{u} \partial \boldsymbol{u}^{\mathrm{T}}} & \dfrac{\partial^2 \boldsymbol{r}_{2j,\,2j-1}(\boldsymbol{\varphi})}{\partial \boldsymbol{u} \partial \dot{\boldsymbol{u}}^{\mathrm{T}}} \\ \dfrac{\partial^2 \boldsymbol{r}_{2j,\,2j-1}(\boldsymbol{\varphi})}{\partial \dot{\boldsymbol{u}} \partial \boldsymbol{u}^{\mathrm{T}}} & \dfrac{\partial^2 \boldsymbol{r}_{2j,\,2j-1}(\boldsymbol{\varphi})}{\partial \dot{\boldsymbol{u}} \partial \dot{\boldsymbol{u}}^{\mathrm{T}}}\end{bmatrix}_{6\times 6} \\ \dfrac{\partial^2 \boldsymbol{r}_{2j,\,2j-1}(\boldsymbol{\varphi})}{\partial \boldsymbol{\theta}_1 \partial \boldsymbol{\theta}_2^{\mathrm{T}}} = \begin{bmatrix}\dfrac{\partial^2 \boldsymbol{r}_{2j,\,2j-1}(\boldsymbol{\varphi})}{\partial \boldsymbol{u} \partial \boldsymbol{s}^{\mathrm{T}}} & \dfrac{\partial^2 \boldsymbol{r}_{2j,\,2j-1}(\boldsymbol{\varphi})}{\partial \boldsymbol{u} \partial \dot{\boldsymbol{s}}^{\mathrm{T}}} \\ \dfrac{\partial^2 \boldsymbol{r}_{2j,\,2j-1}(\boldsymbol{\varphi})}{\partial \dot{\boldsymbol{u}} \partial \boldsymbol{s}^{\mathrm{T}}} & \dfrac{\partial^2 \boldsymbol{r}_{2j,\,2j-1}(\boldsymbol{\varphi})}{\partial \dot{\boldsymbol{u}} \partial \dot{\boldsymbol{s}}^{\mathrm{T}}}\end{bmatrix}_{6\times 6M} \\ \dfrac{\partial^2 \boldsymbol{r}_{2j,\,2j-1}(\boldsymbol{\varphi})}{\partial \boldsymbol{\theta}_2 \partial \boldsymbol{\theta}_2^{\mathrm{T}}} = \begin{bmatrix}\dfrac{\partial^2 \boldsymbol{r}_{2j,\,2j-1}(\boldsymbol{\varphi})}{\partial \boldsymbol{s} \partial \boldsymbol{s}^{\mathrm{T}}} & \dfrac{\partial^2 \boldsymbol{r}_{2j,\,2j-1}(\boldsymbol{\varphi})}{\partial \boldsymbol{s} \partial \dot{\boldsymbol{s}}^{\mathrm{T}}} \\ \dfrac{\partial^2 \boldsymbol{r}_{2j,\,2j-1}(\boldsymbol{\varphi})}{\partial \dot{\boldsymbol{s}} \partial \boldsymbol{s}^{\mathrm{T}}} & \dfrac{\partial^2 \boldsymbol{r}_{2j,\,2j-1}(\boldsymbol{\varphi})}{\partial \dot{\boldsymbol{s}} \partial \dot{\boldsymbol{s}}^{\mathrm{T}}}\end{bmatrix}_{6M\times 6M} \\ \dfrac{\partial^2 \boldsymbol{r}_{2j,\,2j-1}(\boldsymbol{\varphi})}{\partial \boldsymbol{\theta}_2 \partial \boldsymbol{\theta}_1^{\mathrm{T}}} = \left(\dfrac{\partial^2 \boldsymbol{r}_{2j,\,2j-1}(\boldsymbol{\varphi})}{\partial \boldsymbol{\theta}_1 \partial \boldsymbol{\theta}_2^{\mathrm{T}}}\right)^{\mathrm{T}}\end{cases} \tag{7-94}$$

为方便表示，令

$$\boldsymbol{X}_j = \frac{\boldsymbol{I}_3 - \boldsymbol{x}_j^{\mathrm{T}} \boldsymbol{x}_j}{r_j(\boldsymbol{\varphi})} \tag{7-95}$$

其中，$\boldsymbol{I}_3$ 代表 3×3 的单位矩阵。

因此式(7-94)中，$\boldsymbol{r}(\boldsymbol{\varphi})$ 对 $\boldsymbol{\theta}_1$ 的二阶微分可表示为

$$\begin{cases}\dfrac{\partial^2 \boldsymbol{r}_{2j,\,2j-1}(\boldsymbol{\varphi})}{\partial \boldsymbol{u} \partial \boldsymbol{u}^{\mathrm{T}}} = \boldsymbol{X}_{2j} - \boldsymbol{X}_{2j-1} \\ \dfrac{\partial^2 \boldsymbol{r}_{2j,\,2j-1}(\boldsymbol{\varphi})}{\partial \boldsymbol{u} \partial \boldsymbol{u}^{\mathrm{T}}} = \dfrac{\partial^2 \boldsymbol{r}_{2j,\,2j-1}(\boldsymbol{\varphi})}{\partial \boldsymbol{u} \partial \dot{\boldsymbol{u}}^{\mathrm{T}}} = \dfrac{\partial^2 \boldsymbol{r}_{2j,\,2j-1}(\boldsymbol{\varphi})}{\partial \dot{\boldsymbol{u}} \partial \dot{\boldsymbol{u}}^{\mathrm{T}}} = \boldsymbol{0}_{3\times 3}\end{cases} \tag{7-96}$$

$\boldsymbol{r}(\boldsymbol{\varphi})$ 对 $\boldsymbol{\theta}_1$ 和 $\boldsymbol{\theta}_2$ 的二阶微分可表示为

$$\begin{cases}\dfrac{\partial^2 \boldsymbol{r}_{2j,\,2j-1}(\boldsymbol{\varphi})}{\partial \boldsymbol{u} \partial \boldsymbol{s}_k^{\mathrm{T}}} = \begin{cases}\boldsymbol{X}_j,\ k = 2j-1 \\ -\boldsymbol{X}_j,\ k = 2j \\ \boldsymbol{0}_{3\times 3},\ \text{其他}\end{cases} \\ \dfrac{\partial^2 \boldsymbol{r}_{2j,\,2j-1}(\boldsymbol{\varphi})}{\partial \boldsymbol{u} \partial \dot{\boldsymbol{s}}^{\mathrm{T}}} = \dfrac{\partial^2 \boldsymbol{r}_{2j,\,2j-1}(\boldsymbol{\varphi})}{\partial \dot{\boldsymbol{u}} \partial \boldsymbol{s}^{\mathrm{T}}} = \dfrac{\partial^2 \boldsymbol{r}_{2j,\,2j-1}(\boldsymbol{\varphi})}{\partial \dot{\boldsymbol{u}} \partial \dot{\boldsymbol{s}}^{\mathrm{T}}} = \boldsymbol{0}_{3\times 3M}\end{cases} \tag{7-97}$$

$\boldsymbol{r}(\boldsymbol{\varphi})$ 对 $\boldsymbol{\theta}_2$ 的二阶微分可表示为

当 $k_1 = k_2$ 时，

$$\frac{\partial^2 \boldsymbol{r}_{2j,\,2j-1}(\boldsymbol{\varphi})}{\partial \boldsymbol{s}_{k_1} \partial \boldsymbol{s}_{k_2}^{\mathrm{T}}} = \begin{cases}-\boldsymbol{X}_j,\ k_1 = k_2 = 2j-1 \\ \boldsymbol{X}_j,\ k_1 = k_2 = 2j \\ \boldsymbol{0}_{3\times 3},\ \text{其他}\end{cases} \tag{7-98}$$

当 $k_1 \neq k_2$ 时，

$$\frac{\partial^2 \boldsymbol{r}_{2j,\,2j-1}(\boldsymbol{\varphi})}{\partial \boldsymbol{s}_{k_1} \partial \boldsymbol{s}_{k_2}^{\mathrm{T}}} = \boldsymbol{0}_{3\times 3}$$

且

$$\frac{\partial^2 \boldsymbol{r}_{2j,\,2j-1}(\boldsymbol{\varphi})}{\partial \boldsymbol{s}\partial \dot{\boldsymbol{s}}^{\mathrm{T}}}=\frac{\partial^2 \boldsymbol{r}_{2j,\,2j-1}(\boldsymbol{\varphi})}{\partial \dot{\boldsymbol{s}}\partial \boldsymbol{s}^{\mathrm{T}}}=\frac{\partial^2 \boldsymbol{r}_{2j,\,2j-1}(\boldsymbol{\varphi})}{\partial \dot{\boldsymbol{s}}\partial \dot{\boldsymbol{s}}^{\mathrm{T}}}=\boldsymbol{0}_{3M\times 3M} \tag{7-99}$$

当 $M/2+1\leqslant j\leqslant M$ 时，式(7－93)中的 $\partial^2\boldsymbol{\alpha}_j(\boldsymbol{\varphi})/\partial\boldsymbol{\varphi}\partial\boldsymbol{\varphi}^{\mathrm{T}}$ 可表示为

$$\frac{\partial^2\boldsymbol{\alpha}_j(\boldsymbol{\varphi})}{\partial\boldsymbol{\varphi}\partial\boldsymbol{\varphi}^{\mathrm{T}}}=\begin{bmatrix}\dfrac{\partial^2\dot{\boldsymbol{r}}_{2j-M,\,2j-1-M}(\boldsymbol{\varphi})}{\partial\boldsymbol{\theta}_1\partial\boldsymbol{\theta}_1^{\mathrm{T}}} & \dfrac{\partial^2\dot{\boldsymbol{r}}_{2j-M,\,2j-1-M}(\boldsymbol{\varphi})}{\partial\boldsymbol{\theta}_1\partial\boldsymbol{\theta}_2^{\mathrm{T}}}\\ \dfrac{\partial^2\dot{\boldsymbol{r}}_{2j-M,\,2j-1-M}(\boldsymbol{\varphi})}{\partial\boldsymbol{\theta}_2\partial\boldsymbol{\theta}_1^{\mathrm{T}}} & \dfrac{\partial^2\dot{\boldsymbol{r}}_{2j-M,\,2j-1-M}(\boldsymbol{\varphi})}{\partial\boldsymbol{\theta}_2\partial\boldsymbol{\theta}_2^{\mathrm{T}}}\end{bmatrix}_{(6M+6)(6M+6)} \tag{7-100}$$

其中

$$\begin{cases}\dfrac{\partial^2\dot{\boldsymbol{r}}_{2j-M,\,2j-1-M}(\boldsymbol{\varphi})}{\partial\boldsymbol{\theta}_1\partial\boldsymbol{\theta}_1^{\mathrm{T}}}=\begin{bmatrix}\dfrac{\partial^2\dot{\boldsymbol{r}}_{2j-M,\,2j-1-M}(\boldsymbol{\varphi})}{\partial\boldsymbol{u}\partial\boldsymbol{u}^{\mathrm{T}}} & \dfrac{\partial^2\dot{\boldsymbol{r}}_{2j-M,\,2j-1-M}(\boldsymbol{\varphi})}{\partial\boldsymbol{u}\partial\dot{\boldsymbol{u}}^{\mathrm{T}}}\\ \dfrac{\partial^2\dot{\boldsymbol{r}}_{2j-M,\,2j-1-M}(\boldsymbol{\varphi})}{\partial\dot{\boldsymbol{u}}\partial\boldsymbol{u}^{\mathrm{T}}} & \dfrac{\partial^2\dot{\boldsymbol{r}}_{2j-M,\,2j-1-M}(\boldsymbol{\varphi})}{\partial\dot{\boldsymbol{u}}\partial\dot{\boldsymbol{u}}^{\mathrm{T}}}\end{bmatrix}_{6\times 6}\\ \dfrac{\partial^2\dot{\boldsymbol{r}}_{2j-M,\,2j-1-M}(\boldsymbol{\varphi})}{\partial\boldsymbol{\theta}_1\partial\boldsymbol{\theta}_2^{\mathrm{T}}}=\begin{bmatrix}\dfrac{\partial^2\dot{\boldsymbol{r}}_{2j-M,\,2j-1-M}(\boldsymbol{\varphi})}{\partial\boldsymbol{u}\partial\boldsymbol{s}^{\mathrm{T}}} & \dfrac{\partial^2\dot{\boldsymbol{r}}_{2j-M,\,2j-1-M}(\boldsymbol{\varphi})}{\partial\boldsymbol{u}\partial\dot{\boldsymbol{s}}^{\mathrm{T}}}\\ \dfrac{\partial^2\dot{\boldsymbol{r}}_{2j-M,\,2j-1-M}(\boldsymbol{\varphi})}{\partial\dot{\boldsymbol{u}}\partial\boldsymbol{s}^{\mathrm{T}}} & \dfrac{\partial^2\dot{\boldsymbol{r}}_{2j-M,\,2j-1-M}(\boldsymbol{\varphi})}{\partial\boldsymbol{u}\partial\dot{\boldsymbol{s}}^{\mathrm{T}}}\end{bmatrix}_{6\times 6M}\\ \dfrac{\partial^2\dot{\boldsymbol{r}}_{2j-M,\,2j-1-M}(\boldsymbol{\varphi})}{\partial\boldsymbol{\theta}_2\partial\boldsymbol{\theta}_1^{\mathrm{T}}}=\begin{bmatrix}\dfrac{\partial^2\dot{\boldsymbol{r}}_{2j-M,\,2j-1-M}(\boldsymbol{\varphi})}{\partial\boldsymbol{s}\partial\boldsymbol{s}^{\mathrm{T}}} & \dfrac{\partial^2\dot{\boldsymbol{r}}_{2j-M,\,2j-1-M}(\boldsymbol{\varphi})}{\partial\boldsymbol{s}\partial\dot{\boldsymbol{s}}^{\mathrm{T}}}\\ \dfrac{\partial^2\dot{\boldsymbol{r}}_{2j-M,\,2j-1-M}(\boldsymbol{\varphi})}{\partial\dot{\boldsymbol{s}}\partial\boldsymbol{s}^{\mathrm{T}}} & \dfrac{\partial^2\dot{\boldsymbol{r}}_{2j-M,\,2j-1-M}(\boldsymbol{\varphi})}{\partial\dot{\boldsymbol{s}}\partial\dot{\boldsymbol{s}}^{\mathrm{T}}}\end{bmatrix}_{6M\times 6M}\\ \dfrac{\partial^2\dot{\boldsymbol{r}}_{2j-M,\,2j-1-M}(\boldsymbol{\varphi})}{\partial\boldsymbol{\theta}_2\partial\boldsymbol{\theta}_2^{\mathrm{T}}}=\left(\dfrac{\partial^2\dot{\boldsymbol{r}}_{2j-M,\,2j-1-M}(\boldsymbol{\varphi})}{\partial\boldsymbol{\theta}_1\partial\boldsymbol{\theta}_1^{\mathrm{T}}}\right)^{\mathrm{T}}\end{cases} \tag{7-101}$$

令

$$\begin{cases}\boldsymbol{Y}_j=\dot{r}_j(\boldsymbol{\varphi})r_j(\boldsymbol{\varphi})^{-2}(3\boldsymbol{x}_j^{\mathrm{T}}\boldsymbol{x}_j-\boldsymbol{I}_3)\\ \boldsymbol{w}_j=r_j(\boldsymbol{\varphi})^{-1}(\dot{\boldsymbol{u}}-\dot{\boldsymbol{s}}_j)^{\mathrm{T}}\\ \boldsymbol{W}_j=r_j(\boldsymbol{\varphi})^{-1}\boldsymbol{x}_j^{\mathrm{T}}\boldsymbol{w}_j\\ \boldsymbol{\Psi}_j=\boldsymbol{Y}_j-\boldsymbol{W}_j-\boldsymbol{W}_j^{\mathrm{T}}\end{cases} \tag{7-102}$$

从而式(7－101)中 $\dot{\boldsymbol{r}}(\boldsymbol{\varphi})$ 对 $\boldsymbol{\theta}_1$ 的二阶微分为

$$\begin{cases}\dfrac{\partial^2\dot{\boldsymbol{r}}_{2j-M,\,2j-1-M}(\boldsymbol{\varphi})}{\partial\boldsymbol{u}\partial\boldsymbol{u}^{\mathrm{T}}}=\boldsymbol{\Psi}_{2j-M}-\boldsymbol{\Psi}_{2j-1-M}\\ \dfrac{\partial^2\dot{\boldsymbol{r}}_{2j-M,\,2j-1-M}(\boldsymbol{\varphi})}{\partial\dot{\boldsymbol{u}}\partial\boldsymbol{u}^{\mathrm{T}}}=\boldsymbol{X}_{2j-M}-\boldsymbol{X}_{2j-1-M}\\ \dfrac{\partial^2\dot{\boldsymbol{r}}_{2j-M,\,2j-1-M}(\boldsymbol{\varphi})}{\partial\boldsymbol{u}\partial\dot{\boldsymbol{u}}^{\mathrm{T}}}=\boldsymbol{X}_{2j-M}-\boldsymbol{X}_{2j-1-M}\\ \dfrac{\partial^2\dot{\boldsymbol{r}}_{2j-M,\,2j-1-M}(\varphi)}{\partial\dot{\boldsymbol{u}}\partial\dot{\boldsymbol{u}}^{\mathrm{T}}}=\boldsymbol{0}_{3\times 3}\end{cases} \tag{7-103}$$

而后 $\dot{\boldsymbol{r}}(\boldsymbol{\varphi})$ 对 $\boldsymbol{\theta}_1$ 和 $\boldsymbol{\theta}_2$ 的二阶微分可表示为

$$\begin{cases}\dfrac{\partial^2 \dot{\boldsymbol{r}}_{2j-M,\,2j-1-M}(\boldsymbol{\varphi})}{\partial \boldsymbol{u}\partial \boldsymbol{s}_k^{\mathrm{T}}}=\begin{cases}\boldsymbol{\Psi}_{2j-M},\ k=2j-1\\-\boldsymbol{\Psi}_{2j-M},\ k=2j\\\boldsymbol{0}_{3\times 3},\ \text{其他}\end{cases}\\\dfrac{\partial^2 \dot{\boldsymbol{r}}_{2j-M,\,2j-1-M}(\boldsymbol{\varphi})}{\partial \boldsymbol{u}\partial \dot{\boldsymbol{s}}_k^{\mathrm{T}}}=\dfrac{\partial^2 \boldsymbol{r}_{2j,\,2j-1}(\boldsymbol{\varphi})}{\partial \boldsymbol{u}\partial \boldsymbol{s}_k^{\mathrm{T}}}\\\dfrac{\partial^2 \dot{\boldsymbol{r}}_{2j-M,\,2j-1-M}(\boldsymbol{\varphi})}{\partial \dot{\boldsymbol{u}}\partial \boldsymbol{s}^{\mathrm{T}}}=\dfrac{\partial^2 \boldsymbol{r}_{2j,\,2j-1}(\boldsymbol{\varphi})}{\partial \boldsymbol{u}\partial \boldsymbol{s}^{\mathrm{T}}}\\\dfrac{\partial^2 \dot{\boldsymbol{r}}_{2j-M,\,2j-1-M}(\boldsymbol{\varphi})}{\partial \dot{\boldsymbol{u}}\partial \dot{\boldsymbol{s}}^{\mathrm{T}}}=\boldsymbol{0}_{3M\times 3M}\end{cases}\tag{7-104}$$

$\dot{\boldsymbol{r}}(\boldsymbol{\varphi})$ 对 $\boldsymbol{\theta}_2$ 的二阶微分可表示为

当 $k_1=k_2$ 时，

$$\frac{\partial^2 \dot{\boldsymbol{r}}_{2j-M,\,2j-1-M}(\boldsymbol{\varphi})}{\partial \boldsymbol{s}_{k_1}\partial \boldsymbol{s}_{k_2}^{\mathrm{T}}}=\begin{cases}-\boldsymbol{\Psi}_{2j-M} & k_1=k_2=2j-1\\\boldsymbol{\Psi}_{2j-M} & k_1=k_2=2j\\\boldsymbol{0}_{3\times 3} & \text{其他}\end{cases}\tag{7-105}$$

当 $k_1\neq k_2$ 时，

$$\frac{\partial^2 \dot{\boldsymbol{r}}_{2j-M,\,2j-1-M}(\boldsymbol{\varphi})}{\partial \boldsymbol{s}_{k_1}\partial \boldsymbol{s}_{k_2}^{\mathrm{T}}}=\boldsymbol{0}_{3\times 3}$$

且

$$\begin{cases}\dfrac{\partial^2 \dot{\boldsymbol{r}}_{2j-M,\,2j-1-M}(\boldsymbol{\varphi})}{\partial \boldsymbol{s}\partial \dot{\boldsymbol{s}}^{\mathrm{T}}}=\dfrac{\partial^2 \dot{\boldsymbol{r}}_{2j-M,\,2j-1-M}(\boldsymbol{\varphi})}{\partial \dot{\boldsymbol{s}}\partial \boldsymbol{s}^{\mathrm{T}}}=\dfrac{\partial^2 \boldsymbol{r}_{2j,\,2j-1}(\boldsymbol{\varphi})}{\partial \boldsymbol{u}\partial \boldsymbol{s}^{\mathrm{T}}}\\\dfrac{\partial^2 \dot{\boldsymbol{r}}_{2j-M,\,2j-1-M}(\boldsymbol{\varphi})}{\partial \dot{\boldsymbol{s}}\partial \dot{\boldsymbol{s}}^{\mathrm{T}}}=\boldsymbol{0}_{3\times 3}\end{cases}\tag{7-106}$$

最后式(7－72)中 $\boldsymbol{\beta}(\boldsymbol{\varphi})$ 对 $\boldsymbol{\varphi}$ 的一阶微分可表示为

$$\frac{\partial \boldsymbol{\beta}(\boldsymbol{\varphi})}{\partial \boldsymbol{\varphi}^{\mathrm{T}}}=\begin{bmatrix}\dfrac{\partial \boldsymbol{s}(\boldsymbol{\varphi})}{\partial \boldsymbol{\theta}_1^{\mathrm{T}}} & \dfrac{\partial \boldsymbol{s}(\boldsymbol{\varphi})}{\partial \boldsymbol{s}^{\mathrm{T}}} & \dfrac{\partial \boldsymbol{s}(\boldsymbol{\varphi})}{\partial \dot{\boldsymbol{s}}^{\mathrm{T}}}\\\dfrac{\partial \dot{\boldsymbol{s}}(\boldsymbol{\varphi})}{\partial \boldsymbol{\theta}_2^{\mathrm{T}}} & \dfrac{\partial \dot{\boldsymbol{s}}(\boldsymbol{\varphi})}{\partial \boldsymbol{s}^{\mathrm{T}}} & \dfrac{\partial \dot{\boldsymbol{s}}(\boldsymbol{\varphi})}{\partial \dot{\boldsymbol{s}}^{\mathrm{T}}}\end{bmatrix}_{6M\times(6+6M)}\tag{7-107}$$

其中

$$\begin{cases}\dfrac{\partial \boldsymbol{s}(\boldsymbol{\varphi})}{\partial \boldsymbol{\theta}_1^{\mathrm{T}}}=\dfrac{\partial \dot{\boldsymbol{s}}(\boldsymbol{\varphi})}{\partial \boldsymbol{\theta}_2^{\mathrm{T}}}=\boldsymbol{0}_{3M\times 3}\\\dfrac{\partial \dot{\boldsymbol{s}}(\boldsymbol{\varphi})}{\partial \boldsymbol{s}^{\mathrm{T}}}=\dfrac{\partial \dot{\boldsymbol{s}}(\boldsymbol{\varphi})}{\partial \boldsymbol{s}^{\mathrm{T}}}=\boldsymbol{0}_{3M\times 3M}\\\dfrac{\partial \boldsymbol{s}(\boldsymbol{\varphi})}{\partial \boldsymbol{s}^{\mathrm{T}}}=\dfrac{\partial \dot{\boldsymbol{s}}(\boldsymbol{\varphi})}{\partial \dot{\boldsymbol{s}}^{\mathrm{T}}}=\boldsymbol{I}_{3M}\end{cases}\tag{7-108}$$

其中，$\boldsymbol{I}_{3M}$ 代表维度为 $3M\times 3M$ 的单位矩阵。

对于 $\boldsymbol{\beta}(\boldsymbol{\varphi})$ 对 $\boldsymbol{\varphi}$ 的二阶微分，同样需要分段表示，当 $1\leqslant j\leqslant M/2$ 时，式(7－72)中的 $\partial^2\boldsymbol{\beta}_j(\boldsymbol{\varphi})/\partial\boldsymbol{\varphi}\partial\boldsymbol{\varphi}^{\mathrm{T}}$ 可表示为

$$\frac{\partial^2 \boldsymbol{\beta}_j(\boldsymbol{\varphi})}{\partial \boldsymbol{\varphi}\partial \boldsymbol{\varphi}^{\mathrm{T}}}=\boldsymbol{0}_{(6M+6)\times(6M+6)}\tag{7-109}$$

当 $M/2+1\leqslant j\leqslant M$ 时，$\partial^2\boldsymbol{\beta}_j(\boldsymbol{\varphi})/\partial\boldsymbol{\varphi}\partial\boldsymbol{\varphi}^{\mathrm{T}}$ 可表示为

$$\frac{\partial^2 \boldsymbol{\beta}_{2j-M,\ 2j-1-M}(\boldsymbol{\varphi})}{\partial \boldsymbol{\varphi} \partial \boldsymbol{\varphi}^{\mathrm{T}}} = \mathbf{0}_{(6M+6)\times(6M+6)} \tag{7-110}$$

至此，考虑站址误差场景下的分布式平台时频差定位算法、理论偏差以及其细节部分已推导完毕，通过利用 *MLE* 解减去式(7－85)即可得到偏差补偿后的高精度、低偏差目标定位结果。但是良好的初值是 *MLE* 收敛至全局最优的保证，因此下节将借助数形结合的方法详细介绍在站址误差存在条件下的分布式平台目标定位初值获取方法。

7.3.2　初值估计

考虑站址误差条件下的目标位置获取方法同样运用7.2.2节的渐近线交点法，建立双曲线方程后，联立式(7－38)得到交点，随后利用式(7－39)的判决准则确定目标粗估计位置 $\boldsymbol{u}'$，并且可以求得初值点距各观测站之间的距离 $r'_i(i=1,2,\cdots,M)$。下面将利用目标位置初值求解速度初值，首先将已知的 $\boldsymbol{u}'$，$r'_i(i=1,2,\cdots,M)$ 代入FDOA定位方程中

$$\frac{(\boldsymbol{u}'-\boldsymbol{s}_{2i}^{\circ})^{\mathrm{T}}(\dot{\boldsymbol{u}}'-\dot{\boldsymbol{s}}_{2i}^{\circ})}{r'_{2i}} - \frac{(\boldsymbol{u}'-\boldsymbol{s}_{2i-1}^{\circ})^{\mathrm{T}}(\dot{\boldsymbol{u}}'-\dot{\boldsymbol{s}}_{2i-1}^{\circ})}{r'_{2i-1}} = \dot{r}_{2i,\ 2i-1}^{\circ} \tag{7-111}$$

其中，$i=1,2,\cdots,M/2$。

将式(7－111)中真实的观测站位置及速度和距离变化率替换为以下观测值

$$\begin{cases} r_{2i,\ 2i-1}^{\circ} = r_{2i,\ 2i-1} + \Delta r_{2i,\ 2i-1} \\ \dot{r}_{2i,\ 2i-1} = \dot{r}_{2i,\ 2i-1} + \Delta \dot{r}_{2i,\ 2i-1} \\ \boldsymbol{s}_i^{\circ} = \boldsymbol{s}_i + \Delta \boldsymbol{s}_i \\ \dot{\boldsymbol{s}}_i^{\circ} = \dot{\boldsymbol{s}}_i + \Delta \dot{\boldsymbol{s}}_i \end{cases} \tag{7-112}$$

忽略二阶噪声项，并将噪声项整理至等式左边，得

$$\begin{aligned} \varepsilon_{2,\ i} &= \dot{\boldsymbol{\rho}}_{2i-1}^{\mathrm{T}} \Delta \boldsymbol{s}_{2i-1} + \boldsymbol{\rho}_{2i-1}^{\mathrm{T}} \Delta\ \dot{\boldsymbol{s}}^{2i-1} - \dot{\boldsymbol{\rho}}_{2i}^{\mathrm{T}} \Delta \boldsymbol{s}_{2i} - \boldsymbol{\rho}_{2i}^{\mathrm{T}} \Delta \boldsymbol{s}_{2i} - \Delta r_{2i,\ 2i-1} \\ &= \dot{r}_{2i,\ 2i-1} - \boldsymbol{\rho}_{2i}^{\mathrm{T}} \dot{\boldsymbol{u}}' + \boldsymbol{\rho}_{2i}^{\mathrm{T}} \dot{\boldsymbol{s}}_{2i} + \boldsymbol{\rho}_{2i-1}^{T} \dot{\boldsymbol{u}}' - \boldsymbol{\rho}_{2i-1}^{\mathrm{T}} \dot{\boldsymbol{s}}_{2i-1} \end{aligned} \tag{7-113}$$

其中，$\boldsymbol{\rho}_i = (\boldsymbol{u}'-\boldsymbol{s}_i)/r'_i$；$\dot{\boldsymbol{\rho}} = (\dot{\boldsymbol{u}}'-\dot{s}'_i)/r'_i$。

将多组观测量中的误差向量表示成集合的形式为

$$\{\boldsymbol{\varepsilon}_2 \mid \varepsilon_{2,\ 1},\ \varepsilon_{2,\ 2},\ \cdots,\ \varepsilon_{2,\ M/2} \in \boldsymbol{\varepsilon}_2\} \tag{7-114}$$

进一步将式(7－113)整理成矩阵的形式为

$$\boldsymbol{\varepsilon}_2 = \boldsymbol{b} - \boldsymbol{A}\dot{\boldsymbol{u}}' \tag{7-115}$$

其中

$$\boldsymbol{A} = \begin{bmatrix} \boldsymbol{\rho}_2^{\mathrm{T}} - \boldsymbol{\rho}_1^{\mathrm{T}} \\ \boldsymbol{\rho}_4^{\mathrm{T}} - \boldsymbol{\rho}_3^{\mathrm{T}} \\ \vdots \\ \boldsymbol{\rho}_M^{\mathrm{T}} - \boldsymbol{\rho}_{M-1}^{\mathrm{T}} \end{bmatrix},\ \boldsymbol{b} = \begin{bmatrix} \dot{r}_{2,\ 1} + \boldsymbol{\rho}_2^{\mathrm{T}} \dot{\boldsymbol{s}}_2 - \boldsymbol{\rho}_1^{\mathrm{T}} \dot{\boldsymbol{s}}_1 \\ \dot{r}_{4,\ 3} + \boldsymbol{\rho}_4^{\mathrm{T}} \dot{\boldsymbol{s}}_4 - \boldsymbol{\rho}_3^{\mathrm{T}} \dot{\boldsymbol{s}}_3 \\ \vdots \\ \dot{r}_{M,\ M-1} + \boldsymbol{\rho}_M^{\mathrm{T}} \dot{\boldsymbol{s}}_M - \boldsymbol{\rho}_{M-1}^{\mathrm{T}} \dot{\boldsymbol{s}}_{M-1} \end{bmatrix} \tag{7-116}$$

因此，利用最小二乘求解式(7－115)，即可得到目标速度初值为

$$\dot{\boldsymbol{u}}' = (\mathbf{A}^{\mathrm{T}}\mathbf{A})^{-1}\mathbf{A}^{\mathrm{T}}\boldsymbol{b} \tag{7-117}$$

综上所述，结合式(7－38)和式(7－115)，即可得到存在站址误差条件下的目标位置及

速度粗估计结果。该估计结果在精度允许的范围内可以保证 MLE 收敛至全局最优，可以作为迭代算法的初值。

7.3.3 定位精度分析

本节介绍在观测站位置及速度误差存在时，分布式平台时频差定位算法的 CRLB，并且分析与 7.2.3 节所推导 CRLB 之间的关系。

根据观测量 $\boldsymbol{\alpha}$、$\boldsymbol{\beta}$ 的概率密度函数(式(7-63))，设 $\boldsymbol{J}$ 为系统的费舍尔信息矩阵(Fisher Information Matrix，FIM)，则有

$$\boldsymbol{J} = E\left[-\left(\frac{\partial^2 \ln f(\boldsymbol{\alpha}, \boldsymbol{\beta}, \boldsymbol{\varphi})}{\partial \boldsymbol{\varphi} \partial \boldsymbol{\varphi}^{\mathrm{T}}}\right)\right]\Bigg|_{\varphi=\varphi^{\circ}} \tag{7-118}$$

其中，$f(\boldsymbol{\alpha}, \boldsymbol{\beta}, \boldsymbol{\varphi})$ 为在给定参数 $\boldsymbol{\varphi}$ 条件下 ($\boldsymbol{\alpha}$、$\boldsymbol{\beta}$) 的联合概率密度函数。

根据费舍尔信息矩阵和 CRLB 之间的关系，得到算法估计方差的下界为

$$\mathbf{CRLB}(\boldsymbol{\varphi}^{\circ}) = \boldsymbol{J}^{-1} = -E\left[\left(\frac{\partial^2 \ln f(\boldsymbol{\alpha}, \boldsymbol{\beta}, \boldsymbol{\varphi})}{\partial \boldsymbol{\varphi} \partial \boldsymbol{\varphi}^{\mathrm{T}}}\right)\right]^{-1}\Bigg|_{\varphi=\varphi^{\circ}} \tag{7-119}$$

从式(7-119)可以看出，$\mathbf{CRLB}(\boldsymbol{\varphi}^{\circ})$ 是一个维度为 $(6M+6)$ 的方阵，其左上角维度为 (6×6) 的子方阵即为目标位置及速度 $\boldsymbol{\theta}_1^{\circ} = [\boldsymbol{u}^{\circ\mathrm{T}}, \dot{\boldsymbol{u}}^{\circ\mathrm{T}}]^{\mathrm{T}}$ 的 CRLB。接着进一步利用 $\boldsymbol{\varphi}^{\circ} = [\boldsymbol{\theta}_1^{\circ\mathrm{T}}, \boldsymbol{\theta}_2^{\circ\mathrm{T}}]^{\mathrm{T}}$ 把式(7-119)整理成子阵的形式为

$$\mathbf{CRLB}(\boldsymbol{\varphi}^{\circ}) = \begin{bmatrix} \boldsymbol{R}_1 & \boldsymbol{R}_2 \\ \boldsymbol{R}_2^{\mathrm{T}} & \boldsymbol{R}_3 \end{bmatrix}^{-1} \tag{7-120}$$

其中

$$\begin{cases} \boldsymbol{R}_1 = E\left[-\left(\dfrac{\partial^2 \ln f(\boldsymbol{\alpha}, \boldsymbol{\beta}, \boldsymbol{\varphi})}{\partial \boldsymbol{\theta}_1 \partial \boldsymbol{\theta}_1^{\mathrm{T}}}\right)\right]\Bigg|_{\varphi=\varphi^{\circ}} = \dfrac{\partial^{\mathrm{T}} \boldsymbol{\alpha}(\boldsymbol{\varphi})}{\partial \boldsymbol{\theta}_1} \boldsymbol{Q}_{\alpha}^{-1} \dfrac{\partial \boldsymbol{\alpha}(\boldsymbol{\varphi})}{\partial \boldsymbol{\theta}_1^{\mathrm{T}}}\Bigg|_{\varphi=\varphi^{\circ}} \\ \boldsymbol{R}_2 = E\left[-\left(\dfrac{\partial^2 \ln f(\boldsymbol{\alpha}, \boldsymbol{\beta}, \boldsymbol{\varphi})}{\partial \boldsymbol{\theta}_1 \partial \boldsymbol{\theta}_2^{\mathrm{T}}}\right)\right]\Bigg|_{\varphi=\varphi^{\circ}} = \dfrac{\partial^{\mathrm{T}} \boldsymbol{\alpha}(\boldsymbol{\varphi})}{\partial \boldsymbol{\theta}_1} \boldsymbol{Q}_{\alpha}^{-1} \dfrac{\partial \boldsymbol{\alpha}(\boldsymbol{\varphi})}{\partial \boldsymbol{\theta}_2^{\mathrm{T}}}\Bigg|_{\varphi=\varphi^{\circ}} \\ \boldsymbol{R}_3 = E\left[-\left(\dfrac{\partial^2 \ln f(\boldsymbol{\alpha}, \boldsymbol{\beta}, \boldsymbol{\varphi})}{\partial \boldsymbol{\theta}_2 \partial \boldsymbol{\theta}_2^{\mathrm{T}}}\right)\right]\Bigg|_{\varphi=\varphi^{\circ}} = \dfrac{\partial^{\mathrm{T}} \boldsymbol{\alpha}(\boldsymbol{\varphi})}{\partial \boldsymbol{\theta}_2} \boldsymbol{Q}_{\alpha}^{-1} \dfrac{\partial \boldsymbol{\alpha}(\boldsymbol{\varphi})}{\partial \boldsymbol{\theta}_2^{\mathrm{T}}} + \boldsymbol{Q}_{\beta}^{-1}\Bigg|_{\varphi=\varphi^{\circ}} \end{cases} \tag{7-121}$$

式(7-121)中各项详细表达式见 7.3.1 节推导。根据矩阵运算理论，式(7-120)又可进一步写成

$$\mathbf{CRLB}(\boldsymbol{\varphi}^{\circ}) = \boldsymbol{R}_1^{-1} + \boldsymbol{R}_1^{-1}\boldsymbol{R}_2(\boldsymbol{R}_3 - \boldsymbol{R}_2^{\mathrm{T}}\boldsymbol{R}_1^{-1}\boldsymbol{R}_2)^{-1}\boldsymbol{R}_2^{\mathrm{T}}\boldsymbol{R}_1^{-1} \tag{7-122}$$

结合式(7-53)和式(7-121)可以看出，式(7-122)中的第一项 $\boldsymbol{R}_1^{-1}$ 即为 4.3 节所推导的不考虑站址误差条件下目标位置速度估计的 CRLB，第二项的增加是由站址误差所导致，因此整个目标定位精度会受观测量估计误差和站址误差的共同影响。下节将通过仿真实验验证式(7-122)的正确性，考察目标定位精度与站址误差之间的敏感程度，并且将所提算法的估计性能与 CRLB 比较，分析其随站址误差变化时的估计性能。

7.3.4 仿真实验

本节实验场景与 7.2.4 相同，通过仿真实验分析 7.2.3 节与 7.3.3 节两类 CRLB 对站

址误差的敏感程度，并且验证 7.3.1 节推导 MLE 理论偏差的正确性，同时考察了算法分别针对运动近场和远场目标的定位性能以及补偿后偏差的减小程度。为方便叙述，定义考虑站址误差下的 CRLB 记为 $\mathrm{CRLB}_{\mathrm{error}}$ ，不考虑站址误差的 CRLB 记为 $\mathrm{CRLB}_{\mathrm{no\ error}}$

实验 1　随观测站位置误差变化条件下的两类 CRLB 对比

实验 1 针对表 7-1 中的 4 种类型目标，考察两类 CRLB 对站址误差的敏感程度。实验 1 中 TDOA 和 FDOA 测量误差分别设置为 $\sigma_t^2 = 10^{-4}/c^2$ 和 $\sigma_f^2 = 10^{-5}/c^2$ ，因此观测量的协方差矩阵可以表示为

$$\boldsymbol{Q}_\alpha = \begin{bmatrix} \boldsymbol{Q}_t & \boldsymbol{O} \\ \boldsymbol{O} & \boldsymbol{Q}_f \end{bmatrix}_{M\times M} \tag{7-123}$$

其中，$\boldsymbol{Q}_t$ 代表主对角线元素为 $c^2\sigma_t^2$ 且其余元素为 $0.5c^2\sigma_t^2$ 的 $(M/2)\times(M/2)$ 维矩阵；$\boldsymbol{Q}_f = \boldsymbol{Q}_t\sigma_f^2/\sigma_t^2$。

同时观测站位置速度误差的协方差矩阵可以表示为

$$\boldsymbol{Q}_\beta = \begin{bmatrix} \boldsymbol{Q}_s & \boldsymbol{O} \\ \boldsymbol{O} & \dot{\boldsymbol{Q}}_s \end{bmatrix}_{6M\times 6M} \tag{7-124}$$

其中，$\boldsymbol{Q}_s = \sigma_s^2\boldsymbol{I}_{3M}$ ；$\dot{\boldsymbol{Q}}_s = \dot{\sigma}_s^2\boldsymbol{I}_{3M}$ ；$\dot{\sigma}_s^2 = 0.5\sigma_s^2$ ，σ_s^2 和 $\dot{\sigma}_s^2$ 分别代表观测站位置和速度测量方差。

图 7-10(a)(b)两图分别给出了近场和远场运动目标的两种 CRLB 随站址误差变化的比较。对于近场运动目标，随着站址误差的逐渐增大，$\mathrm{CRLB}_{\mathrm{error}}$ 逐渐偏离 $\mathrm{CRLB}_{\mathrm{no\ error}}$。当 $\sigma_s^2 = 10^{-3}\ \mathrm{m}^2$ 时，目标位置和速度的 $\mathrm{CRLB}_{\mathrm{error}}$ 要分别高于 $\mathrm{CRLB}_{\mathrm{no\ error}}$ 10.78dB 和 15.62dB 左右。对于(b)图的远场目标，其偏离现象更为严重，同样在 $\sigma_s^2 = 10^{-3}\ \mathrm{m}^2$ 时，目标位置和速度的 $\mathrm{CRLB}_{\mathrm{error}}$ 要分别高于 $\mathrm{CRLB}_{\mathrm{no\ error}}$ 12.53 dB 和 18.38 dB 左右。因此通过横向比较，无论是针对目标位置还是速度估计，远场目标 $\mathrm{CRLB}_{\mathrm{error}}$ 偏离 $\mathrm{CRLB}_{\mathrm{no\ error}}$ 的程度要明显强于近场目标。纵向比较后，无论是针对远场还是近场运动目标，目标位置和速度的 CRLB 均受站址误差影响较大。

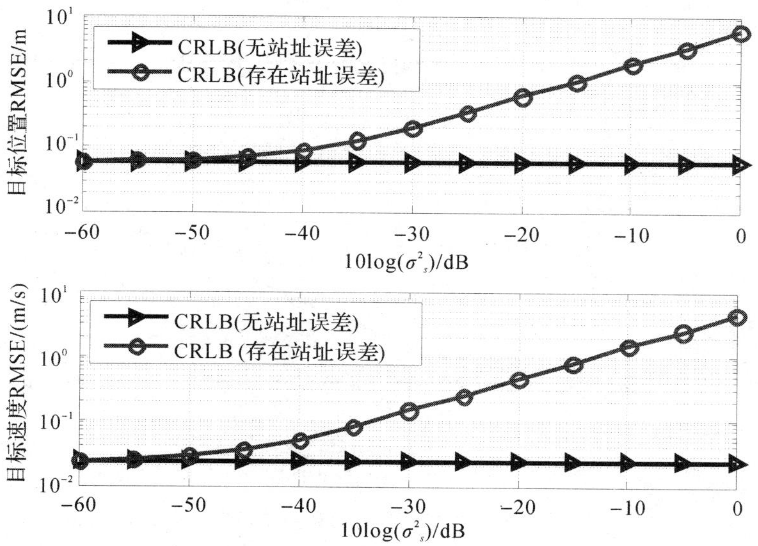

(a) 近场运动目标

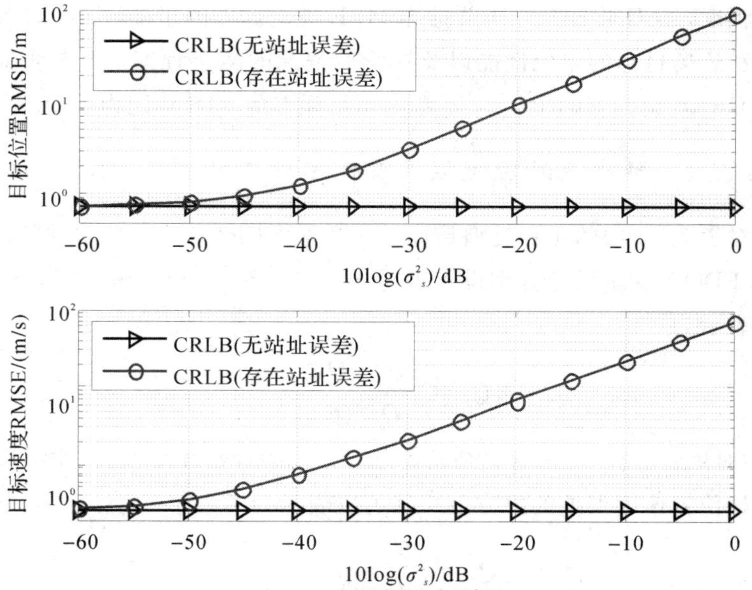

(b)远场运动目标

图 7-10　运动目标的两种 CRLB 随观测站位置及速度误差的变化趋势

图 7-11(a)(b)两图分别给出了近场和远场静止目标的两种 CRLB 随站址误差变化的比较，两类 CRLB 变化趋势与运动目标相同。因此通过上述仿真实验，可以得出无论是近场还是远场，运动还是静止目标，定位精度受站址误差影响都较大，尤其是在误差较大的情况下，$CRLB_{error}$ 远大于 $CRLB_{no\ error}$。

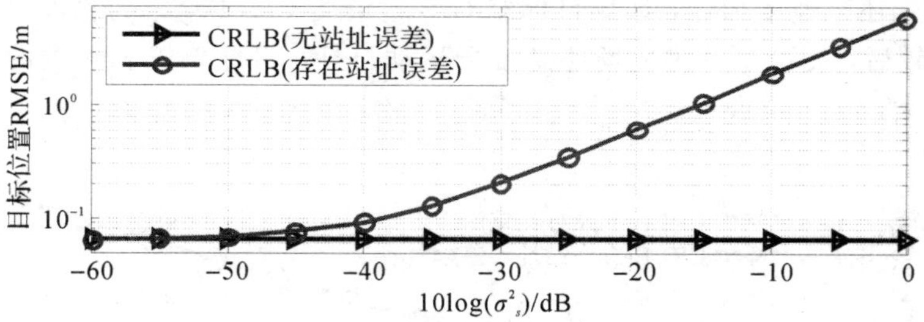

(a)近场静止目标

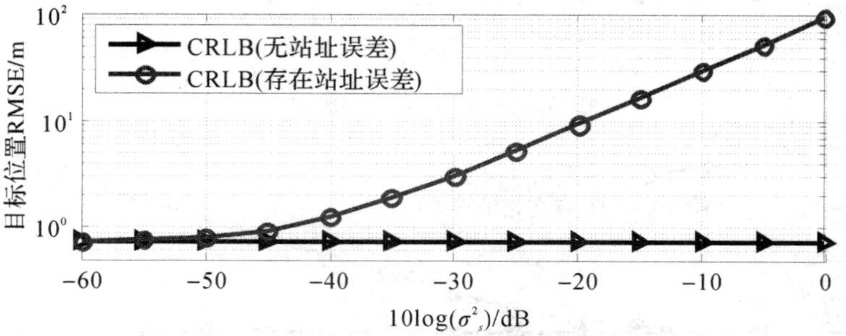

(b)远场静止目标

图 7-11　静止目标的两种 CRLB 随观测站位置误差的变化趋势

综上所述，如果处于观测站自定位不精确的场景下，算法忽视站址误差，目标定位性能将会受到严重影响。

实验 2　随定位参数测量误差变化条件下的两类 CRLB 对比

实验 2 主要针对表 7-1 中 4 种类型目标，分析两类 CRLB 对 TDOA 和 FDOA 测量误差的敏感程度，实验中将观测站位置和速度误差分别设置为 $\sigma_s^2 = 10^0\ \mathrm{m}^2$ 和 $\dot{\sigma}_s^2 = 0.5\sigma_s^2$ 。

图 7-12 对两种运动目标仿真分析了两类 CRLB 随 TDOA 和 FDOA 测量误差的变化趋势。

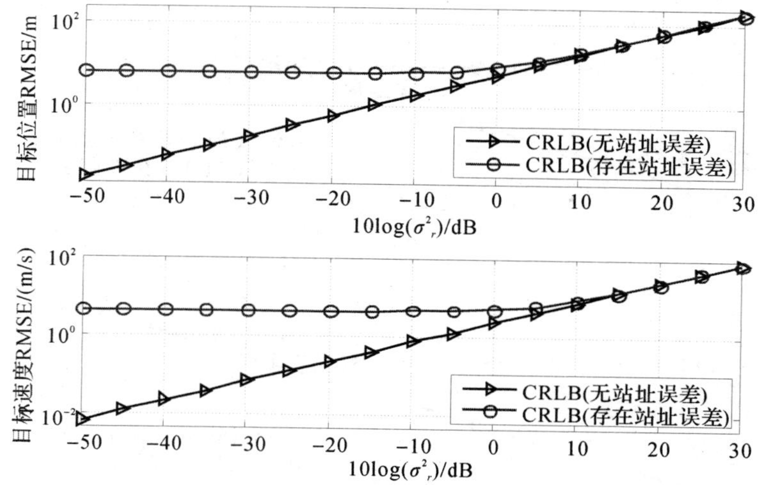

(a) 近场运动目标

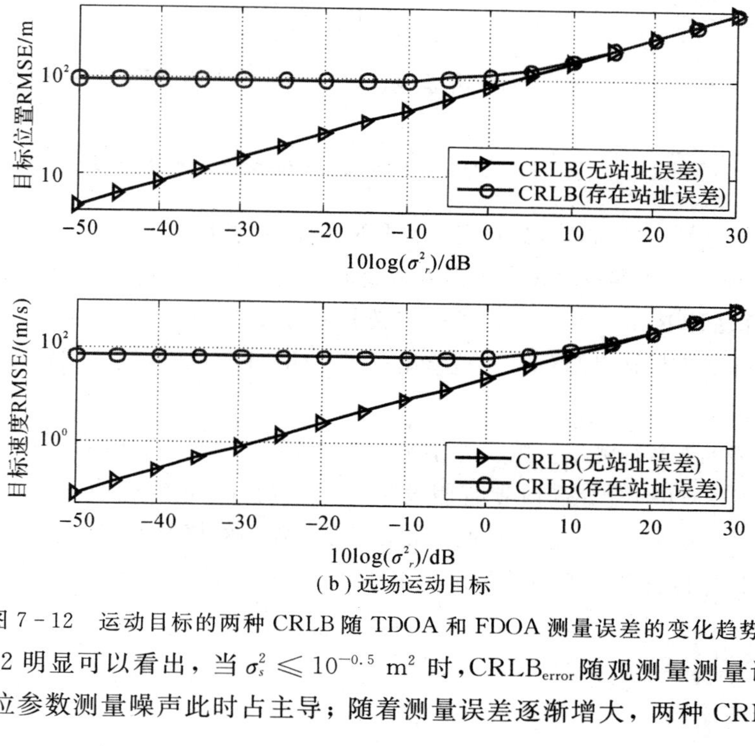

(b) 远场运动目标

图 7-12　运动目标的两种 CRLB 随 TDOA 和 FDOA 测量误差的变化趋势

由图 7-12 明显可以看出，当 $\sigma_s^2 \leqslant 10^{-0.5}\ \mathrm{m}^2$ 时，$\mathrm{CRLB}_{\mathrm{error}}$ 随观测量测量误差的变化趋势不明显，定位参数测量噪声此时占主导；随着测量误差逐渐增大，两种 CRLB 逐渐靠近，

但是 $CRLB_{error}$ 依然稍高于 $CRLB_{no\ error}$，表明定位参数测量噪声对定位精度的影响逐渐增大。

图 7-13 针对两种静止目标考察了两类 CRLB 随定位参数测量误差的变化趋势。由图可知，静止目标两种 CRLB 的变化趋势与运动目标大致相同。

实验 1 和实验 2 的结果表明，当参数测量误差较小时，考虑站址误差的定位定位精度受其影响较小，这时观测量噪声占主导；当观测量噪声一定、站址误差逐渐增大时，目标定位精度随之逐渐恶化。因此，在一些特殊的场景，定位算法需要同时考虑参数测量误差和站址误差对定位精度的影响，才能进一步保证高精度目标的定位结果。

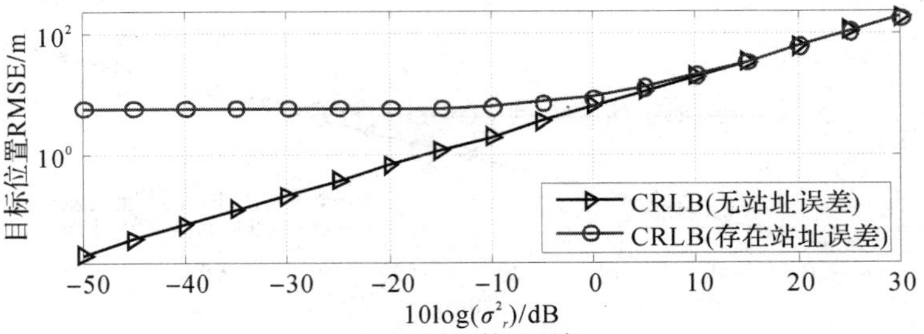

(a) 近场静止目标

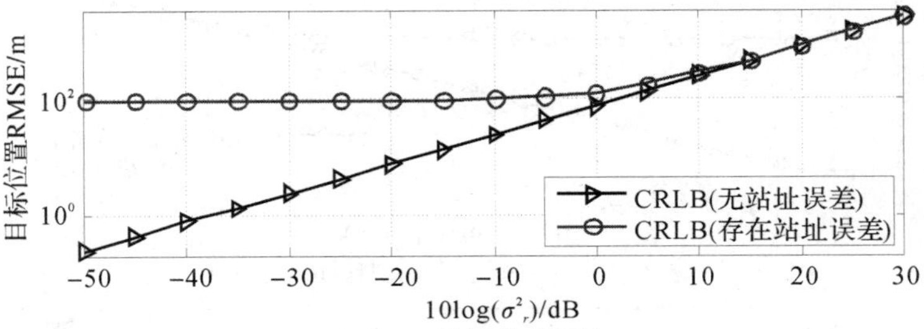

(b) 远场静止目标

图 7-13　静止目标的两种 CRLB 随 TDOA 和 FDOA 测量误差的变化趋势

实验 3　算法针对近场运动目标的估计性能分析

实验 3 针对近场运动目标，其真实位置和速度分别为 $\boldsymbol{u}^{\circ}=[500, -500, 600]^{\mathrm{T}}$，$\dot{\boldsymbol{u}}^{\circ}=[-30, -15, 20]^{\mathrm{T}}$，考察算法随站址误差变化时对近场目标的定位性能。仿真条件与实验 1 相同，且目标估计 RMSE 和估计偏差的定义分别与式(7-54)和式(7-55)相同。

图 7-14 针对近场运动目标，分别给出了基于 MLE 的目标位置和速度理论偏差与实际偏差的比较。

实验结果表明，当观测站位置误差小于 −20 dB 时，二者匹配效果较好。随着误差的逐渐增大，由于式(7-68)舍弃高阶项且假设噪声扰动较小，导致理论偏差逐渐偏离实际偏差，但是偏离程度较小。因此总体来说，在噪声方差较小的情况下，理论偏差能够较好地替代实际偏差对目标位置和速度估计结果的偏差补偿，提高定位精度。

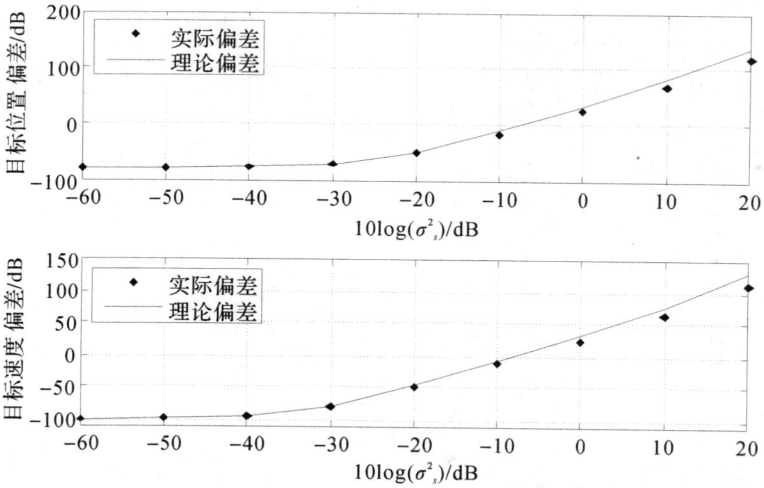

图 7 - 14　近场运动目标位置和速度估计理论偏差与实际偏差的比较

图 7 - 15(a)(b)分别给出了不同算法下目标位置和速度估计的 RMSE 比较。从全图和局部图中可以看出，当观测站位置误差小于 −5 dB 时，补偿后的目标位置和速度估计 RMSE 要比补偿前的分别低 3.16 dB 和 2.36 dB；随着误差逐渐增大，由于定位方程的非线性，导致图中各算法的 RMSE 相继偏离 CRLB，门限效应出现。

综上，当观测站位置误差较小时，7.3.1 节所提算法的估计性能优于其余对比算法，尤其是在门限效应出现以前，其估计 RMSE 比其余算法更贴近 CRLB，展现了良好的估计性能，同时分别验证了式(7 - 85)和式(7 - 122)理论推导的正确性。

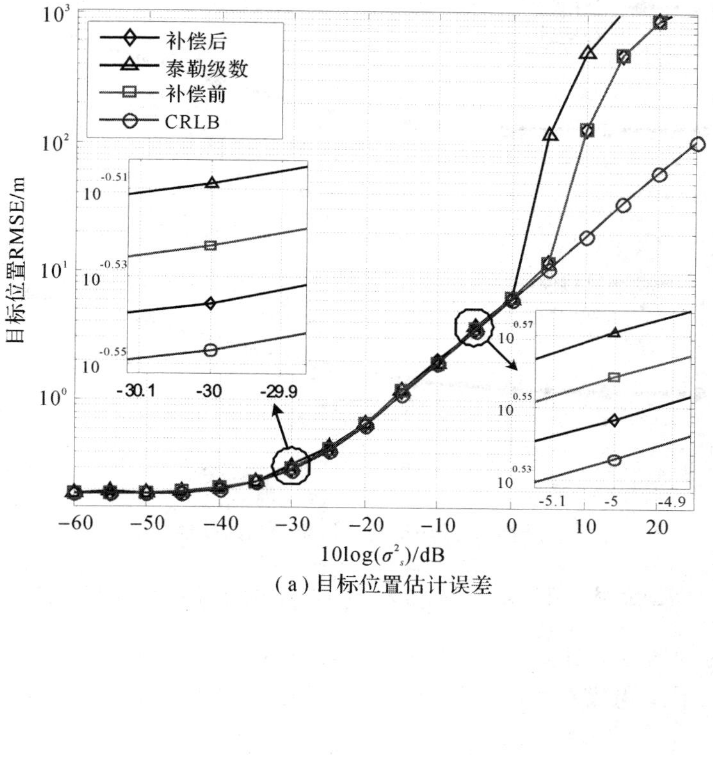

(a) 目标位置估计误差

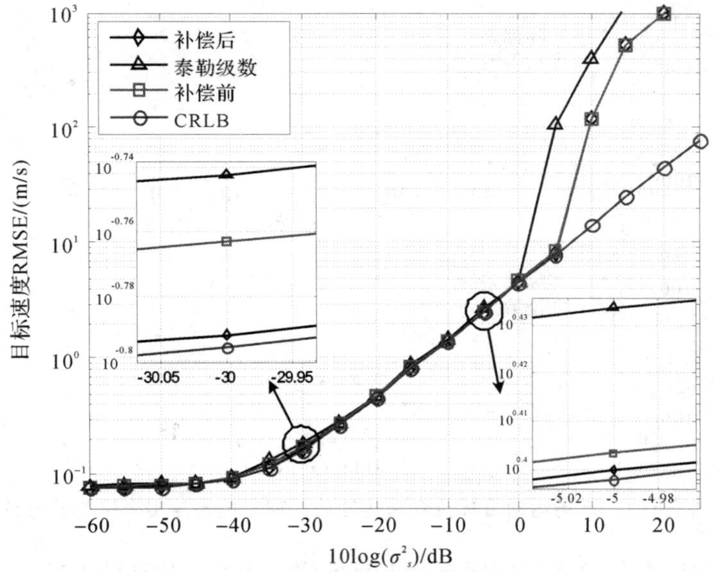

(b) 目标速度估计误差

图 7-15　不同算法下近场运动目标位置和速度估计的 RMSE 比较

图 7-16 给出了补偿前后近场运动目标位置和速度估计的偏差比较。实验结果表明，当观测站位置误差小于−20 dB 时，本章算法能够有效降低估计偏差，尤其是在小噪声条件下(误差为−60 dB 时)，补偿后的目标位置和速度估计的偏差比补偿前的至少小 59 dB 和 73 dB，进一步说明本节所提算法能够明显降低估计偏差；随着误差逐渐增大，偏差改善效果逐渐减弱。

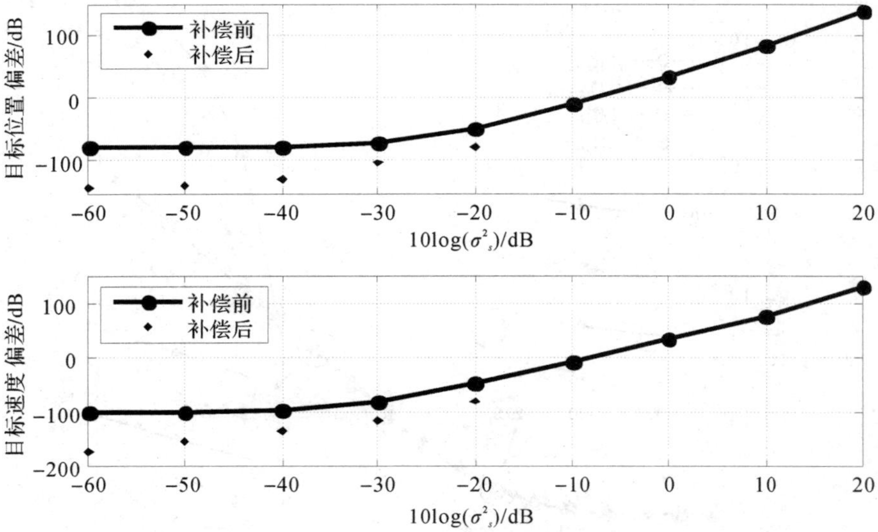

图 7-16　补偿前后近场运动目标位置和速度估计的偏差比较

实验 4　算法针对远场运动目标的估计性能分析

实验 4 针对远场运动目标，其位置和速度分别为 $\boldsymbol{u}^{\circ}=[2000, -2500, 3000]^{\mathrm{T}}$，$\dot{\boldsymbol{u}}^{\circ}=[-30, -15, 20]^{\mathrm{T}}$，考察算法随站址误差变化时对远场目标的定位性能。仿真条件与实验

1 相同，且目标估计 RMSE 和估计偏差的定义分别与式(7－54)和式(7－55)相同。

图 7－17 上下两图分别给出了基于 MLE 的目标位置和速度估计理论偏差与实际偏差的比较。从图中可以看出，远场目标的偏差变化趋势与近场目标大致相同，理论偏差在观测站噪声误差小于－30 dB 时，能够与实际偏差有较好的匹配性；当误差增大，远场目标的理论偏差偏离实际偏差的现象要比近场目标早出现 10 dB，而且整体要高于近场目标偏差 35 dB 左右。

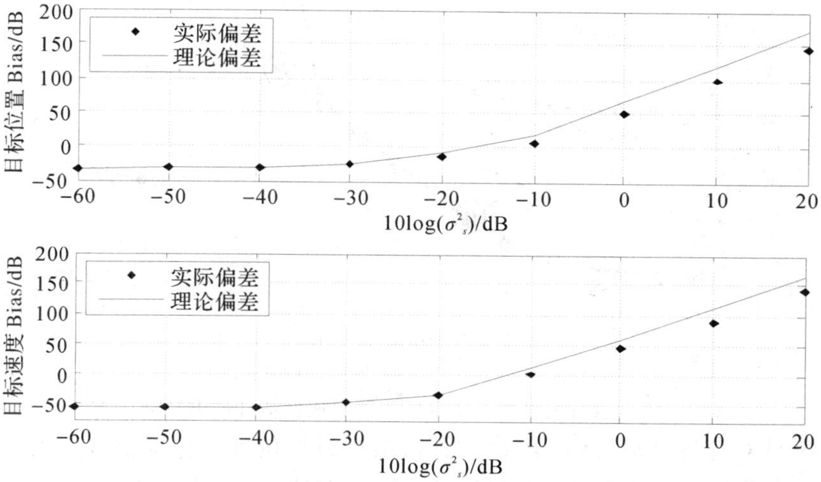

图 7－17　远场运动目标位置和速度估计理论偏差与实际偏差的比较

图 7－18(a)(b)两图分别给出了不同算法下目标位置和速度估计的 RMSE 比较。从图中可以看出，各算法的 RMSE 和 CRLB 都随着观测站位置误差的增大而升高，但是本章算法在误差较小时，性能优于对比算法，其估计 RMSE 更贴近 CRLB。随着误差逐渐增大，由于定位方程的高度非线性，使得各算法估计误差相继偏离 CRLB，门限效应显现。而且与图 7－15 结果相比，由于式(7－56)远场目标的观测量特点，其 RMSE 的门限效应要先于近场目标。

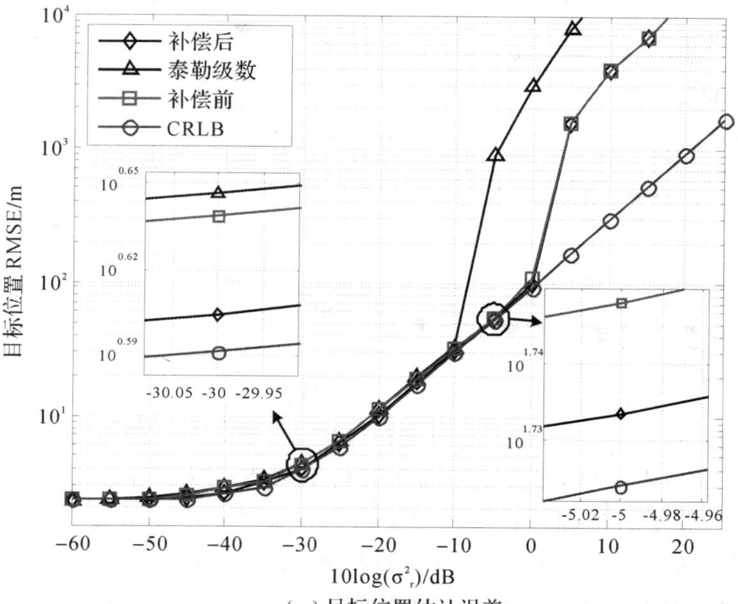

(a) 目标位置估计误差

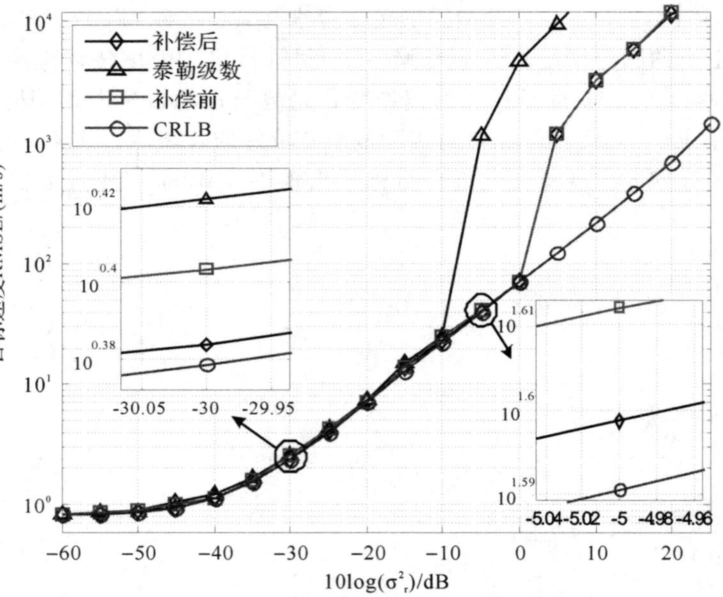

(b) 目标速度估计误差

图 7-18 不同算法下远场目标位置和速度估计的 RMSE 比较

图 7-19 针对远场运动目标，给出了补偿前后目标位置和速度估计偏差的比较。从图中可以看出，补偿前后的偏差随着站址误差的增大而升高。当误差小于－30 dB 时，对于目标位置估计，补偿后的偏差比补偿前的偏差至少小 20 dB；对于目标速度估计，补偿后的偏差改善效果劣于目标位置估计，但是依然比补偿前的偏差至少小 10 dB。当误差大于－20 dB时，补偿后的偏差逐渐与补偿前的重合，偏差的改善效果逐渐减弱。

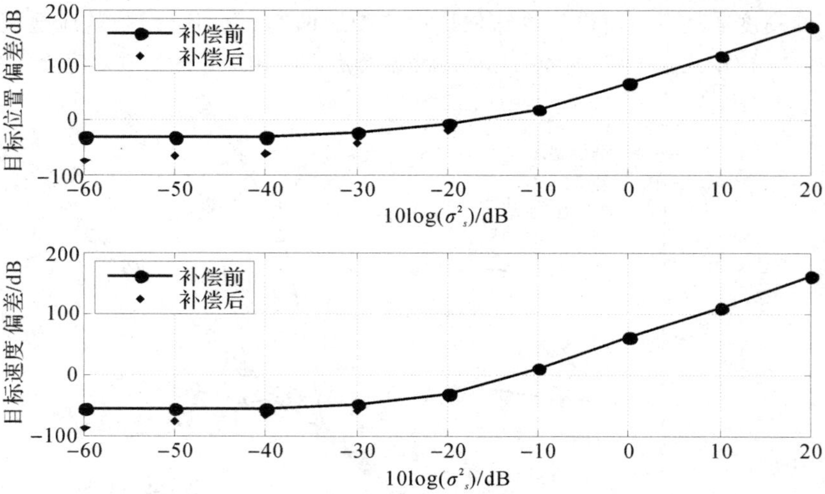

图 7-19 补偿前后远场运动目标位置和速度估计的偏差比较

综上所述，本小节针对 4 类目标，首先分析了两类 CRLB 对站址误差的敏感程度，验证了 7.3 节数学推导的正确性；其次为了对比实验 1、实验 2 又分析了两类 CRLB 对 TDOA 和 FDOA 测量误差的敏感程度，表明在观测站自定位不准确的情况下，定位中需要同时考虑参数测量误差和站址误差对定位精度的影响；最后针对两类运动目标，实验 3 和实验 4 通过对比突出了本章算法的估计性能，表明偏差补偿能够有效实现高精度低偏差的目标定位。

本章小结

综上所述，本章针对两类运动目标，在两种不同应用场景下，仿真分析了理论与实际偏差之间的匹配程度，表明在小噪声条件下理论偏差能较好地代替实际偏差对目标估计结果的偏差补偿，从而进一步提高了目标定位精度，验证了数学推导的正确性；其次考察了本章算法的估计性能；最后进一步直观展示了本章算法偏差的改善程度，表明算法能够在观测误差较小时，有效地实现高精度的目标位置和速度估计，门限效应出现较晚。

参考文献

[1] Liu Z, Zhao Y, Hu D, et al. A Moving Source Localization Method for Distributed Passive Sensor Using TDOA and FDOA Measurements [J]. International Journal of Antennas & Propagation, 2016, 2016(4): 1-12.

[2] Meng W, Xie L, Xiao W. Optimal TDOA Sensor-Pair Placement With Uncertainty in Source Location [J]. IEEE Transactions on Vehicular Technology, 2016, 65(11): 9260-71.

[3] Rui L, Ho K C. Bias analysis of source localization using the maximum likelihood estimator[C]// IEEE International Conference on, Acoustics, Speech and Signal Processing. IEEE, 2012: 2605-2608.

[4] 张贤达. 现代信号处理：[M]. 2 版. 北京：清华大学出版社，2002.

[5] 叶其孝. 实用数学手册 [M]. 北京：科学出版社，2006.

[6] 张贤达. 矩阵分析与应用 [M]. 北京：清华大学出版社，2004.